建立国家公园体制总体方案研究

Research on Overall Scheme of Establishing National Park System

彭福伟　李俊生　袁　淏　朱彦鹏　李博炎　编著

中国环境出版集团·北京

图书在版编目（CIP）数据

建立国家公园体制总体方案研究/彭福伟，李俊生等编著.
—北京：中国环境出版集团，2019.5
ISBN 978-7-5111-3938-2

Ⅰ.①建… Ⅱ.①彭… ②李… Ⅲ.①国家公园—体制—研究报告—中国 Ⅳ.①S759.992

中国版本图书馆 CIP 数据核字（2019）第 055264 号
审图：GS（2019）1151 号

出 版 人 武德凯
策划编辑 王素娟
责任编辑 王 菲
责任校对 任 丽
封面设计 岳 帅

出版发行 中国环境出版集团
（100062 北京市东城区广渠门内大街 16 号）
网 址：http://www.cesp.com.cn
电子邮箱：bjgl@cesp.com.cn
联系电话：010-67112765（编辑管理部）
010-67147349（第四分社）
发行热线：010-67125803，010-67113405（传真）

印 刷 北京中科印刷有限公司
经 销 各地新华书店
版 次 2019 年 5 月第 1 版
印 次 2019 年 5 月第 1 次印刷
开 本 787×1092 1/16
印 张 16.5
字 数 360 千字
定 价 68.00 元

序

我国幅员辽阔，从南向北跨越热带、亚热带、暖温带、温带、寒温带，从东向西跨越湿润区、半湿润区、半干旱区、干旱区，气候类型多样，而且地势起伏显著，地形地貌复杂，温度、水分分布地域差异显著，从而孕育了丰富多彩的生物多样性，构造了优美壮丽的自然景观。但随着人口的增长，特别是社会经济的不断发展，自然界的生态平衡受到挑战，人类的生存环境和社会持续发展的环境遭到严重威胁。

为了保护生态环境和自然资源，我国于1956年在鼎湖山等地建立了第一批自然保护区。在以后的60多年里，我国的自然保护区建设得到了蓬勃发展，同时，又相继建立了风景名胜区等不同类型的自然保护地。据统计，目前我国已建立了包括自然保护区、风景名胜区、森林公园、地质公园、湿地公园等10余类自然保护地，成为我国生物多样性保护优先区域和生态保护红线的主要组成部分。但我国现行的各类自然保护地主要按照资源要素类型设立，缺乏顶层设计。同一类保护地分属不同部门管理，同一个保护地多头管理、碎片化现象严重，社会公益属性和中央、地方管理职责不够明确，土地及相关资源产权不清晰，保护管理效能低下，盲目建设和过度利用现象时有发生，违规采矿开矿、无序开发水电等屡禁不止，严重威胁我国生态安全。

针对上述问题，党中央、国务院做出了建立国家公园体制的决策部署，自2015年开始，国家发展和改革委员会会同相关部门在三江源等10个区域开展国家公园体制改革试点，取得了阶段性成效，积累了一定经验。由于国家公园体制的顶层设计尚未明确，一些地方对建立国家公园体制的认识还不完全统一，中央和地方的职责关系有待进一步理顺，事权和支出责任需更加明确界定，迫切需要总结试点经验，进一步凝练深化各方达成的共识，在国家层面尽快明确国家公园体制的顶层设计，就国家公园发展方向做出明确安排，指导中国国家公园体制改革的全面推进。

按照中央部署，在总结试点经验和专题研究的基础上，借鉴国际经验，国家发展和改革委员会社会司与中国环境科学研究院开展了建立国家公园体制相关问题研究，明确了建立国家公园体制的总体要求、目标任务和制度措施，为中共中央办公厅和国务院办公厅印发的《建立国家公园体制总体方案》（以下简称《总体方案》）提供了基础理论和技术方法支撑。

《总体方案》的出台标志着我国国家公园体制的顶层设计初步完成，建立国家公园体制改革有了明确的方向。相信在《总体方案》的支撑和引导下，能够加快建设生态文明制度的步伐，推动我国自然保护地管理体制改革，实现对重要自然生态系统和珍贵自然遗产的有效保护。

本书由彭福伟、李俊生、袁淏负责大纲制定和内容安排，第1章、第2章由袁淏撰写，第3、4、5、6、8章由朱彦鹏撰写，第7、9、10、11、12章由李博炎撰写，最后由彭福伟、李俊生、袁淏负责统稿和校对。本书研究撰写过程中参考了清华大学、北京大学、中国科学院等研究机构、单位百余名学者和研究人员的研究成果，得到了有关部门和合作伙伴的支持，借此机会致以诚挚的感谢。

彭福伟　国家发展和改革委员会社会发展司
李俊生　中国环境科学研究院

2018.12

目　　录

第一部分　总　　论

第二部分　国家公园的理念和发展方向

第三部分　国家公园统一事权、分级管理体系

第四部分　国家公园运行管理机制

| 第一部分 |

总　　论

第1章 建立国家公园体制改革的背景与要求

1.1 国外国家公园建设管理历程

1.1.1 国家公园思想形成的初期

保护性公园的起源可以追溯到古代。土著狩猎者文化习俗，如“在秋季不能伤害母兽和兽群的头领，否则将不许狩猎”等，规范了人们的活动，从而保护了猎物。据记载，人类保护行为有1 000多年的历史。早期的保护都是为宗教服务的，对野生动物的保护较为普遍。欧洲从15世纪就陆续建立起了各种野生动物保护区，如威尼斯在726年前就设立了保护鹿和公野猪的区域。非洲和墨西哥印第安人居住区也开展了类似的保护活动。

到17世纪中叶，国家公园理念开始在君主制国家兴起，但发展缓慢。到了19世纪，工业革命高速地将大批土地从自然状态转为人类开发的区域，引起人们对迅速消失的自然资源的关注，在工业化迅速发展的国家首先产生了环境保护意识。威廉·沃德斯沃斯在1810年提出了对自然资源进行保护的思想，他认为英格兰北部湖泊地区是国家的财富之一，在那里每一个人都有权利去领略和欣赏大自然的风光。保护大自然的呼声在美国也越来越高，1832年乔治·卡特林发表了《美国野牛和印第安人处于濒危状态》的文章，认为保护野牛和印第安人的有效途径是建立国家公园。通过国家公园的形式，根据政府的保护性政策可以保护野牛和印第安人原始、美丽的自然状态。卡特林提出了国家公园概念上的重要问题，可以概括为：①拒绝接受在西方世界处于统治地位的观念，即自然资源的价值只表现在经济方面，而经济的发展是绝对的；②认为任何资源即使是美化资源的边际价值，也都会随着资源的减少而上升；③预言政府会像自然资源保护公司那样对资源进行保护；④强调了对野生动物的保护，重点谈到了已成功保护的那些体大貌美的动物，如野牛的保护；⑤强调了当地居民和当地文化习俗在保护上的重要作用。1858年8月哈瑞·大卫对国家公园保护方面的实证研究结果，则更具说服力，他谈道：“我们为什么不建立我们的国家公园呢？在那里有熊、美洲狮，甚至还有打猎比赛，从而避免地球上到处都是建筑物，我们的森林不只是提供食品，而且还是我们开展游憩和产生灵感的地方。”

1.1.2 第一个国家公园的建立

1832年，美国国会批准在阿肯色州建立的第一个自然保护区——热泉保护区，是政府为了阻止私人开发而建立的，但没有人将其宣布为世界上第一个国家公园。1864 年 6 月 24 日，美国总统林肯签署了一项法案，将约塞米蒂流域和加利福尼亚州的马里波萨巨树森林划为永久公共用地，为公众提供游览和游憩服务。虽然公园由加利福尼亚州政府管理，但它属于联邦政府，并规定了保护区的范围和特定用途，然而由于州政府管理不善，未能使大多数历史学家承认约塞米蒂是世界上第一个国家公园。

1872 年 3 月 1 日，经美国国会批准，在怀俄明州方圆 8 983 km^2的区域，建立了世界上第一个国家公园——黄石国家公园，并公布了《黄石公园法案》，将黄石公园保留为公共公园或是人们游憩休闲的场所，成为人们公认的世界上第一个国家公园。

1.1.3 国家公园理念的传播与发展

在黄石国家公园建立后的 50 年间，国家公园理念在美国得到广泛而迅速的传播，但在世界范围内传播较慢。1890 年，美国建立了巨杉和约塞米蒂国家公园，1899 年建立了雷尼尔山国家公园。当时在欧洲只有英国仿效美国这种标新立异的做法，于 1895 年设立了“国家托拉斯”负责规划土地并建立自然保护区，但英国是在海外殖民地这样做的。加拿大于 1885 年开始在西部划定了 3 个国家公园（冰川国家公园、班夫国家公园、沃特顿湖国家公园）。同期，澳大利亚设立了 6 个，新西兰设立了 2 个。南非于 1898 年设立了萨比野兽保护区，同期，英国人在印度设立了阿萨姆卡齐兰加保护区。19 世纪，几乎全部国家公园都是在美国及英联邦国家范围内出现的。

从 20 世纪开始到第一次世界大战，国家公园的发展呈现出三个特点。第一，一些国家仿效英国的“国家托拉斯”，也设立了一些自然保护机构，如德国的自然保护与公园协会、法国的鸟类保护协会等，这些机构发起创立了一批自然保护区或国家公园，如德国的吕内堡海德公园、法国的七岛保护区等。第二，在欧洲，国家公园有很大发展，瑞典仅 1900 年就设立了 8 个，瑞士于 1914 年设立了 1 个国家公园。第三，上述英联邦国家及美国在国家公园设立方面有更大发展，美国新设立了 4 个，加拿大新设立了 2 个，澳大利亚新设立了 3 个，新西兰新设立了 1 个。十月革命后，苏联设立了 4 个自然保护区，其中一个保护区是列宁于 1920 年亲自批准设立的。很多国家都进一步加强了国家公园的管理工作，美国于 1916 年设立了国家公园管理局，隶属于内务部。

第二次世界大战期间，自然保护工作波及世界大多数地区，特别是非洲、大洋洲、亚洲的一些殖民地国家。如比利时 1925 年在刚果设立了阿尔贝国家公园，意大利 1926 年在索马里也设立了一个。法国人在马达加斯加、荷兰人在印度尼西亚都开展了一些工作，特别是英国人在印度、斯里兰卡、苏丹、埃及等国，大力发展了野兽保护区、野生动物禁猎区这类自然保护形式。另外，新西兰、澳大利亚、加拿大、南非、菲律宾、冰岛、瑞典、丹麦、德国、比利时、罗马尼亚、西班牙、日本、墨西哥、阿根廷、委内瑞拉、厄瓜多尔、智利、巴西、圭亚那等国家，也都设立了一些新的国家公园或自然保护区。

第二次世界大战以后，国家公园的发展变得非常困难，主要因为已经设立得较多了。但是，由于生态保护运动的爆炸性开展、工业化国家居民对“绿色空间”的渴求等原因，国家公园的划定却有更大的进展。这一发展从第二次世界大战到 20 世纪 50 年代，已具备相当大的规模，特别在北半球发展得更为迅速。在北美，国家公园的数量扩大了 7 倍，从 50 个扩大到 356 个；在欧洲，扩大了 15 倍，从 25 个扩大到 379 个；其他大陆上的发展，特别是非洲和亚洲，同样也很显著。

20 世纪后半叶，针对因土地开发和工业化发展而导致的全球性自然环境急剧退化，全球开展了关于自然保护的合作。《国际濒危物种交易公约》（《华盛顿公约》，1975）、《国际湿地保护公约》（《拉姆萨尔公约》，1975）、《生物多样性公约》（CBD，1993）等多个国际生物多样性相关公约的缔造，意味着众多国际组织也积极投入到自然保护建设当中。在自然保护地建设和管理的 200 多年历史中，大部分保护地都建立于近 100 多年。1960 年之后建立的自然保护地数量占现今自然保护地总数量的 90%以上，其中欧洲发展最快，所建保护地占到全球该阶段保护地数量的 70%以上。全球陆地保护地面积由 1950 年的 340 万 km^2 扩大至 2013 年的 1 809 万 km^2，其占陆地面积的比例也由 2.55%增长至 13.40%。同时，其增长速率不断加快，尤其是在 20 世纪 90 年代以后。

根据 IUCN 数据库网站最新统计显示，截至 2018 年，全球共有各类保护地约 23.54 万个，其中陆地保护地面积 1 930.58 万 km^2，海洋保护地面积 1 953.57 万 km^2，分别占全球陆地和海洋总面积的 14.64%和 14.87%。其中，极地地区（不包括南极洲）保护地面积占比最大，其陆地和海洋保护地面积占比分别为 89.87%和 33.88%；欧洲地区保护地个数最多，达到 14.58 万个，占全球保护地总个数的 61.93%。

1.2　我国自然保护地的建设与管理

1.2.1　我国自然保护地建设与管理现状

世界自然保护联盟（IUCN）给保护地（Protected Areas）的定义是：一个明确划定的地理空间，通过法律或其他有效获得认可、得到承诺和进行管理，以实现对自然及其所拥有的生态系统服务和文化价值的长期保护。《生物多样性公约》则将自然保护地定义为“一个划定地理界线、为达到特定保护目标而指定或实行管制和管理的地区”。自然保护地是世界各国自然保护战略的核心，也是世界公认的最有效的自然保护手段，对保障全球生态安全、保护生物多样性、减缓气候变化、保存历史文化遗产，以及为人类提供各种自然福祉（包括各种生态产品、科学研究、陶冶情操、娱乐等）发挥重要作用。专栏 1－1 给出了关于 IUCN 自然保护地定义中特定词语的解释。

专栏1－1　IUCN关于自然保护地定义中特定词语的解释

词　　语	解　　释
明确划定的地理空间	地理区域：包括陆地、内陆水域、海洋和沿海区域，或两个或多个区域的组合 空间：包含三个维度，可包括地面以上空间和水层，或水体底部以上空间，以及亚层区域（如河床内洞穴） 明确划定：已约定的和明确划定边界的区域
认可	保护工作可包括一系列由人们公认的管制类型，以及由国家确定的管制类型，但这些区域都需以某种方式得到认可（如包含在世界保护地数据库中）
承诺专用的	以具有约束力的形式承诺进行保护，如国际公约和协定；国家、省级和地方法律；习惯法；NGO协议；私人信托和企业政策；认证体系
管理	采取积极措施保护自然（及其他）价值，这也是保护地建立之初衷。也包括以不干预作为最好的保护策略
法律和其他有效手段	须通过一些渠道对保护地进行公示和认可，这包括国际公约或协定，或其他有效的但非公示的手段给予认可，如通过既定的传统规则对社区保护的区域进行管理，或通过较为成熟的非政府组织的政策给予承认
实现	指的是某种程度的管理绩效
长期	应当对保护地进行永久管理，而不是作为短期或暂时管理策略
保护	此处指的是在原地条件下维持生态系统以及自然和半自然生境，以及在自然环境中维持物种最小生存种群，以及在圈养和栽培物种情况下，须在这些物种形成其特别性状的环境条件下开展保护
自然	此处指的是遗传、物种和生态系统层次的生物多样性，同时也指地理多样性、地貌和更广幅的自然价值
相关生态系统服务	指的是与自然保护目标相关的，而不妨碍其目标的生态系统服务：这可包括提供产品的服务（食品和水源）；调节服务（洪涝调节、土地退化和病害）；支持功能（如土壤形成、养分循环）；文化服务功能（如游憩、精神、宗教和其他非物质福利）
文化价值	指的是不与保护目标相悖的文化价值

我国幅员辽阔，从南向北跨越热带、亚热带、暖温带、温带、寒温带，从东向西跨越湿润区、半湿润区、半干旱区、干旱区，气候类型多样，而且地势起伏显著，地形地貌复杂，温度、水分分布地域差异显著，从而孕育了丰富多彩的生物多样性，构造了优美壮丽的自然景观。为保护生态环境和自然资源，在许多自然与生态学家的建议下，我国于1956年在广东省肇庆市鼎湖山、海南岛尖峰岭、云南省西双版纳、福建省武夷山、吉林省长白山等地建立了第一批自然保护区（其中，鼎湖山自然保护区是由1998年国家环保总局发文确认为1956年成立的国家级自然保护区，因此，鼎湖山自然保护区往往也常被认为是我国建立的第一个自然保护区）。在以后的60多年里，我国的自然保护区建设得到了蓬勃发展，同时，又相继建立了风景名胜区、森林公园、地质公园、湿地公园等不同类型的自然保护地。据统计，目前我国已建立了10余类自然保护地，主要包括：自然保护区、风景名胜区、森林公园、地质公园、湿地公园、海洋特别保护区（含海洋公园）、水利风景区、矿山公园、种质资源保护区、沙化土地封禁保护区、沙漠公园（试点）等*。自然保护地空间分布范围遍及陆域（包括内陆湖泊、河流）与海洋不同生态系统和景观类型，保护面积也迅速扩大，成为我国生物多样性保护优先区域和生态保护红线的主要组成部分，同时也成为我国生态安全屏障的重要构架。

1. 我国自然保护地建设现状概述

（1）类型和数量

截至2017年年底，我国各类自然保护地总数达11 412处，其中国家级3 922处。各类陆域自然保护地总面积约占陆地国土面积的18%，已超过世界14%的平均水平。其中自然保护区面积约占陆地国土面积的14.8%，占所有自然保护地总面积的80%以上，风景名胜区和森林公园约占3.8%，其他类型的自然保护地面积所占比例则相对较小，见表1-1。

表1-1　我国各类自然保护地类型和数量统计

序号	自然保护地类型	数量/处	国家级/处
1	自然保护区	2 740	446
2	风景名胜区	962	244
3	森林公园	3 234	826
4	地质公园	241	241
5	湿地公园	979	705[c]（含试点）
6	海洋特别保护区（含海洋公园）	56	56
7	水利风景区	2 500	719

* 依照一些国际公约，在国内各种保护地的基础上设立了“人与生物圈自然保护区”“国际重要湿地”“世界地质公园”“世界自然遗产”等具有自然保护性质的命名标签，但不属于真正保护地体系范畴。

续表

序号	自然保护地类型	数量/处	国家级/处
8	矿山公园	72	72
9	种质资源保护区[a]	487	487
10	沙化土地封禁保护区（试点）	61	61
11	国家公园（试点）[b]	25	10
12	沙漠公园（试点）	55	55[d]（含试点）
合计		11 412	3 922

注：部分数据来源《全国生态旅游发展规划（2016—2025年）》；[a]包括国家级水产种质资源保护区464处和国家级畜禽遗传资源保护区23处；[b]包括国家发改委等13部委设立的10处国家公园体制试点，以及相关部委和云南省设立的试点；[c]705处国家湿地公园中，98处为正式授予，其余为试点；[d]55处国家沙漠公园中，9处为正式授予。

此外，我国还建立了7 000多处旅游景区（含5A景区213处），其中生态类型旅游景区，具有较为重要的生态服务功能，也有明确的生态保护要求和相应的管理制度，在一定程度上也可视为自然保护地。近年来，各地相继建立诸如生态公园、城市公园、郊野公园等，是自然保护地的有益补充，为改善当地生态环境或为公众提供了良好的休憩场所，发挥了积极的作用，但面积相对较小且分散。

从空间分布格局看，陆域中东部地区的自然保护地类型和数量多于西部，但保护地面积相对小于西部地区，地理区域差异明显，如图1-1所示。以自然保护区为例，在西藏、青海、新疆、内蒙古、甘肃、四川6个西部省份的自然保护区面积就占全国自然保护区总面积的77%；从自然保护区面积占国土面积比例来看，超过全国平均水平的有西藏（34%）、青海（30%）、甘肃（24%）、四川（19%）等4个省份，自然保护区面积占国土面积在5%以下的有浙江、福建、河北等6个省份。

此外，我国陆域的自然保护地，无论是类型还是分布面积均多于海洋。

（2）管理体制

在机构改革前我国各类自然保护地主要是按主管部门和不同生态要素分别建立，主管部门主要包括环保、国土、农业、住建、林业、水利、海洋等。据相关资料显示，我国大部分国家级自然保护区建立了管理机构，隶属于各级地方人民政府，负责各项具体的管理工作。其他国家级自然保护地则很多没有独立管理机构。地方级自然保护地参照国家级进行建设和管理，但建立独立管理机构的很少。就管理体制而言，在国家层面，自然保护区实行综合管理与分部门管理相结合的管理体制，由国务院环境保护部门负责全国自然保护区的综合管理，由林业、农业、国土、水利、海洋等有关部门根据职责管理有关的自然保护区。风景名胜区的管理机构由风景名胜区所在地县级以上地方人民政府设置，负责风景名胜区的保护、利用和统一管理工作。国务院住建部门负责全国风景名胜区的监督管理工作，国务院其他有关部门按照国务院规定的职责分工，负责风景名胜区的相关监督管理工作，省、自治区人民政府住建部门和直辖市人民政府风景名胜区主管部门，负责本行政区域内风景名胜区的监督管理工作，省、自治区、直辖市人民政府其他有关部门按照规定的职责分工，负责风景名胜区的相关监督管理工作。自然保护地所属管理部门如表 1－2 所示。

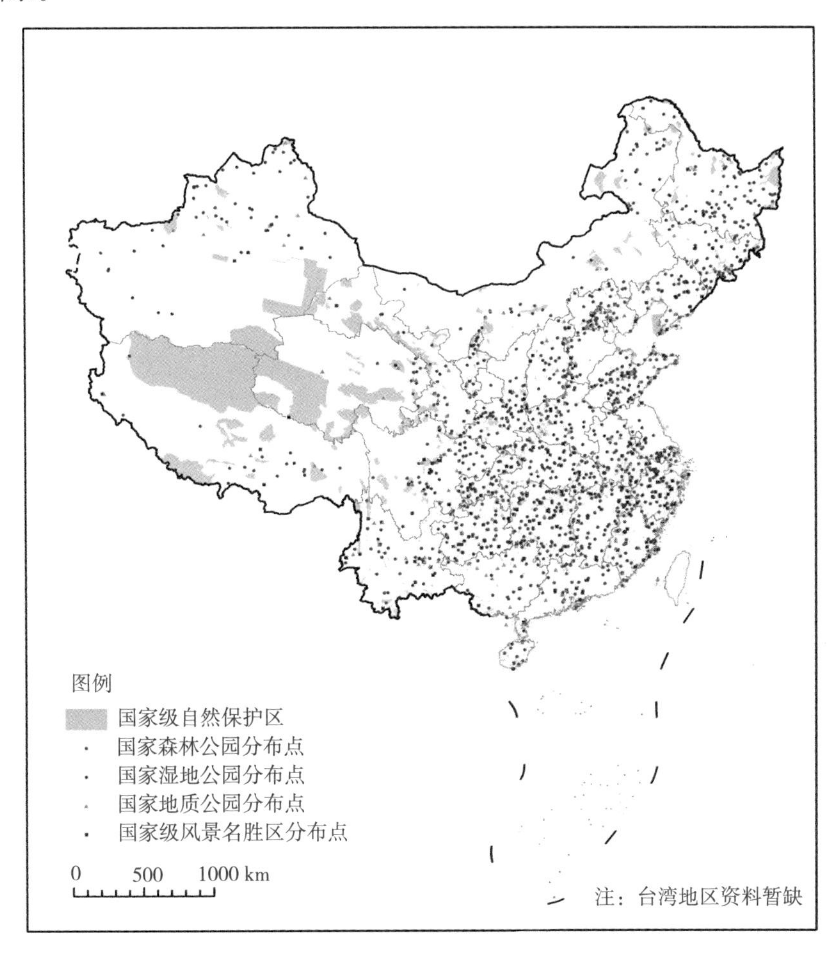

图 1－1　我国陆域主要自然保护地空间分布格局

表 1－2　自然保护地的管理部门

自然保护地类型	管理部门
自然保护区	国务院环境保护主管部门负责全国自然保护区的综合管理。国务院林业、农业、国土、水利、海洋等有关主管部门在各自的职责范围内，主管有关的自然保护区
风景名胜区	国务院建设主管部门负责全国风景名胜区的监督管理工作。国务院其他有关部门按照国务院规定的职责分工，负责风景名胜区的有关监督管理工作。省、自治区人民政府建设主管部门和直辖市人民政府风景名胜区主管部门，负责本行政区域内风景名胜区的监督管理工作。省、自治区、直辖市人民政府其他有关部门按照规定的职责分工，负责风景名胜区的有关监督管理工作

续表

自然保护地类型	管理部门
森林公园	国务院林业主管部门负责全国国家级森林公园的监督管理工作。县级以上地方人民政府林业主管部门主管本行政区域内国家级森林公园的监督管理工作
地质公园（地质遗迹保护区）	国务院国土主管部门在国务院环境保护主管部门协助下，对全国地质遗迹保护实施监督管理。县级以上人民政府地质矿产主管部门在同级环境保护主管部门协助下，对本辖区内的地质遗迹保护实施监督管理
湿地公园	国务院林业主管部门依照国家有关规定组织实施建立国家湿地公园，并对其进行指导、监督和管理
海洋特别保护区（含海洋公园）	国务院海洋主管部门负责全国海洋特别保护区的监督管理
水利风景区	国务院水利主管部门负责水利风景区的建设、管理和保护工作
矿山公园	国务院国土主管部门
种质资源保护区	国务院农业主管部门主管全国水产种质资源保护区工作。县级以上地方人民政府渔业行政主管部门负责辖区内水产种质资源保护区工作
沙化土地封禁保护区	国务院林业主管部门负责国家沙化土地封禁保护区的划定工作，并对其进行指导、监督和管理
国家公园（试点）	相关部委、省级人民政府
沙漠公园	国务院林业主管部门依照国家有关规定对国家沙漠公园进行指导、监督和管理

(3) 审批机关

在我国，按照现行的自然保护地建立审批程序要求，国家级自然保护区和国家级风景名胜区由国务院审批建立。森林公园、湿地公园、沙漠公园、沙化土地封禁保护区等由林业部门审批建立，地质公园、矿山公园等由国土部门审批建立，海洋特别保护区（含海洋公园）由海洋部门审批建立，水利风景区由水利部门审批建立，种质资源保护区由农业部门审批建立等；除了由国家发展和改革委员会等13个部门成立的建立国家公园体制试点领导小组负责的10个国家公园试点外，相关部门和地方政府也设有试点（表1-3）。

表 1－3　自然保护地的审批机关

自然保护地	审批机关
国家级自然保护区	国务院
国家级风景名胜区	国务院
森林公园	林业行政主管部门
地质公园	国土行政主管部门
湿地公园	林业行政主管部门
海洋特别保护区（含海洋公园）	海洋行政主管部门
水利风景区	水利行政主管部门
矿山公园	国土行政主管部门
种质资源保护区	农业行政主管部门
沙化土地封禁保护区	林业行政主管部门
国家公园（试点）	相关部委、省级政府
沙漠公园	林业行政主管部门

（4）管理依据

自然保护区和风景名胜区主要依据国务院专门行政法规《中华人民共和国自然保护区条例》和《中华人民共和国风景名胜区条例》来管理。其他类型自然保护地的管理则依据部门规章或规范性文件（表 1－4），如森林公园依据《森林公园管理办法》和《国家级森林公园管理办法》进行管理；湿地公园依据《国家湿地公园管理办法（试行）》进行管理；水利风景区依据《水利风景区管理办法》进行管理。

表 1－4　自然保护地的管理依据

自然保护地	管理依据
自然保护区	《中华人民共和国自然保护区条例》（1994，国务院令　第 167 号）
风景名胜区	《中华人民共和国风景名胜区条例》（2006，国务院令　第 474 号）
森林公园	《森林公园管理办法》（1994，林业部令　第 3 号）；《国家级森林公园管理办法》（2011，国家林业局令　第 27 号）
地质公园	《地质遗迹保护管理规定》（1995，地质矿产部令　第 21 号）；《中国国家地质公园建设技术要求与工作指南》（国土资源部，2002－11）
湿地公园	《国家湿地公园管理办法（试行）》（林湿发〔2010〕1 号）
海洋特别保护区（含海洋公园）	《海洋特别保护区管理办法》（国海发〔2010〕21 号）
水利风景区	《水利风景区管理办法》（水综合〔2004〕143 号）
矿山公园	《关于申报国家矿山公园的通知》（国土资发〔2004〕256 号）

续表

自然保护地	管理依据
种质资源保护区	《水产种质资源保护区管理暂行办法》（农发〔2011〕1号）；《畜禽遗传资源保种场保护区和基因库管理办法》（农发〔2006〕64号）
沙化土地封禁保护区	依据《防沙治沙法》（2001）建立，无具体管理规定
国家公园（试点）	《云南省国家公园管理条例》（2015，云南人大36号）；《三江源国家公园条例（试行）》（2017年8月1日施行）；《神农架国家公园保护条例》（2018年5月1日施行）；《武夷山国家公园条例（试行）》（2018年3月1日施行）
沙漠公园	《国家沙漠公园试点建设管理办法》（林沙发〔2013〕232号）

2. 我国不同类型自然保护地建设管理情况

(1) 自然保护区

建立目的。按照《中华人民共和国自然保护区条例》，建设和管理自然保护区是为了保护自然环境和自然资源，是对有代表性的自然生态系统、珍稀濒危野生动植物物种的天然集中分布区、有特殊意义的自然遗迹等保护对象所在的陆地、陆地水体或者海域，依法划出一定面积予以特殊保护和管理的区域。

发展历程。自然保护区的发展主要经历了以下4个阶段：

1956—1979年：缓慢停滞阶段。1956年，中国科学院吴征镒、寿振黄在第一届全国人民代表大会第三次会议做了“请政府在全国各省（区）划定一些天然森林禁伐区，保存自然植被以供科学研究的需要”的92号提案。自此，我国开始建立科学的自然保护区，第一批为广东省鼎湖山自然保护区、海南岛尖峰岭自然保护区、云南省西双版纳自然保护区、福建省武夷山自然保护区、吉林省长白山自然保护区等20余处。但受特殊历史时期影响，1960—1970年，我国自然保护区事业处于缓慢停滞阶段。该阶段，共建立46处自然保护区，其中国家级自然保护区28处，每年平均增加2个自然保护区。

1980—1996年：稳步增长阶段。1978年12月党的十一届三中全会召开，改革开放极大地促进了保护事业的发展。1979年5月，林业部、中国科学院等8个部门联合发出《关于加强自然保护区管理、区划和科学考察工作的通知》，自然保护区的科学普查工作全面展开。1992年，国家环保局成立了第一届国家级自然保护区评审委员会。1994年，国务院颁布了《中华人民共和国自然保护区条例》。国家的一系列对生态保护事业的政策措施，促使我国自然保护区事业开始了稳步增长阶段。该阶段，共建立835处自然保护区，其中国家级自然保护区246处，平均每年约新建自然保护区50处。

1997—2010年：迅速增长阶段。1997年和1998年，我国发生严重的旱灾和水灾，严重的自然灾害和明显的生态恶化迹象，促进了自然保护区数量的增多。1997年，国家环保总局发布了《中国自然保护区发展规划纲要（1996—2010）》。1999

年，我国提出了西部大开发战略，极大地促进了西部地区自然保护区数量和面积的增加。2000 年，在西部地区成立或扩建了超过 5 000km^2 的大型保护区，包括新疆罗布泊野骆驼、青海三江源等。该阶段，共建立自然保护区 1 765 处，其中国家级自然保护区 88 处，每年约新建自然保护区 98 处。

2011 年至今：平缓增长阶段。党的十八大对生态文明建设所做的系统论述和部署，为自然保护区工作提出了更高的要求。按照生态文明建设的总体要求，全面落实《国务院办公厅关于做好自然保护区管理有关工作的通知》精神，我国自然保护区从数量规模型向质量效益型进行转变，自然保护区的管理工作重点转变为解决自然保护区空间结构不尽合理、开发建设对自然保护区压力日益增加等方面。这段时期我国的自然保护区在数量上处于平缓增长阶段。

管理依据。《中华人民共和国环境保护法》（1989 年颁布并实施，2014 年修订）的第二条、第二十九条、第三十条、第三十五条均涉及自然资源保护和自然保护区的问题。规定各级人民政府对具有代表性的各种类型的自然生态系统区域，珍稀、濒危的野生动植物自然分布区域，重要的水源涵养区域，具有重大科学文化价值的地质构造、著名溶洞和化石分布区、冰川、火山、温泉等自然遗迹，以及人文遗迹、古树名木，应当采取措施加以保护，严禁破坏。

《中华人民共和国自然保护区条例》（1994 年，国务院令　第 167 号）规定：凡在中华人民共和国领域和中华人民共和国管辖的其他海域内建设和管理的自然保护区，必须遵守该条例。

除此之外，还有《中华人民共和国野生动物保护法》（2016 年修订）、《中华人民共和国森林法》（1998 年修正）、《中华人民共和国草原法》（2013 年修订）、《中华人民共和国渔业法》（2013 年修正）、《中华人民共和国水土保持法》（2010 年修订）、《中华人民共和国野生植物保护条例》（1996 年）、《野生药材资源保护管理条例》（1987 年）等，也就相应的资源保护提出了划定自然保护区、禁伐区、禁猎区、禁渔区、野生药材资源保护区，以保护有价值的陆生或水生野生动植物资源及其生境。

管理体制。1994 年，国务院颁布实施的《中华人民共和国自然保护区条例》，规定了我国自然保护区的建设管理方式和制度，确立了环保部门综合管理与林业、农业、国土、水利、海洋等行业管理相结合的管理体制。

机构改革前，我国建立并管理自然保护区的部门有环保、林业、农业、国土、海洋、水利、住建等，一些科研院所、高等院校、国家直属大型森工企业以及部分省属农垦企业也建立并管理了一些自然保护区。在管理等级上又分为国家级、省级、市县级等，分别由国务院、所在省（市、自治区）和市（县）人民政府批准建立，不同级别的保护区管理经费纳入所在地方政府财政预算。

发展现状。截至 2017 年年底，全国已建立 2 740 处自然保护区（图 1－2），总面积 147 万 km^2。全国各级各类自然保护区专职管理人员总计 4.5 万人，其中专业技术人员 1.3 万人。国家级自然保护区均已建立相应管理机构，多数已建成管护站点等基础设施。

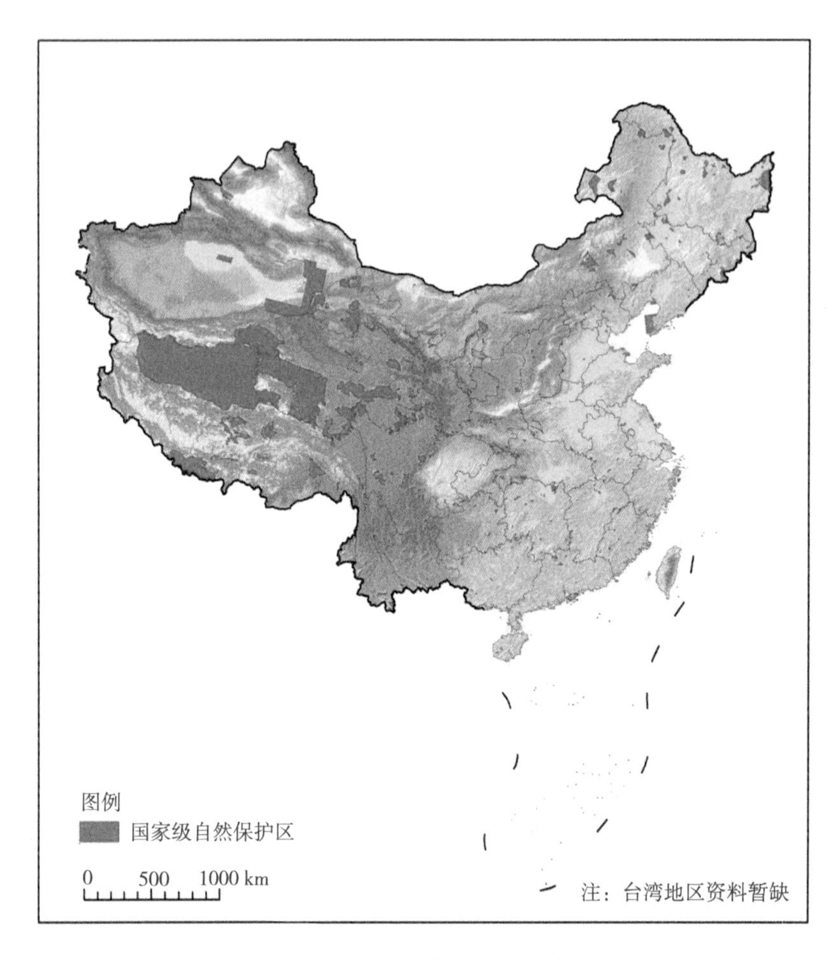

图 1－2 国家级自然保护区分布

全国超过 90%的陆地自然生态系统都建有代表性的自然保护区，89%的国家重点保护野生动植物种类以及大多数重要自然遗迹在自然保护区内得到保护，部分珍稀濒危物种野外种群逐步恢复。一些旗舰种，如大熊猫（*Ailuropoda melanoleuca*）野外种群数量达到 1 800 多只，东北虎（*Panthera tigris altaica*）、东北豹（*Panthera pardus orientalis*）、亚洲象（*Elephas maximus*）、朱鹮（*Nipponia nippon*）等物种种群数量明显增加。

当前，我国的自然保护区已经走过了抢救性建立、数量和面积规模快速增长的阶段，进入系统性保护阶段。全国自然保护区已呈平缓发展态势，目前基本形成布局较为合理、类型较为齐全、功能较为完备的自然保护区网络。

根据我国现行的自然保护区分类标准《自然保护区类型与级别划分原则》（GB/T 14529—93）：自然生态系统类自然保护区在数量和面积上均占主导地位，野生生物类次之，自然遗迹类所占比例最小（表 1－5）。

表 1－5　全国自然保护区按类型分级统计

类型		数量/处		面积/hm²	
		全部	国家级	全部	国家级
自然生态系统	森林生态	1 423	205	31 728 067	15 224 657
	草原草甸	41	4	1 654 155	731 424
	荒漠生态	31	13	40 054 288	36 700 178
	内陆湿地	378	53	30 821 951	20 590 767
	海洋海岸	68	17	715 830	512 529
野生生物	野生动物	525	115	38 587 557	21 937 558
	野生植物	156	19	1 800 139	782 110
自然遗迹	地质遗迹	85	13	993 776	172 169
	古生物遗迹	33	7	549 557	168 393
合计		2 740	446	146 905 320	96 819 785

经过 60 多年的发展，我国的自然保护区事业取得了显著成效。但自然保护区建设与生态文明的要求还存在明显差距，主要表现在：自然保护区空间结构不尽合理；开发建设活动对自然保护区保护的压力日益增加；由于自然保护区涉及部门较多，在对其进行监督管理过程中难度较大等方面。

（2）风景名胜区

风景名胜区是指具有观赏、文化或者科学价值，自然景观、人文景观比较集中，环境优美，可供人们游览或者进行科学、文化活动的区域。

建立目的。风景名胜区设立的目的是保护珍贵的风景名胜资源，通过科学地开发建设，营造适宜的环境，供公众游览、休息或进行科学、文化活动，其自然景观和人文景观能够反映重要自然变化过程和重大历史文化发展过程，基本处于自然状态或者保持历史原貌，具有国家代表性。

发展历程。我国风景名胜区事业的发展最早可以追溯到 1978 年。当时，国务院发布了《关于加强城市建设工作的意见》（国发〔1987〕47 号），首次明确了由城市建设主管部门负责管理风景名胜区事业。1979 年，国家城建总局园林绿化局在杭州召开了全国风景名胜区座谈会，首次明确提出了我国自然与文化遗产资源管理的区划名称——风景名胜区。

1982 年，国家正式建立风景名胜区制度。国务院发布了《关于审定第一批国家重点风景名胜区的请示的通知》，审定批准了我国首批 44 个国家重点风景名胜区（2006 年 12 月 1 日《风景名胜区条例》实施后，统一改称为“国家级风景名胜区”）。1988 年、1994 年、2002 年、2004 年、2005 年、2009 年、2012 年和 2017 年分别审定公布了第二批至第九批风景名胜区。我国风景名胜区建设自 20 世纪 80 年代以来不断发展壮大，至今我国国家重点风景名胜区共 244 处，已经形成了覆盖全国的风景名胜区体系（表 1－6）。

表 1－6　国家风景名胜区建设历程

批次	审批年份	数量/处
第一批	1982	44
第二批	1988	40
第三批	1994	35
第四批	2002	32
第五批	2004	26
第六批	2005	10
第七批	2009	21
第八批	2012	17
第九批	2017	19
合计	244	

管理依据。1985 年，国务院发布了《风景名胜区管理暂行条例》（国发〔1985〕76 号），确立了风景名胜区的法律地位。2006 年国务院颁布了《中华人民共和国风景名胜区条例》（国务院令　第 474 号），此后，云南省等地方政府相继又制定颁布了相关的风景名胜区管理办法，以加强地方政府对风景名胜区建设与管理。

管理体制。国家采取综合管理和分级管理的方式来管理保护风景名胜区。住建部门负责全国风景名胜区管理保护工作，地方各级政府住建部门负责辖区内的风景名胜区管理保护工作。

从制度设计和管理实施情况看，我国风景名胜区管理体制是：属地管理与部门管理相结合，地方政府实行综合管理，部门管理仅限于行业指导。住建部门主要负责各级风景名胜区的设立申报、组织风景名胜区规划编制报批、风景名胜资源保护监督和指导风景名胜区行业持续健康发展。

目前，有的国家重点风景名胜区是由上级政府成立了以风景名胜区及部分周边过渡地带为行政辖区的区（县级）人民政府，负责区内一切行政事务的管理，有的设立了管理委员会、管理处或管理局，有的尚未建立统一管理机构。

发展现状。在党中央、国务院的高度重视和正确领导下，我国风景名胜区事业快速发展、成就显著，形成了类型多样、覆盖全国的风景名胜区体系。截至 2017 年年底，国务院批准设立国家级风景名胜区 244 处，各省级人民政府批准设立省级风景名胜区 807 处，两者总面积约 21.4 万 km^2，占我国陆地总面积的 2.23%。这些风景名胜区的设立，为我国自然文化遗产保护和社会经济发展做出了突出贡献（图 1－3）。

风景名胜区已经成为我国世界遗产申报和保护管理的重要载体，为我国世界遗产事业发展提供重要的制度保障。我国现有 50 处世界遗产地，总量位居世界第二，是名副其实的遗产大国，世界遗产发展成就与我国风景名胜区事业发展密不可分。50 处世界遗产中，有 31 处位于风景名胜区之中；我国现有的 11 处世界自然遗产、

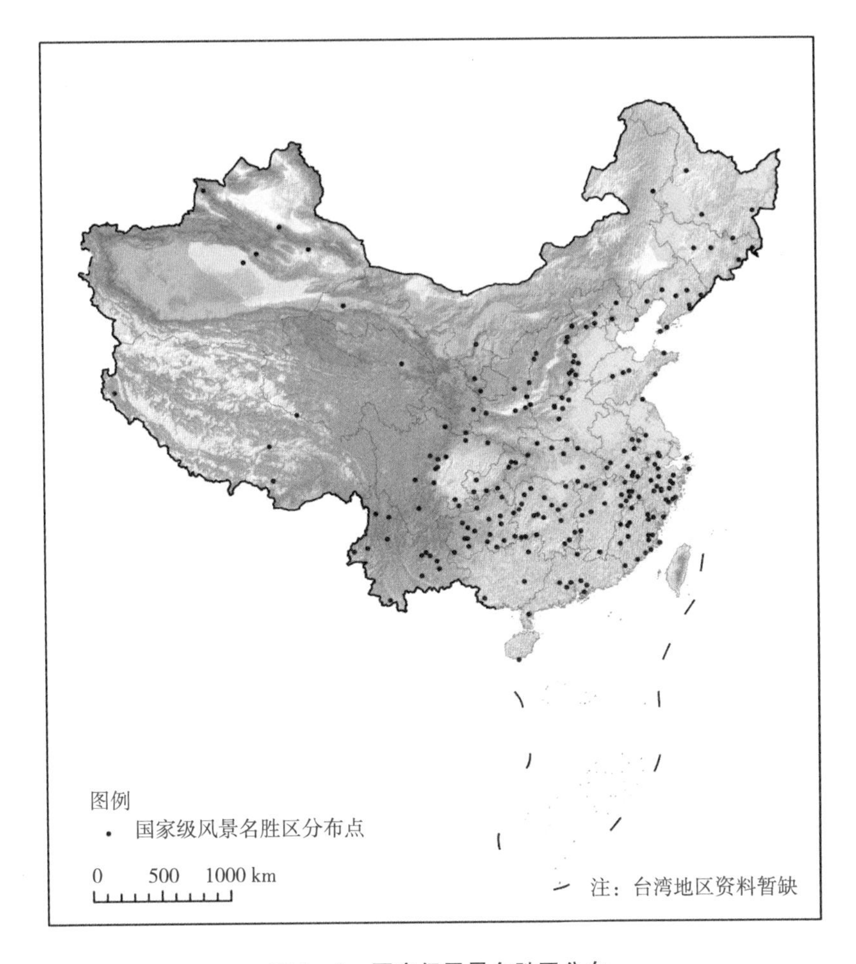

图1-3　国家级风景名胜区分布

4处自然与文化双遗产主要由国家级风景名胜区组成。同时，具有中国特色的风景名胜区保护管理模式也极大地丰富了国际自然文化遗产保护的理论、实践和模式，为广大发展中国家正确处理遗产的保护、利用与传承的关系提供了有益借鉴，提升了我国在保护地管理和自然文化遗产保护领域的国际影响力。

目前，我国风景名胜区体系发展较快，虽然我国风景名胜区数量较多，类型各异，但其管理体制存在一定的共性问题。现行管理体制的主要矛盾集中在：管理部门把风景名胜区当作行政单位来管理，而较多地方政府以及风景名胜区管理机构把风景名胜区作为旅游资源来管理，从而导致在风景名胜区管理过程中出现诸多问题。

(3) 森林公园

森林公园是指森林景观优美，自然景观和人文景物集中，具有一定规模，可供人们游览、休息或进行科学、文化、教育活动的场所。森林公园是我国起步早、影响面宽的自然保护地品牌之一。历经1980年以来35年的成长过程，逐渐形成了以国家级森林公园为骨干，国家、省和市（县）三级森林公园共同发展的格局，在加强森林资源保护、普及自然科学知识、促进林区经济发展等方面的作用不断加强，其重要性得到了各级政府及社会的肯定。

建立目的。建立森林公园的目的是为了保护和合理利用森林风景资源，发展森林旅游，侧重其游憩、保护、科研与教育功能。

发展历程。中华人民共和国成立后，森林公园发展进入萌芽阶段。党的十一届三中全会以来，我国森林公园开始真正起步，历经了试点起步、快速规范发展、质量提升 3 个发展阶段。

1980—1990 年：试点起步阶段。森林公园以 1980 年《关于风景名胜区国营林场保护山林和开展旅游事业的通知》（林国字〔1980〕12 号）为开端。1982 年，经国家计委批准，我国正式建立了第一个森林公园——湖南张家界国家森林公园。试点起步阶段，国家森林公园的数量相对较少、发展较慢，同时在法制建设、组织设置、人员培训等方面仍存在一定问题。截至 1990 年年底，全国森林公园总数为 27 处，其中国家级森林公园 16 处。

1991—1999 年：快速规范发展阶段。1994 年，林业部发布了《森林公园管理办法》（林业部令　第 3 号），标志着森林公园进入了标准化、法制化的阶段。该阶段，全国共建立 275 处国家森林公园。

2000 年至今：质量提升阶段。2001 年，国家林业局在全国森林公园会议上正式提出将森林旅游发展成为全国优势产业，森林公园的建设重心便从资源保护转移到旅游开发上。该阶段森林公园进入迅速发展阶段。

管理依据。1994 年，林业部颁布的《森林公园管理办法》（林业部令　第 3 号）规定，森林公园分为国家级、省级、市（县）级三级，主要依据森林风景的资源品质、区位条件、基础服务设施条件以及知名度等来划分。国家级森林公园由林业部审批，省级和市（县）级森林公园相应由省或市（县）级林业主管部门审批。2005 年，国家林业局印发了《国家级森林公园设立、撤销、合并、改变经营范围或者变更隶属关系审批管理办法》，明确了森林公园的撤销、合并或变更经营范围，必须经原审批单位批准。2011 年，国家林业局又发布了《国家级森林公园管理办法》（国家林业局令　第 27 号）。

管理体制。《国务院办公厅关于印发国家林业局主要职责内设机构和人员编制规定的通知》（国办发〔2008〕93 号）中明确指出：国家林业局指导国有林场（苗圃）、森林公园和基层林业工作机构的建设和管理；承担森林和陆生野生动物类型自然保护区、森林公园的有关管理工作。根据《国家级森林公园管理办法》规定，国家林业局主管全国森林公园工作，县级以上地方人民政府林业主管部门主管本行政区域内的森林公园工作。其中，国家级森林公园由国家林业局批准建立，并由其全面负责国家级森林公园的监督管理工作。地方级由地方人民政府林业部门主管。

发展现状。截至 2016 年年底，全国共建立森林公园 3 234 处，规划总面积 1 801.71 万 hm^2。其中，国家级森林公园 826 处、国家级森林旅游区 1 处，面积 1 251.06 万 hm^2；省级森林公园 1 402 处，县（市）级森林公园 1 005 处（图 1－4）。

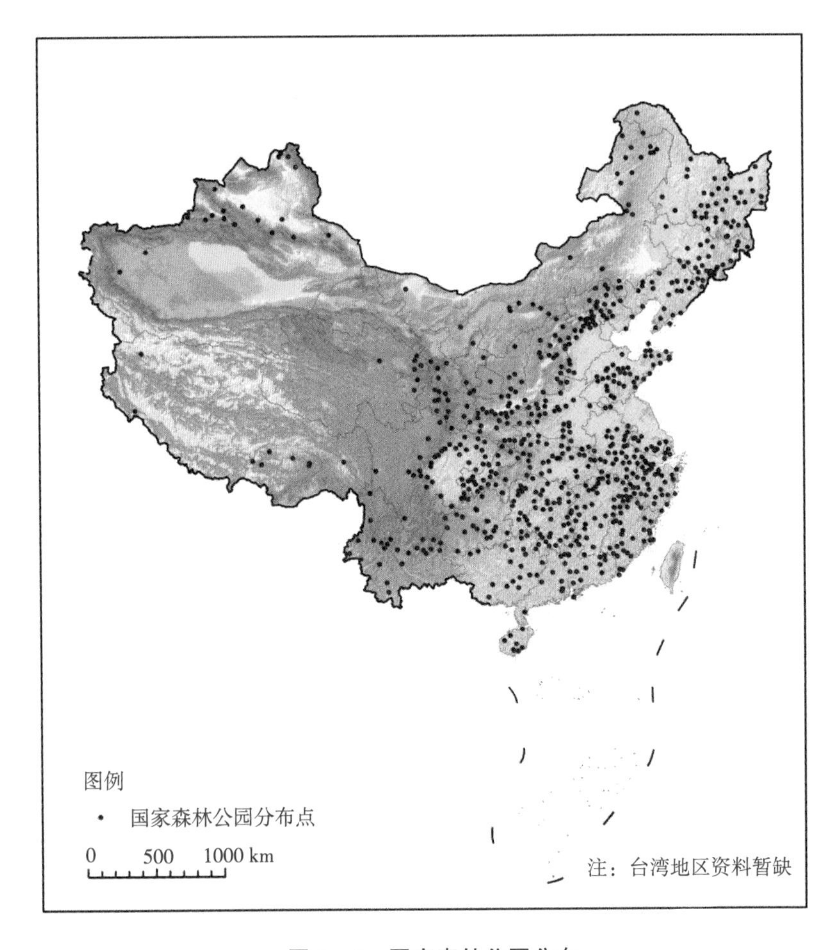

图1－4　国家森林公园分布

森林公园作为蕴藏森林景观价值和内在价值的主要载体，在开发建设上已经取得较大进步，对于发展森林旅游也起到很大的作用。我国森林公园发展经历了高速、平稳和快速增长等阶段，近年来，我国森林公园在不同时间和不同区域，其旅游价值迅速提升。森林公园的发展极大地拉动了当地相关产业的发展。同时森林公园也凸显出一些问题，如森林公园的管理体系还不完善、开发利用不尽合理以及资金投入渠道有限等。

(4) 地质公园

参照联合国教科文组织地学部2002年4月颁布的《世界地质公园网络工作指南》，地质公园是指一个有明确的边界线并且表面面积足够大的使其可为当地经济发展服务的地区。它是由一系列具有特殊科学意义、稀有性和美学价值的，能够代表某一地区的地质历史、地质事件和地质作用的地质遗迹（不论其规模大小）或者拼合成一体的多个地质遗迹所组成。它也许不只具有地质意义，还可能具有考古、生态学、历史或文化价值。

我国关于地质公园的正式界定是由国土资源部做出的。国土资源部2000年77

号文件对地质公园定义为：地质公园是以具有特殊的科学意义、稀有的自然属性、优雅的美学观赏价值，具有一定规模和分布范围的地质遗迹景观为主体，融合其他自然景观与人文景观并具有生态、历史和文化价值，以地质遗迹保护，支持当地经济、文化和环境的可持续发展为宗旨，为人们提供具有较高科学品位的观光旅游、度假休闲、保健疗养、科学教育、文化娱乐的场所。

建立目的。建立地质公园目的是以具有特殊的科学意义、稀有的自然属性、优雅的美学观赏价值，具有一定规模和分布范围的地质遗迹景观为主体；融合自然景观和人文景观并具有生态、历史和文化价值；以地质遗迹保护，支持当地经济、文化和环境的可持续发展为宗旨；为人民提供具有较高科学品位的观光游览、度假休息、保健疗养、科学教育、文化娱乐的场所。同时也是地质遗迹景观和生态环境的重要保护区、地质科学研究与普及的基地。概括地说，建立地质公园的主要目的有三个：更好地保护地质遗迹，为科学研究和普及科学知识提供场所；促进地方经济发展；推动文化和环境的可持续发展。

地质公园的类型。目前地质公园的类型并没有统一的分类方法，以不同的标准分类，就可以分出不同的地质公园类型。

按等级划分，根据批准政府机构的级别可分为：世界地质公园、国家地质公园、省级地质公园、县（市）级地质公园 4 个等级。其中，世界地质公园必须由联合国教科文组织批准和颁发证书。

按地质公园占地面积可分为特大型（1 000 km^2以上）、大型（500～1 000 km^2）、中型（100～500 km^2）和小型（小于 100 km^2）。

按地质公园性质可划分为地质地貌型、古生物化石、地质灾害、典型地质构造地质、典型地层剖面地质、水文地质遗址等。另外还有典型矿物、岩石、矿山、采矿遗址及宝玉石地质公园。

发展历程。在地球演化的漫长地质历史时期，由于内外应力的综合作用，形成了众多不可再生的地质遗产。它们是具有重大观赏价值和重要科学研究价值的地质地貌景观、有重要科考价值的古人类遗址、古生物化石遗址、典型的地质灾害遗迹等。为了对这些地质遗产进行保护和合理开发，1991 年 6 月，在法国召开的“第一届国际地质遗产保护学术会议”上，来自 30 多个国家的 100 多位代表共同签发了《国际地球记录保护宣言》。作为对该宣言的响应，1999 年 2 月，联合国教科文组织正式提出了“创建具有独特地质特征的地质遗迹全球网络，将重要地质环境作为各地区可持续发展战略不可分割的一部分予以保护”的地质公园计划。1997 年 11 月联合国教科文组织通过了“创建独特地质特征的地质遗迹全球网络”的决议。1999 年 3 月正式通过了“世界地质公园计划”（UNESCO Geopark Programme）的议程，并提出筹建“全球地质公园网”的倡议。目前，联合国教科文组织世界地质公园网络（GGN）共有 120 个成员，分布在全球 33 个国家和地区。

我国从地质遗迹保护到地质公园建立，一直积极与联合国教科文组织、国际地质科学联合会合作，在国际上为推动地质公园的建设做出了贡献，走在世界前列。截至 2016 年年底，我国已建成 35 处世界地质公园，占联合国教科文组织世界地质公园网络名录的 1/4 左右，远远高于排在第二位的国家所拥有的数量。

我国在 1984 年之前，该项工作只是作为其他类型自然保护区的部分保护内容。1985 年，中国地质学家就提出在地质意义重要、地质景观优美的地区建立地质公园以加强保护和开展科学研究、科学考察。1987 年 7 月地质矿产部发布了《关于建立地质自然保护区规定（试行）通知》（地发〔1987〕311 号），把保护地质遗迹首次以部门法规的形式提出。1995 年 5 月地质矿产部又颁布了《地质遗迹保护管理规定》，则将建立地质公园作为地质遗迹保护的一种方式出现在部门法规之中。

自 1985 年建立第一个国家级地质自然保护区——“中晚元古界地层剖面”（天津蓟县）后，地质遗迹保护区的建立得到较快的发展。1999 年 12 月，国土资源部在山东威海召开的“全国地质地貌保护会议”上进一步提出了建立地质公园的工作。2000 年年初，国土资源部根据国际上日益强烈的保护国际地质遗产并把保护地质遗迹同发展地方经济相结合的倡议，制定了《全国地质遗迹保护规划（2001—2010 年）》和《国家地质公园总体规划工作指南》。2000 年以来，我国各省、自治区、直辖市积极申报国家地质公园。

管理依据。1995 年地质矿产部发布的《地质遗迹保护管理规定》，是我国首部以地质遗迹资源为调整对象的专门法规，该法规实现了我国关于地质遗迹资源立法的重大突破，不仅是我国第一部关于地质遗迹的专门法规，并首次以法律形式确定了地质遗迹的概念和内容，并提出了建设地质遗迹保护区三级分类及其管理的制度。由于人们对地质遗迹资源重要性认识的不断提高，并为了适应目前保护环境资源的需要，各省（区、市）近年来也都加强了地质遗迹资源的保护立法工作。

2002 年国土资源部发布的《中国国家地质公园建设技术要求和工作指南》，该指南共分 4 篇，包括国家地质公园的基本概念、国家地质公园建设指南、地球科学基础知识介绍和地质作用与地质遗迹基础知识。

为了加强国家地质公园建设，有效保护地质遗迹资源，促进地质公园与地方经济的协调发展，国土资源部于 2010 年发布了《国家地质公园规划编制技术要求》。要求各省（区、市）国土资源行政主管部门要加强对规划编制工作的指导，协助地质公园所在地人民政府做好规划的发布实施，并依据批准的规划进行地质公园建设工作的监督检查和评估验收。

管理体制。地质公园是在国土资源部的统一管理与协调、监督下，实行多部门的协调管理。建设和主管地质公园的国家职能部门有国土部门、环保部门、林业部门、文物保护部门、住建部门，以及各级地方政府等。

为了加强地质公园管理，规范国家地质公园的申报和审批，2009 年 5 月，国土资源部办公厅印发了《关于加强国家地质公园申报审批工作的通知》（国土资厅发〔2009〕50 号），对国家地质公园实行资格授予和批准命名分开审核的申报审批方式。

发展现状。截至 2016 年年底，国土资源部正式批准命名的国家地质公园有 203

处，授予国家地质公园建设资格的有 36 处。地质公园的建立已产生了很好的社会影响，社会各界都清楚地认识到，地质公园的建设不仅可以保护地质遗迹，优化地质环境，推进科学普及，提高旅游科学知识含量，同时有益于地方经济发展。但我国的地质公园大多是自然保护区或风景名胜区的一部分，住建、林业、海洋、国土、环保、文化、文物、旅游等部门对其行使管理权。具体到特定的地质公园，可能还涉及不同行政区域之间的利益。因此，在地质公园的建设和管理过程中也会产生诸多困难和问题。

国家地质公园需要国土资源部根据相关条件审查后方可挂牌，2014 年国土资源部发布《关于国家地质公园和国家矿山公园有关事项的公告》表示暂不受理“国家地质公园规划”审查，受理时间将根据工作安排适时公布；此外，第六批国家地质公园资格的验收命名时间后延 3 个月（图 1-5）。

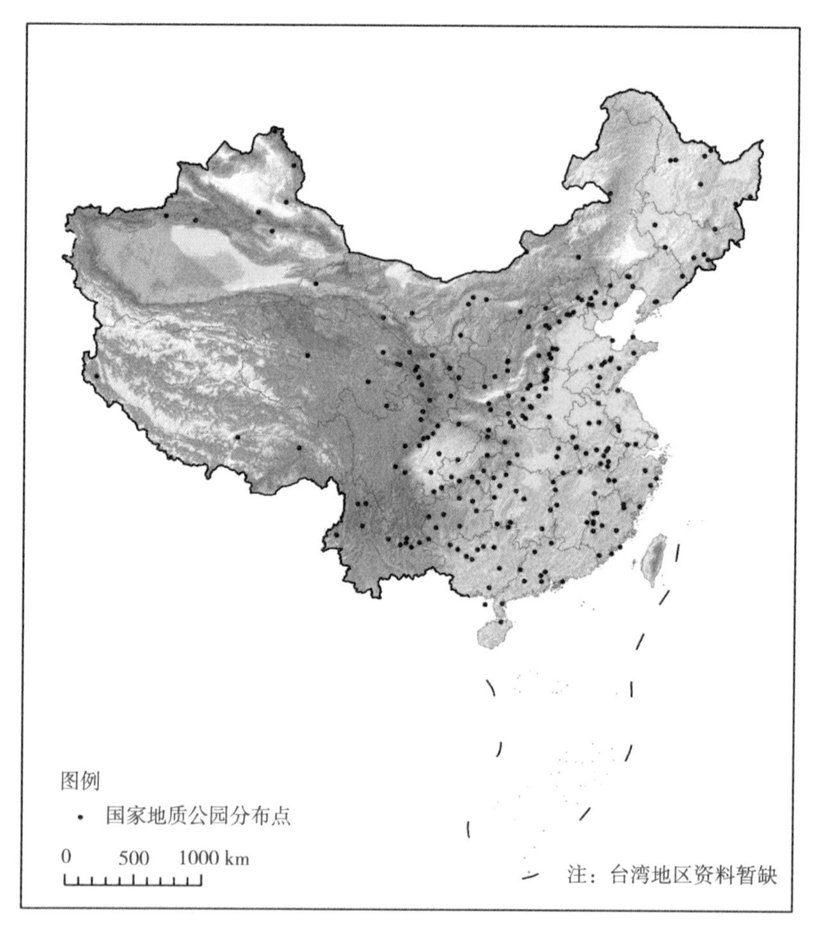

图 1-5　国家地质公园分布

（5）湿地公园

湿地公园是指以保护湿地生态系统、合理利用湿地资源为目的，可供开展湿地保护、恢复、宣传、教育、科研、监测、生态旅游等活动的特定区域。

建立目的。建立湿地公园的目的是为了保护湿地，维持湿地生态系统的基本功能，发挥湿地在改善生态环境、美化环境、科学研究和科普教育等方面的价值，有效地控制对湿地的不合理利用等现象，保障湿地资源的可持续利用，最终实现人与湿地的和谐发展。湿地公园在合理开发利用的前提下，强调更多的是保护。

发展历程。1992年，我国加入《湿地公约》以后，湿地保护管理工作开始启动。进入21世纪以来，整个湿地工作得到全面加强，中央领导同志多次就湿地工作作出重要指示，国务院办公厅专门就加强湿地工作发出通知。

2004年，国务院办公厅《关于加强湿地保护管理的通知》（国办发〔2004〕50号）规定："对不具备条件划建自然保护区的，也要因地制宜，采取建立湿地保护小区、各种类型湿地公园、湿地多用途管理区或划定野生动植物栖息地等多种形式加强保护管理。"

2005年，林业局建立了第一个国家湿地公园——浙江杭州西溪国家湿地公园。近年来，国家湿地公园得到了快速发展，对位于不同地理分区、面临不同问题和威胁的湿地开展了全方位示范。国务院批准了全国湿地保护长期规划和分阶段实施规划，国务院17个部门共同颁布了《中国湿地保护行动计划》。按照国家战略部署，着力加强湿地资源保护管理，各项工作有序开展。

目前，我国湿地公园建设处于发展阶段，由于湿地公园，尤其是城市湿地公园既有湿地的生态功能又具备风景园林的景观效果，还能带来适当的经济效益，政府和老百姓都有很高的积极性，湿地的保护与恢复和可持续发展并行。

管理依据。为了加强湿地公园管理，保护和合理利用湿地，促进湿地生态旅游业的发展，根据《国务院办公厅关于印发国家林业局主要职责内设机构和人员编制规定的通知》（国办发〔2008〕93号），国家林业局出台了《国家湿地公园管理办法（试行）》（林湿发〔2010〕1号）。

管理体制。国家林业主管部门负责全国湿地公园的业务指导和监督管理工作。根据国务院"三定"规定，"国家林业局负责组织、协调全国湿地保护和有关国际公约工作"，湿地保护包括湿地公园的建设和管理是林业部门的一项重要职责。因此，凡是在中华人民共和国境内申报建设湿地公园应报林业主管部门审批。湿地公园分为国家级湿地公园和省级湿地公园，国家级湿地公园由国家林业局批准建立，省级湿地公园由各省级林业主管部门依法批准设立。各级林业主管部门依法对辖区内的湿地公园进行监督管理。

发展现状。截至2017年年底，全国共有湿地公园979处，其中国家级705处（其中，98处为正式，其余为试点）。初步构建了全国湿地公园体系，使约50%的自然湿地得到较为有效的保护，保护体系在维护湿地生态系统健康方面发挥了重要作用。

国家湿地公园得到了快速发展，对位于不同地理分区、面临不同问题和威胁的湿地开展了全方位示范。现在，湿地公园既是我国湿地保护管理体系的重要组成部分，也是人们体验湿地生态功能、享受湿地休闲环境、开展湿地科普宣教的重要场所，更为当地群众增加就业、脱贫致富开辟了新的途径。同时，湿地公园还是许多地方开展生态建设和环境保护的亮丽名片（图 1－6）。

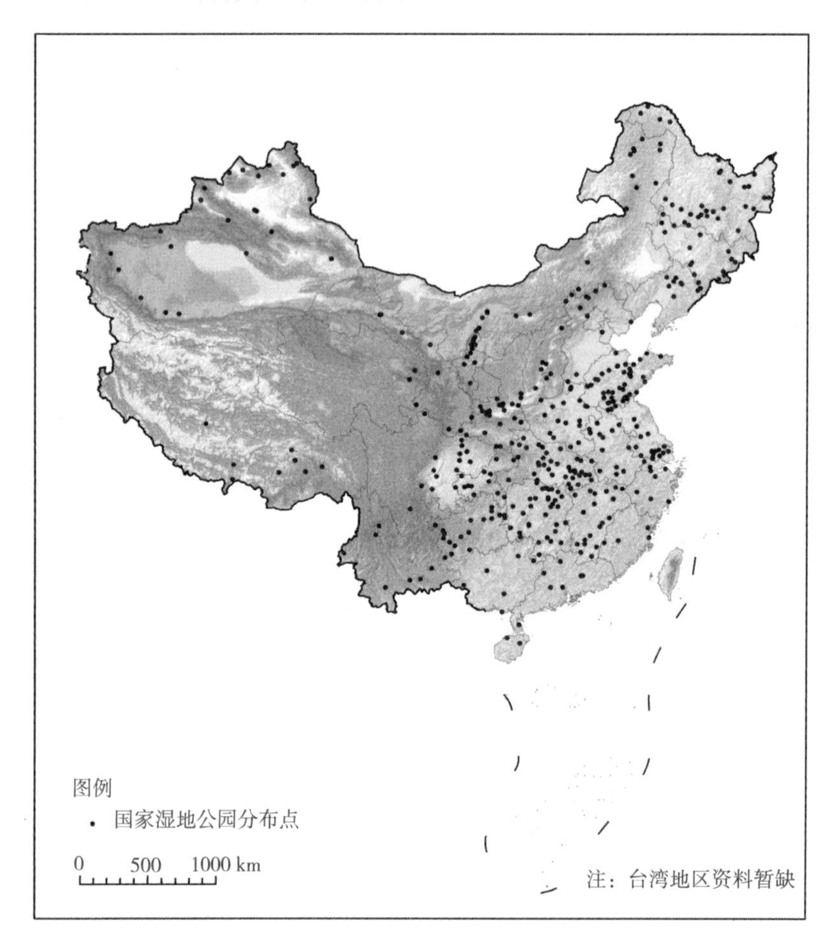

图 1－6　国家湿地公园分布

（6）海洋特别保护区（含海洋公园）

建立目的。建立海洋特别保护区的目的是海洋生态客观规律和社会经济可持续发展的需要，建立可操作性强的、以生态为基础的新型海洋生态保护模式，以丰富和完善我国海洋生态保护手段和措施，有效落实“在保护中开发，在开发中保护”的目标，实现保护海洋生态的目的。海洋特别保护区是指具有特殊地理条件、生态系统、生物与非生物资源及海洋开发利用特殊需求，需要采取有效的保护措施和科学的开发方式进行特殊管理的区域。海洋公园是海洋特别保护区体系的一种类型，是指为保护海洋生态与历史文化价值，发挥其生态旅游功能的特殊海洋生态景观、独特地质地貌景观及其周边海域。建立海洋公园的目的是促进人与海洋自然生态环境的和谐发展。

发展历程。海洋特别保护区的建设工作始于 2002 年。2002 年 5 月，福建省宁德市人民政府批准建立了我国第一个地方级海洋特别保护区——福建宁德海洋生态特别保护区。2004 年 5 月，国家海洋局批准建立了首个国家级海洋特别保护区——

浙江乐清市西门岛海洋特别保护区，标志着我国海洋特别保护区的建设和管理进入一个新的时期。

为落实党的十七大提出的“建设生态文明”战略方针，推进海洋生态文明建设，加大海洋生态保护力度，促进海洋生态环境保护与资源可持续利用。2010 年，国家海洋局修订了《海洋特别保护区管理办法》，将海洋公园纳入海洋特别保护区的体系中。国家海洋公园的建立，促进了海洋生态保护的同时，促进了滨海旅游业的发展，丰富了海洋生态文明建设的内容。

管理依据。2005 年，国家海洋局出台了《海洋特别保护区管理暂行办法》（国海发〔2005〕24 号），以专项规章规范海洋特别保护区建设管理的相关工作。之后，不断对该办法补充完善。2006 年下发了《关于进一步落实海洋保护区有关工作的通知》（国海环字〔2006〕349 号），积极推进海洋特别保护区的建设和管理工作。

为进一步规范海洋特别保护区的选划建设，切实履行海洋行政主管部门“监督管理海洋自然保护区和海洋特别保护区”的职责，促进海洋资源环境的可持续利用，2010 年，国家海洋局印发了《海洋特别保护区管理办法》、《国家级海洋特别保护区评审委员会工作规则》和《国家级海洋公园评审标准》的通知（国海发〔2010〕21 号）。

管理体制。国务院海洋行政主管部门负责全国海洋特别保护区的监督管理。沿海地方人民政府海洋行政主管部门具体负责本行政区毗邻海域内海洋特别保护区的建设与管理。国务院海洋行政主管部门依据《全国海洋功能区划》，会同相关的行业主管部门，编制全国海洋特别保护区发展规划，指导沿海地方海洋特别保护区的建设。沿海省级人民政府海洋行政主管部门应当根据全国海洋特别保护区发展规划以及所在地区的海洋功能区划和海洋环境保护规划，制定本地区海洋特别保护区发展规划，经同级人民政府批准后实施。

发展现状。截至 2017 年年底，全国共建立了海洋特别保护区和海洋公园 56 处。我国已经初步形成了海洋保护体系，海洋特别保护区以生态系统管理和资源可持续利用为基础，进行综合调查和科学规划，既有效保护海洋生态环境及海洋利益，又促进海洋资源可持续发展。海洋特别保护区突出海洋生态系统保护，修复和整治已遭破坏的海洋生态系统，同时发挥海洋生态系统的资源养护、环境整治、海岸带防护等各类功能。尤其注重海洋资源的可持续性开发利用，针对区域范围内自然条件、资源状况、开发现状、海洋经济发展需求等不同情况，采取相应监管措施，努力实现海洋资源有度、有序的可持续开发利用。

（7）其他类型保护地

水利风景区

水利风景区是以培育生态、优化环境、保护资源、实现人与自然的和谐相处为目标，强调社会效益、环境效益和经济效益的有机统一。国家水利风景区是指以水域（水体）或水利工程为依托，按照水利风景资源即水域（水体）及相关联的岸地、岛屿、林草、建筑等能对人产生吸引力的自然景观和人文景观的观赏、文化、科学价值和水资源生态环境保护质量及景区利用、管理条件分级，经水利部水利风景区评审委员会评定，由水利部公布的可以开展观光、娱乐、休闲、度假或科学、文化、教育活动的区域。

国家水利风景区始建于2000年，最初名称为国家水利旅游区。为科学合理地开发和保护水利风景资源，加强水利景观资源的管理，水利部于2001年7月成立了水利风景区评审委员会，开始对水利风景区进行评审。2001年公布了第一批18家国家水利风景区名单。2002年，有研究提出在水利工程建设中要重视景观设计，并在水利风景区坚持旅游开发、环境保护和生态建设并重的原则。与此同时，全国出现了一批水利风景区，规模不断扩大。

为科学、合理地利用水利风景资源，保护水资源和生态环境，加强对水利风景区的建设、管理和保护，根据《中华人民共和国水法》、《中华人民共和国水土保持法》、《中华人民共和国防洪法》、《中华人民共和国水污染防治法》和《中华人民共和国环境保护法》等有关法律法规，水利部于2004年制定了《水利风景区管理办法》（水综合〔2004〕143号），是水利风景区管理的规范性文件。

水利风景区由水利部负责审批和监管。县级以上人民政府水行政主管部门和流域管理机构应当认真负责，加强对水利风景区的监督管理。水利风景区管理机构（一般为水利工程管理单位或水资源管理单位）在水行政主管部门和流域管理机构统一领导下，负责水利风景区的建设、管理和保护工作。国家级水利风景区规划由有关市、县人民政府组织编制，经省、自治区、直辖市水行政主管部门或流域管理机构审核，报水利部审定；省级水利风景区规划由有关市、县人民政府组织编制，报省、自治区、直辖市水行政主管部门审定。

目前，我国水利风景区按其景观的功能、环境质量、功能大小、文化和科学文化价值等因素，划分为三级：国家级、省级和县级水利风景区。我国主要的水利工程类型以水库防洪、蓄水等工程为主，所以在我国水利风景区中大多是水库型水利风景区。如在国家级水利风景区中，水库型水利风景区占58%以上。总体上，我国各种类型水利风景区的分布具有一定的地域性。水土保持型水利风景区多分布在中西部地区；灌区型水利风景区多分布在东部地区；湿地型水利风景区多分布在东部地区。截至2016年年底，水利部已批准设立水利风景区2 500处，其中包括国家水利风景区719处，形成了涵盖全国主要江河湖库、重点灌区、水土流失治理区的水利风景区群落。

矿山公园

矿山公园由国土资源部负责审批与监管，管理依据主要是《中国国家矿山公园建设指南》。建立矿山公园的目的是以展示人类矿业遗迹景观为主体，体现矿业发展历史内涵，具备研究价值和教育功能，可供人们游览观赏、进行科学考察与科学知识普及的特定的空间地域。

自2005年，国家矿山公园分三批建设（第一批28处，第二批33处，第三批11处）。截至2017年年底，我国共建立国家矿山公园72处，矿山公园设置国家级矿山公园和省级矿山公园，其中国家矿山公园由国土资源部审定并公布。2014年，国土资源部发布了《关于国家地质公园和国家矿山公园有关事项的公告》，表示申报暂停，申报时间将根据工作安排适时公布。

种质资源保护区

我国种质资源保护区主要包括水产种质资源保护区和畜牧遗传资源保护区。其中水产种质资源保护区是指为保护水产种质资源及其生存环境，在具有较高经济价值和遗传育种价值的水产种质资源的主要生长繁育区域，依法划定并予以特殊保护和管理的区域、滩涂及其毗邻的岛礁、陆域；畜牧遗传资源保护区是指国家为保护特定畜禽遗传资源，即畜禽及其卵子（蛋）、胚胎、精液、基因物质等遗传材料，在其原产地中心产区划定的特定区域。

水产种质资源保护区始建于 2007 年，截至 2016 年年底，共建立 464 处；畜牧遗传资源保护区始建于 2008 年，截至 2016 年年底，共建立 23 处。农业部依据《水产种质资源保护区管理暂行办法》（农发〔2011〕1 号）和《畜禽遗传资源保种场保护区和基因库管理办法》（农发〔2006〕64 号）负责审批和监管。

沙化土地封禁保护区

沙化土地封禁保护区是指在风沙活动频繁、生态区位重要、应当治理但现阶段不具备治理条件或因保护生态需要不宜开发利用的具有一定规模的连片沙化土地分布区，为了杜绝各种人为因素的干扰、维护地表原始状态、促进生态自然修复、缓解风沙危害、改善区域生态状况而依法划定并设立的封闭式禁止开发利用的地域。

沙化土地封禁保护区是依据《防沙治沙法》（2001 年，中华人民共和国主席令　第55 号）而设定的，其范围由全国防沙治沙规划以及省、自治区、直辖市防沙治沙规划确定。

沙漠公园（试点）

沙漠公园是以沙漠景观为主体，以保护荒漠生态系统为目的，在促进防沙治沙和保护生态功能的基础上，合理利用沙区资源，开展公众游憩、旅游休闲和进行科学、文化、宣传和教育活动的特定区域。

截至 2016 年年底，已建立沙漠公园 55 处。国家林业局依据《国家沙漠公园试点建设管理办法》（林沙发〔2013〕232 号），负责沙漠公园的审批和监管。

1.2.2　我国自然保护地建设与管理存在的问题及原因分析

1. 我国自然保护地建设与管理存在的问题

作为保护生态环境和自然资源的重要区域，我国已建立了自然保护区、风景名胜区、森林公园、湿地公园等各种类型、功能不同的自然保护地体系。这些自然保护地的建立，不仅是我国区域生态安全的重要屏障，也是开展相关科研、教育和游憩活动，建设区域生态文明的良好载体。目前，我国已建立的各类自然保护地为保护生物多样性、自然景观及自然遗迹，维护国家和区域生态安全，保障我国经济社会可持续发展发挥着重要的作用，但其建设和管理仍然存在一些突出问题，主要表现在以下几个方面。

（1）自然保护地体系不清，管理部门间缺乏有机联系

我国已建立的自然保护地有 12 类之多，已超过 10 000 个，而且还在继续增加。

不同类型的自然保护地分别由不同的行政管理部门建立。这些自然保护地的建设与管理彼此之间缺乏有机联系，没有形成科学、完整的自然保护地体系。就拿自然保护区来说，自然保护区分散在环保、林业、海洋等不同的行政管理部门，在科学研究指导、专业人员配置以及管理经费投入等方面，都无法得到充分的体制保障，尤其是经费投入，各部门分管的自然保护区差别很大，造成我国自然保护区管理上存在较大的差别和挑战。

（2）各类型自然保护地边界交叉重叠，缺乏管理协调机制

因为不同类型的自然保护地由不同部门建设并管理，所以造成同一区域建立多个不同类型的自然保护地，空间交叉重叠的现象较为严重，没有形成科学、完整的自然保护地体系。景观价值和生态价值越高的区域，重复建立的自然保护地类型与数量也越多。

据不完全统计，在我国国家级自然保护区、国家风景名胜区、国家森林公园、国家地质公园和国家湿地公园5类自然保护地，彼此交叉或重叠情况就有200多处，如江西省的庐山和湖北省的神农架在同一块区域上同时建立了5种类型的国家级自然保护地，长白山、苍山洱海、武夷山、五大连池和张家界地区建立了4种类型的自然保护地。交叉重叠不仅引起了管理权属争议，还造成机构重置、重复建设、重复投资，增加了管理成本，浪费了行政资源。

（3）不同主管部门和行政区划造成生态系统完整性被割裂

森林、草原、湿地、荒漠、海洋、野生动植物具有物质资源和生态功能的双重属性。过去，我们更重视自然资源的物质属性和经济价值，而忽略了其生态价值，且按资源开发和物质生产进行部门设置，不同资源由不同部门管理。各资源管理部门或根据不同资源类型（如云南高黎贡山，高海拔区域是高黎贡山国家级自然保护区，由林业部门管理；西坡中海拔区域是腾冲火山国家地质公园，由国土部门建立与管理），或按行政区边界（如福建和江西两省在武夷山共建立了9个国家级自然保护区）设计并建立不同的自然保护地。但生态系统是一个有机整体，各要素相互关联、相互作用才能充分发挥功能。条块式的设立和管理，人为割裂了区域生态系统的完整性，生态服务功能无法得到有效发挥。

（4）管理混乱，权责不清的多“管”齐下和一岗多“责”

我国自然保护地体系的交叉重叠和条块管理现象，造成了同一区域多“管”齐下——“多套人马多块牌子”，如云南的苍山洱海既成立了苍山洱海国家级自然保护区管理局，又相继成立了洱源西湖国家湿地公园、大理国家风景名胜区、苍山国家地质公园管理局。或一岗多“责”——“一套人马多块牌子”，如灵宝山国家森林公园和无量山国家级自然保护区实则是一个管理机构却挂着两个牌子。不同“牌子”的保护目标、保护强度、管理制度、标准规范不同。多“管”齐下导致不同管理机构各自为政、管理分割、重复执法，严重影响了管理效率和保护成效。一岗多“责”导致管理机构在具体管理过程中无所适从，不知按哪块牌子的要求来管理。一旦保护与开发产生矛盾，地方常常选择有利于自己的方式进行管理，往往是保护为开发让步，极易形成事实上的管理缺失，不利于有效保护。

另外，有些自然保护地在建设初期，出于“多划多得”的目的，希望多争取国家支持，造成重批建轻管护，或批而不建、建而不管、管而不力的现象比较严重。一些部门在自然保护地设立和管理方面，有利益、出成绩的事情，积极争取甚至竞相争夺，对于责任大、风险高的事情，尽力回避甚至扯皮推诿。权利和责任脱节，造成对破坏自然生态环境的行为和负责人难以追究责任，大大影响了执法的权威性和管护的有效性。

(5) 保护与开发利用的矛盾日益突出

自然保护地社会公益属性和公共管理属性定位不明确，过度强调经济利益，损害了生态保护和公共服务功能。由于实行属地管理，人事任免由地方负责，当保护与开发产生矛盾时，迫于地方压力，保护往往让位于开发。如有的保护区因工程建设而申请功能区调整或边界范围调整，甚至达到数次之多，让保护区为工程建设让路，将即将发生的违法违规建设合法化。更有甚者，有的工程建设或资源开发未批先建，或者偷偷进行“地下”作业。

专栏1－2 自然保护地管理部门近年来加大监督执法力度

2015年12月，住房和城乡建设部结束了为期4年的国家级风景名胜区执法检查工作，先后责令89处存在违法违规问题的国家级风景名胜区进行整改，并决定将吉林仙景台等11处国家级风景名胜区列入“濒危名单”。

2015年4月开始，国家林业局组织开展了全国林业国家级自然保护区专项监督检查“绿剑行动”。从总体情况来看，一些自然保护区仍然存在违法采沙、采矿，过度放牧，违规水电开发和旅游开发等破坏自然保护区资源的现象。2016年2月将本次“绿剑行动”中查出具有突出问题的甘肃祁连山、宁夏贺兰山等30处国家级自然保护区列入重点督办名单，限期整改。

2016年1月，环境保护部就5个国家级自然保护区的生态环境问题，约谈了保护区所在地方级人民政府、保护区省级行业主管部门以及5个国家级保护区管理机构的主要负责人，督促其全面落实《环境保护法》《自然保护区条例》及相关规定，坚决制止破坏自然保护区生态环境的各种违法违规行为。

2016年上半年，环保部对全国所有446个国家级自然保护区组织开展了2013—2015年人类活动遥感监测。遥感监测发现，2015年，446个国家级自然保护区均存在不同程度的人类活动，共156 061处，总面积28 546 km^2，占国家级自然保护区总面积的2.95%。同时，监测还发现，2013—2015年，共有297个国家级自然保护区新增（包括范围扩大）人类活动3 780处。特别是核心区和缓冲区新增活动1 466处。遥感监测发现的这些人类活动，已对自然保护区的生态环境造成影响。环保部同时透露，2016年第二批中央环保督察将把环保部遥感监测和核查结果作为重要工作线索或依据。

另外，自然保护地实行属地管理，各地因经济发展不同，一些自然保护地缺乏足额有效的资金投入，造成必须通过经营收入补贴保护和管理经费。在这种情况下，自然保护地管理机构既是管理者又是经营者，为了自身生存或经济利益，常常将工作重点放在开发利用而不是保护上，甚至以保护为名，行开发之实。同时，部分自然保护地由于实施了严格的保护措施，但相应的补偿措施没有跟上，影响了社区发展和居民生活水平的提高，造成自然保护地与当地社区发展矛盾日益突出。总之，以开矿、旅游、扶贫、改善交通等名目要求自然保护区让路的呼声此起彼伏，地方申请自然保护区晋级的热情锐减，现实令人担忧。

2. 造成自然保护地主要问题的原因分析

(1) 自然保护地的立法保障机制尚未完善

相对于国际上有些国家，我国的自然保护地除《野生动物保护法》《环境保护法》等法律提供相关领域的宏观指导外，针对自然保护地建设、规划与管理，尚停留在国务院条例甚至是部门规章和管理办法层面。例如，国务院颁布的《自然保护区条例》（1994，国务院令 第167号）和《风景名胜区条例》（2006，国务院令 第474号），林业部门发布的《森林公园管理办法》(1993，林业部令 第3号)、《国家级森林公园管理办法》(2011，国家林业局令 第27号)、《国家湿地公园管理办法（试行)》(林湿发〔2010〕1号）和国土部门发布的《中国国家地质公园建设技术要求与工作指南》(国土资源部，2002）等。这些条例、管理办法等法规和规章制度阶位低，且彼此之间缺乏协调统一，甚至有的与上位法存在一定的冲突（如本应受严格保护的自然保护区内存在草原证、采矿证等)。缺乏全国人大提供的最高权威性或专门法律地位，相关立法保障机制尚未完善。

(2) 科学合理的自然保护地体系尚未建立

我国自然保护地的建设和管理经历了一个从无到有的发展过程，各部门根据各自职责建立了不同类型的自然保护地，如林业部门建立并管理的（林业）自然保护区、森林公园、湿地公园、沙漠（石漠）公园、沙化土地封禁保护区等，住建部门建设并管理的风景名胜区，国土部门建立并管理的地质公园、矿山公园等，水利部门建立的水利风景区，农业部建设的（水生生物）自然保护区、水产种质资源保护区，海洋部门建立的海洋特别保护区（含海洋公园）等。但在发展过程中，没有适时根据维护国家生态安全和生物多样性保护的需求，在国家层面对自然保护地体系进行顶层设计，造成了自然保护地类型多，数量大，且各类自然保护地功能定位欠科学，交叉重叠现象较严重，彼此之间缺乏有机联系，没有形成科学、完整的体系。

(3) 现行自然保护地缺乏统一规划

由于缺乏全国统一规划，没有按照保护生态环境、维护国家生态安全的需要，确定一个区域的保护和管理目标，以及所要建立的自然保护地类型，而是根据部门各自职能先建先占，甚至重复建设、交叉重叠，使一些应该严格保护的区域保护不足或没有保护，一些可以适度利用的资源无法合理利用。我国各类型自然保护地的建立与维护国家生态安全目标相适应的自然保护地空间格局尚未形成。

由于历史条件和认识水平的局限，我国各类自然保护地大多实行由资源管理部门按生态要素分散管理的体制，难以有效地实施综合生态系统管理，难以实现对区域生态环境的整体保护、系统修复和综合治理。例如，扎龙自然保护区是一个湿地类型的保护区，林业作为主管部门只能够保护湿地鸟类，其水资源、水生生物、水污染防治等分别由水利、农业、环保部门管理，而湿地作为生态系统是一个整体，应综合管理、系统保护。

(4) 自然保护地资金保障和生态补偿机制尚未建立

《自然保护区条例》规定："管理自然保护区所需经费，由自然保护区所在地的县级以上地方人民政府安排。国家对国家级自然保护区的管理，给予适当的资金补助。"这一规定在一定程度上制约了我国自然保护事业的发展，甚至导致自然保护区为了自身生存开展违法违规经营活动。随着保护区管理的加强，野生动物种群致害事件频繁发生。《野生动物保护法》规定："因保护国家和地方重点保护野生动物，造成农作物或者其他损失的，由当地政府给予补偿。"然而，目前只有少数省份有专门的野生动物致害补偿办法。既然"野生动物资源属于国家所有"（《野生动物保护法》第 3 条），赔偿主体应该是国家，中央财政统一支付比较合理。否则，野生动物丰富且保护效果好的省份反而需要支付高额的赔偿金，对保护可能产生负反馈作用。

在既无专门立法保障，又无中央层面集约化统一管理的体制下，自然保护地基本上只能通过属地管理模式进行运作，主管部门主要负责业务指导，地方政府负责自然保护地的"人、财、物"管理。如果属地管理长期无法在当地创造经济社会效益，当国家保护目标和地方开发利用产生矛盾时，属地管理体制可能造成地方政府设法通过各种方式使保护让位于开发。加之管理经费落实不到位，缺乏完善的生态补偿机制，保护与开发矛盾日益突出，生态保护的效果受到影响。

1.3 建立国家公园体制改革的总体要求

1.3.1 贯彻落实党中央、国务院改革部署

2013 年 11 月，中国共产党第十八届中央委员会第三次全体会议通过了《中共中央关于全面深化改革若干重大问题的决定》，其中首次提出建立国家公园体制的改革要求。2015 年 5 月，《中共中央 国务院关于加快推进生态文明建设的意见》（中发〔2015〕12 号）提出，"建立国家公园体制，实行分级、统一管理，保护自然生态和自然文化遗产原真性、完整性"。2015 年 9 月，中共中央、国务院印发的《生态文明体制改革总体方案》（中发〔2015〕25 号）将"建立国家公园体制"单列一节，明确要求"加强对重要生态系统的保护和利用，改革各部门分头设置自然保护区、风景名胜区、文化自然遗产、森林公园、地质公园等的体制，对上述保护地进行功能重组，合理界定国家公园范围。国家公园实行更严格的保护，除不损害生态

系统的原住民生活生产设施改造和自然观光科研教育旅游外，禁止其他开发建设，保护自然生态系统和自然文化遗产原真性、完整性。加强对国家公园试点的指导，在试点基础上研究制定建立国家公园体制总体方案”，并在“探索建立分级行使所有权的体制”一节中，提出中央政府对部分国家公园直接行使所有权，在“完善法律法规”一节中，提出制定、完善国家公园法律法规。

2015 年 12 月 9 日，习近平总书记主持召开中央全面深化改革领导小组第 19 次会议，审议通过《三江源国家公园体制试点方案》，会议指出，在青海三江源地区选择典型和代表区域开展国家公园体制试点，对实现三江源地区重要自然资源国家所有、全民共享、世代传承，促进自然资源的持久保育和永续利用，具有十分重要的意义。要坚持保护优先、自然修复为主，突出保护修复生态，创新生态保护管理体制机制，建立资金保障长效机制，有序扩大社会参与。要着力对自然保护区进行优化重组，增强联通性、协调性、完整性，坚持生态保护与民生改善相协调，将国家公园建成青藏高原生态保护修复示范区，三江源共建共享、人与自然和谐共生的先行区，青藏高原大自然保护展示和生态文化传承区。

2016 年 1 月，习近平总书记主持召开中央财经领导小组第 12 次会议时强调，“不久前，中央批准了三江源国家公园试点，在此基础上要再整合设立一批国家公园。建立国家公园，目的是保护自然生态系统的原真性和完整性，给子孙后代留下一些自然遗产”，要“把最应该保护的地方保护起来，解决好跨地区、跨部门的体制性问题”。

2016 年 8 月，习近平总书记到青海考察时就三江源国家公园体制试点专门提出了要求，希望各级党委和政府进一步摸索和完善国家公园体制试点，切实保护好三江源地区生态环境。

2016 年 12 月，习近平总书记主持召开中央全面深化改革领导小组第 30 次会议，审议通过《东北虎豹国家公园体制试点方案》和《大熊猫国家公园体制试点方案》，会议强调开展大熊猫和东北虎豹国家公园体制试点，有利于增强大熊猫、东北虎豹栖息地的联通性、协调性、完整性，推动整体保护、系统修复，实现种群稳定繁衍。要统筹生态保护和经济社会发展、国家公园建设和保护地体系完善，在统一规范管理、建立财政保障、明确产权归属、完善法律制度等方面取得实质性突破。

2017 年 6 月，习近平总书记主持召开中央全面深化改革领导小组第 36 次会议，审议通过《祁连山国家公园体制试点方案》，会议指出祁连山是我国西部重要生态安全屏障，是黄河流域重要水源产流地，也是我国生物多样性保护优先区域。开展祁连山国家公园体制试点，要抓住体制机制这个重点，突出生态系统整体保护和系统修复，以探索解决跨地区、跨部门体制性问题为着力点，按照“山水林田湖”是一个生命共同体的理念，在系统保护和综合治理、生态保护和民生改善协调发展、健全资源开发管控和有序退出等方面积极作为，依法实行更加严格的保护。要抓紧清理关停违法违规项目，强化对开发利用活动的监管。

李克强总理、张高丽副总理、汪洋副总理等中央领导同志也就建立国家公园体制做出了一系列批示指示。

习近平总书记等中央领导同志关于国家公园建设的重要指示批示，以及党中央、国务院系列文件，明确了未来一个时期我国生态文明建设总的设计图和路线图，也对我们建立国家公园体制发挥了重要的引领指导作用。

1.3.2　坚持正确的指导思想和原则

建立国家公园体制要全面贯彻党的十八大和十八届三中、四中、五中、六中全会精神，深入贯彻习近平总书记系列重要讲话精神和治国理政新理念、新思想、新战略，统筹推进“五位一体”总体布局和协调推进“四个全面”战略布局，牢固树立和贯彻落实新发展理念，按照党中央、国务院加快推进生态文明建设和改革的决策部署，坚定不移地实施主体功能区战略和制度，严守生态保护红线，以加强自然生态系统原真性和完整性保护为基础，以实现国家所有、全民共享、世代传承为目标，理顺管理体制，创新运营机制，健全法律保障，强化监督管理，构建统一规范高效的中国特色国家公园体制，建立分类科学、保护有力的自然保护地体系。建立国家公园体制要坚持以下基本原则。

一是坚持科学定位、整体保护的原则。将“山水林田湖草”作为一个生命共同体，统筹考虑保护与利用，对相关自然保护地进行功能重组，合理确定国家公园的范围。按照自然生态系统整体性、系统性及其内在规律，对国家公园实行整体保护、系统修复、综合治理。

二是坚持合理布局、稳步推进的原则。立足我国生态保护现实需求和发展所处阶段，科学制定我国国家公园空间布局。将创新体制和完善机制放在优先位置，做好制度转换过程中的衔接，成熟一个设立一个，有步骤、分阶段推进国家公园建设。

三是坚持国家主导、共同参与的原则。国家公园由国家确立，以国家为主导进行管理，加大财政投入，积极引导社会资金多渠道投入。建立健全政府、企业、社会组织和公众共同参与的长效机制，探索各方面社会力量参与自然资源管理和生态保护的新模式。

1.3.3　建立国家公园体制的目标

建立国家公园体制的总体目标为：建成统一、规范、高效的中国特色国家公园管理体制，交叉重叠、多头管理的碎片化问题得到有效解决，国家重要的自然生态系统原真性、完整性得到有效保护，形成自然生态系统保护的新体制、新模式，促进生态文明治理体系和治理能力现代化，保障国家生态安全，培养国家共同意识，实现人与自然和谐共生。

到 2020 年，建立国家公园体制试点基本完成，整合设立 5～10 个国家公园，国家公园建设开始起步。统一分级的管理体制初步建立，国家公园总体布局基本确立，资金保障机制逐步健全，自然资源资产产权归属更加清晰，国家公园法制建设步伐加快。

到 2030 年，完善的国家公园体制初步形成，15～20 个国家公园正式设立，国家公园建设全面推开。统一分级的管理体制更加健全，资金保障体系基本建立，国家公园法律制度更加完善，保护管理效能明显提高，科研教育等功能充分发挥，与社区发展实现互促共进，成为我国生态保护的典范。

到2050年，成熟的国家公园体制基本形成，60个左右的国家公园正式设立，国家公园建设布局基本完成，保护成效显著，国家公园的综合功能不断提升，国家公园文化和理念深入人心，成为全球生态保护的典范。

1.3.4 建立国家公园体制与生态文明体制改革的关系

生态文明是人类遵循人与自然和谐发展规律，推进社会、经济和文化发展所取得的物质与精神成果的总和，是指以人与自然、人与人和谐共生、全面发展、持续繁荣为基本宗旨的文化伦理形态。生态文明建设的总体要求是必须树立尊重自然、顺应自然、保护自然的生态文明理念，把生态文明建设放在突出地位，融入经济建设、政治建设、文化建设、社会建设的各方面和全过程，努力建设美丽中国，实现中华民族永续发展。生态文明建设是站在文明的高度，通过体系化的顶层设计，实现人与自然和谐发展，其根本目的是通过资源节约和环境保护，维护人类的整体利益和长远利益，其核心是对自然资源价值的正确认知。建立国家公园体制的主要目标是保护自然生态系统完整性和原真性，实现自然遗产的世代传承，两者具有共同的核心价值。

1. 建立国家公园体制是生态文明体制改革的重要组成部分

《中共中央关于全面深化改革若干重大问题的决定》在“加快生态文明制度建设”部分提出建立国家公园体制改革要求。《中共中央 国务院关于加快推进生态文明建设的意见》对建立国家公园体制也提出了明确要求，尤其是《生态文明体制改革总体方案》更是将“建立国家公园体制”单列一节，对建立国家公园体制及其构建目标做出清晰的阐释。建立国家公园体制是我国国家生态文明体制的重要组成部分，是完善我国国土空间开发保护制度的重要制度设计。

2. 国家公园体制试点区是生态文明建设突破口和落脚点

国家公园体制试点主要在国家禁止开发区内，通过理顺各类保护地关系，建立有效、规范、统一的管理体制，从而保护生态环境，维护生态安全，这与生态文明建设的战略布局和目标不谋而合。国家公园体制改革的相关要求要与健全自然资源资产产权制度、国土空间用途管制制度、资源有偿使用制度、生态补偿制度和生态损害责任追究制度等生态文明制度改革协调推进。如“山水林田湖草”是一个生命共同体的理念就可以通过改革各部门分头设置各类自然保护地，对相关自然保护地进行功能重组，合理界定国家公园范围来实现。

3. 国家公园体制试点区是生态文明体制改革的先行先试区

国家公园体制试点区能够为生态文明各项制度试点和配套实施提供可能。如三江源、东北虎豹既是国家公园体制试点，也是健全国家自然资源资产管理体制试点，包括武夷山在内的福建省国家生态文明试验区也是三个试点之一。钱江源国家公园体制试点区所在开化县，也是“多规合一”的改革试点。此外，三江源国家公园体制试点还是自然资源统一确权登记试点之一。

4. 建立国家公园体制亟须生态文明各项制度的保障

国家公园体制改革面临着很多制度性瓶颈。如按照所有者和监管者分开和一件事由一个部门负责的原则，落实组建统一管理机构承担国家公园管理职责，将有利于推进国家公园体制建设。另外，建立完善生态文明绩效评价考核和责任追究制度，将推动国家公园管理机构和地方政府领导干部切实履行自然资源资产管理和生态环境保护责任，保障国家公园体制改革成果不受损害。

因此，建立国家公园体制不是孤立的事件，不能脱离我国建设生态文明的宏观背景，只有与生态文明体制改革相结合，并将其作为生态文明建设的重要抓手，国家公园体制才能找到自己的落脚点。

1.4　国家公园体制试点的探索与经验

1.4.1　国家公园体制试点基本情况

2014年以来，国家发展和改革委员会会同中央编办、财政部、国土部、环保部、住建部、水利部、农业部、林业局、旅游局、文物局、海洋局、法制办等13个部门组成了建立国家公园体制试点领导小组，并按照中央全面深化改革领导小组经济体制和生态文明体制改革专项小组的有关要求，有力、有序、有效推进试点各项工作。

2015年1月，经党中央、国务院同意，国家发展和改革委员会会同相关部门联合印发了《建立国家公园体制试点方案》，确定了北京、黑龙江、吉林、浙江、福建、湖北、湖南、云南和青海等9个试点省（市）。此后，按照中央要求，增加了四川、陕西、甘肃3个省为试点省，共启动了10个试点，分别为三江源、东北虎豹、大熊猫、祁连山、神农架、武夷山、钱江源、南山、长城、香格里拉普达措（表1-7）。

截至2018年，已在青海等12个省市推进开展10个试点，其中三江源、东北虎豹、大熊猫、祁连山4个试点方案由中央中央办公厅、国务院办公厅印发，其他6个试点实施方案经建立国家公园体制试点领导小组同意，由国家发改委批复。

1.4.2　国家公园体制试点要求

《建立国家公园体制试点方案》要求试点区各类重要自然保护地交叉重叠、多头管理的碎片化问题得到基本解决，探索建立统一、规范、有效的管理体制和资金保障机制，明确自然资源资产产权归属，统筹自然资源保护和利用，形成可复制、可推广的保护管理模式。

表 1－7 国家公园体制试点情况统计

国家公园试点	所在地点	面积/km^2	新增保护地面积/km^2	整合保护地类型及范围	土地等资源权属（占总面积比/%）	试点批复时间
青海三江源	青海省玉树州治多县、曲麻莱县、杂多县，果洛州玛多县	123 100	10 175	1. 三江源国家级自然保护区（部分） 2. 可可西里国家级自然保护区 3. 扎陵湖一鄂陵湖水产种质资源保护区（部分） 4. 楚玛尔河特有鱼类水产种质资源保护区 5. 黄河源水利风景区	土地所有权全部为全民所有。除青海可可西里国家级自然保护区外，公园其他的草地使用权全部承包落实到牧户	2016.3.5
东北虎豹	吉林省珲春市、汪清县，黑龙江省宁安市、穆棱市、东宁市	14 472	9 829	1. 吉林汪清国家级自然保护区 2. 珲春东北虎国家级自然保护区 3. 吉林天桥岭东北虎省级自然保护区 4. 吉林汪清上屯湿地省级自然保护区 5. 黑龙江老爷岭东北虎国家级自然保护区 6. 黑龙江穆棱东方红豆杉国家级自然保护区 7. 珲春松茸省级自然保护区 8. 汪清兰家大峡谷国家森林公园 9. 黑龙江穆棱六峰山国家森林公园 10. 天桥岭嘎呀河国家湿地公园	国有土地（林地）面积 13 345 km^2（91.3%）；集体土地 1 267 km^2（8.7%）	2017.1.31

续表

国家公园试点	所在地点	面积/km^2	新增保护地面积/km^2	整合保护地类型及范围	土地等资源权属（占总面积比/%）	试点批复时间
大熊猫	四川、陕西、甘肃三省的成都、绵阳、德阳、雅安、眉山、阿坝、广元、西安、宝鸡、汉中、安康、陇南等12个市（州）29个县（市、区）和卧龙特别行政区	27 134	*	42个自然保护区［甘肃：裕河省级自然保护区、白水江国家级自然保护区；陕西：天华山国家级自然保护区、皇冠山省级自然保护区、黄柏塬国家级自然保护区、太白山国家级自然保护区、太白牛尾河省级自然保护区、太白湑水河珍稀水生生物国家级自然保护区、观音山国家级自然保护区、佛坪国家级自然保护区、长青国家级自然保护区、桑园国家级自然保护区、周至国家级自然保护区、周至老县城国家级自然保护区；四川：白羊自然保护区、宝顶沟自然保护区、草坡自然保护区、黄龙自然保护区（59.73%）、龙滴水自然保护区、卧龙国家级自然保护区、勿角自然保护区、鞍子河自然保护区、白水河国家级自然保护区、黑水河自然保护区、龙溪虹口国家级自然保护区、九顶山自然保护区、东阳沟自然保护区、唐家河国家级自然保护区、毛寨自然保护区、瓦屋山自然保护区、周公河珍稀鱼类省级自然保护区、片口自然保护区、千佛山国家自然保护区、王朗国家级自然保护区、小河沟自然保护区、小寨子沟国家级自然保护区、雪宝顶国家级自然保护区、余家山自然保护区、大相岭自然保护区、蜂桶寨国家级自然保护区、喇叭河自然保护区、宝兴河珍稀鱼类市级自然保护区］ 1个保护小区（四川关坝沟自然保护小区） 13个风景名胜区、10个森林公园、5个地质公园、4个水利风景区等80多个保护地	国有土地占68%，集体土地占32%	2017.1.31

续表

国家公园试点	所在地点	面积/km^2	新增保护地面积/km^2	整合保护地类型及范围	土地等资源权属（占总面积比/%）	试点批复时间
祁连山	甘肃省（肃北蒙古族自治县、阿克塞哈萨克族自治县、肃南裕固族自治县、民乐县、中农发山丹马场、永昌县、天祝藏族自治县和凉州区）、青海省（德令哈市、祁连县、天峻县、门源县）	50 200	*	1. 甘肃祁连山国家级自然保护区 2. 盐池湾国家级自然保护区 3. 天祝三峡国家森林公园 4. 马蹄寺森林公园 5. 冰沟河省级森林公园 6. 青海祁连山省级自然保护区 7. 仙米国家森林公园 8. 祁连黑河湿地公园	*	2017.9.1
湖北神农架	湖北省神农架林区	1 170	约 21.47	1. 神农架国家级自然保护区 2. 神农架国家地质公园（部分） 3. 神农架国家森林公园（部分） 4. 大九湖国家湿地公园 5. 大九湖省级湿地自然保护区 6. 神农架省级风景名胜区	国有土地 1 003.8 km^2（85.8%），集体土地 166.2 km^2（14.2%）	2016.5.14
福建武夷山	福建省武夷山市、建阳市、光泽县、邵武市	982.59	341.32	1. 福建武夷山国家级自然保护区 2. 武夷山国家级风景名胜区 3. 武夷山世界自然与文化遗产（部分） 4. 九曲溪光倒刺鲃国家级水产种质资源保护区 5. 武夷山国家森林公园	国有土地面积 282.36 km^2（28.74%），集体土地 700.23 km^2（71.26%）	2016.6.17

续表

国家公园试点	所在地点	面积/km^2	新增保护地面积/km^2	整合保护地类型及范围	土地等资源权属（占总面积比/%）	试点批复时间
浙江钱江源	浙江省衢州市开化县	252	125.92	1. 古田山国家级自然保护区 2. 钱江源国家森林公园 3. 钱江源省级风景名胜区	国有土地 51.44 km^2（20.4%），集体土地 200.72 km^2（79.6%）	2016.6.17
湖南南山	湖南省邵阳市城步县	635.94	248.44	1. 南山国家级风景名胜区 2. 金童山国家级自然保护区 3. 两江峡谷国家森林公园 4. 白云湖国家湿地公园	国有土地 263.99 km^2（41.5%），集体土地 371.95 km^2（58.5%）	2016.7.22
北京长城	北京市延庆区	59.91	*	1. 延庆世界地质公园（部分） 2. 八达岭—十三陵国家级风景名胜区（部分） 3. 八达岭国家森林公园 4. 八达岭长城世界文化遗产（部分）	国有土地 30.32 km^2（50.61%），其中国有土地有权属争议 10.99 km^2	2016.8.15
云南普达措	云南省迪庆州香格里拉市	602.1	约 208.9	1. 三江并流国家级风景名胜区（部分） 2. 碧塔海省级自然保护区 3. 三江并流世界自然遗产（部分）	国有土地（林地）面积 470 km^2（78.1%），集体土地（林地）132.1 km^2（21.9%）	2016.10.27

* 从现有数据资料中未能得出。

注：此表信息来自各国家公园体制试点区试点方案或试点实施方案。

1. 试点区选择

国家公园体制试点区选择包括三点要求：一是代表性，即自然资源的代表性，满足保护对象保护需求；二是典型性，保护地交叉重叠、多头管理、自然生态系统人为切割、碎片化比较严重等典型性问题的区域，同时要有推广、复制作用；三是可操作性，试点区要有一定的工作基础，相对集中便于开展保护工作。

2. 试点的目标

解决自然保护区、风景名胜区、森林公园、地质公园以及自然文化遗产等保护地交叉重叠、多头管理的碎片化问题，形成统一、规范、有效的管理体制和资金保护机制，自然资源资产产权归属更加明确，统筹保护和利用取得重要成效，形成可复制、可推广的保护管理模式。

3. 试点重点内容

(1) 坚持生态保护第一。认真落实生态保护红线制度，严格执行相关法律法规保护要求，确保核心保护区不能动，保护面积不能减，保护强度不降低。

(2) 统一保护和管理。要对现行各类保护地管理体制机制进行整合，明确管理机构，整合管理资源，实行统一有效的保护和管理，一个保护地一块牌子、一个管理机构。

(3) 明晰资源权属。探索试点区内全民所有的自然资源资产委托管理机构负责保护和运营管理，对集体所有的土地及其附属资源，可通过征收、流转、出租、协议等方式，明确土地用途。

(4) 探索管理权和经营权分立。经营性项目要实施特许经营，进行公开招标竞价。实行收支两条线管理，建立多渠道、多形式的资金投入机制。

(5) 促进社区发展。妥善处理好试点区与当地居民生产生活的关系，试点区经营性服务应主要由周边社区提供，管理人员优先安排当地居民，特许经营要优先考虑当地居民及其举办的企业，积极吸引社会公众参与，接受社会监督，鼓励社会组织和志愿者参与试点保护和管理。

1.4.3 国家公园体制试点取得的成效

目前，各试点在建立统一管理机构、整合优化各类自然保护地、探索多样化保护模式、创新生态保护与经济社会协调发展等方面开展了一些工作，取得了部分阶段性成果。

1. 打破九龙治水，实现自然资源资产统一规范管理

试点省（市）结合实际，对现有各类保护地的管理体制机制进行整合，明确管理机构，整合管理资源，实行统一有效的保护和管理。青海省突破原有体制框架，打破各自为战、条块分割、管理分散的传统模式，大力整合机构职能，从现有编制

中调整划转 354 个编制，组建成立三江源国家公园管理局，将原来分散在林业、国土、环保、住建、水利、农牧等部门的生态保护管理职责划归三江源国家公园管理局，实行集中、统一、高效的生态保护规划、管理和执法。东北虎豹国家公园立足国有林地占比高的优势，探索全民所有资源所有权由中央政府直接行使，管理机构已经组建。湖北省整合原神农架国家级自然保护区管理局、大九湖国家湿地公园管理局，以及神农架林区林业管理局有关神农架国家森林公园的保护管理职责，成立神农架国家公园管理局，统一承担 1 170 km² 试点范围的自然资源管护等职责。浙江省、福建省也已正式成立由省政府垂直管理的国家公园管理机构。

2. 优化重组保护地，增强自然生态系统联通性、协调性和完整性

在现行各类保护地的技术标准和管理规范基础上，研究制定统一的标准规范，根据保护需要重新划定功能分区，对各类保护地实行整体保护、系统修复和一体化管理，打破各类保护地之间人为分割、分块管理、互不融通的体制弊端，实现“山水林田湖草”系统保护和综合治理。四川、陕西、甘肃三省打破行政区划界限和生态要素分割，对涉及大熊猫主要栖息地的 80 多个各种类型保护地进行整合，并根据大熊猫生存迁徙需要，加强栖息地连通廊道建设。浙江省开化县将国家公园体制试点与“多规合一”试点相结合，并主动与江西省、安徽省沟通，探索毗邻保护地的跨区域合作，统筹推动钱江源生态保护。

3. 突出有效保护生态，探索多样化保护管理模式

根据试点区域自身特点，遵循不同生态系统保护的内在规律，提出了各有侧重、符合实际、操作性强的国家公园体制试点任务。东北虎豹国家公园立足国有林地占比高的优势，探索全民所有自然资源所有权由中央政府直接行使的模式。浙江、福建、湖南针对集体林地占比高的问题，提出了逐步降低国家公园体制试点区集体土地占比或通过租赁等方式对集体土地进行管理的具体方案。北京市选择八达岭长城开展试点，探索以文化遗产保护带动自然生态系统的保育和恢复的方式，实现多头管理向统一管理、分类保护向系统保护的转变。

4. 建立生态保护与经济社会协调发展机制，实现人与自然和谐共生

牢固树立共建共享理念，在国家公园体制试点中，注重建立利益共享和协调发展机制，实现生态保护与经济协调发展，人与自然和谐共生。青海省结合精准脱贫，新设 1 万多个生态管护综合公益岗位，确保每个建档立卡贫困户有 1 名生态管护员，让贫困牧民在参与生态保护的同时分享保护红利，使牧民逐步由草原利用者转变为生态守护者。四川、陕西、甘肃、吉林、黑龙江五省分别编制了大熊猫国家公园、东北虎豹国家公园试点范围内居民转移安置实施方案，分散的居民点实行相对集中居住，扶持发展替代生计。

1.4.4　国家公园体制试点存在的问题和困难

总的来看，国家公园体制试点稳步推进，成为生态文明体制改革的“排头兵”

和闪亮名片，但同时也存在一些不容忽视的问题和困难。一是由于国家公园体制的顶层设计尚未明确，一些地方对建立国家公园体制的认识还不完全统一，特别是对生态保护第一的理解不够到位，仍将国家公园当作发展旅游、招商引资的金字招牌。二是中央和地方的职责关系有待进一步理顺，事权和支出责任需更加明确地界定，国家公园管理机构与所在地的地方政府职能需进一步划分。三是有的试点省（市）对组织开展建立国家公园体制试点不够重视，没有将试点工作纳入省委、省政府重要议事日程，工作主动性不足，探索创新仅停留在表面，遇着困难绕着走，工作进展缓慢，试点措施还没有落地生效。此外，试点区域内开发建设活动的管控力度亟待加强，处理矿产资源、水电以及旅游开发等历史遗留问题面临巨大压力。

第二部分

国家公园的理念和发展方向

第 2 章　国家公园的定义与功能定位

2.1　国家公园的理念

2.1.1　国家公园理念及其扩展与演化

国家公园是人类社会历史发展到一定阶段的产物，是近代人类文明的一种表达方式。很多国家认识到有必要规划出一定区域，用来保护自然和文化遗产，使国民可以欣赏到壮丽的自然景观，也为子孙后代永续享用提供制度保障。国家公园的这种理念，逐渐得到全球各国的认可，由“美国发明”扩展演变到国际概念。

1832 年，美国诗人、探险家和艺术家乔治·卡特琳首次提出“有必要设立国家的公园，在那里人与兽和谐相处，享受自然美景中原始而清新的气息”。此后，在经历了浪漫的自然审美观、荒野地旅游属性的挖掘、公共公园的开发、民族认同的诉求、新的国家机制的萌生等一系列革命性的社会进程之后，1872 年黄石国家公园的诞生揭开了全球国家公园发展的序幕，并迅速成为各国效仿的最初模板。但是，黄石国家公园的保护只是具有选择性的初级保护，只选择保护对公众具有吸引力的美景，并在栖息地间划分了明确的人工保护边界，因而忽略了当地生态系统整体保护的需求，同时，也未考虑原住民和土地权属可能引发的各种问题。

1. 萌芽阶段

美国国家公园理念向全球传播的第一阶段主要集中在 19 世纪 70—90 年代，主要是以美国为中心，向其相同语系、相似文化价值观的加拿大、澳大利亚和新西兰这类移民定居型社会传播。澳大利亚于 1879 年，加拿大和新西兰于 1887 年分别创立了各自的国家公园，均效仿黄石的荒野地形象，如加拿大的班夫国家公园。加拿大的国家公园是为了加拿大人民的利益、教育和娱乐而设置的，服务于全体加拿大人民的一片未遭破坏的永久保留地，保障后代子孙的享用。新西兰国家公园的宗旨是尽可能保持其自然状态；尽可能消除引入的动植物，同时尽可能保护乡土动植物；尽可能保护具有考古和历史价值的地点和实物，维护其作为土壤、水和森林保护区的价值；给予公众进出公园的自由，以便他们能全方位地获得来自大地、森林、峡湾、湖泊、河流和其他自然特征的灵感、享受、休闲及其他利益。

澳大利亚的国家公园模式较之美国有所偏离，设置目的是保护区域的自然和文化遗产价值，提供反映大范围景观和生态系统多样性的代表性范例。澳大利亚国家公园与美国相比，主要体现在：一是国家公园事务不是全国性政府管理，更多的是由地方性州政府管理；二是种类和数量多；三是强调游憩功能，早期多数都建在海岸边，靠近人群聚居中心。

2. 早期发展阶段

第一次世界大战结束后，非洲和亚洲国家开始设立国家公园，绝大部分国家公园的设立都是为了保护野生动植物，而并非为了保护景观。这些国家公园的设立很大程度上受到了欧洲殖民统治的影响，如纳米比亚的埃托沙国家公园是非洲第一个国家公园，于1907年由德国建立，当时的纳米比亚还是殖民地。亚洲地区的第一个国家公园是菲律宾的阿拉亚特山脉国家公园，成立于1933年，也是受到美国的影响而建立的，在第二次世界大战后菲律宾脱离殖民统治成为独立国家，新建了另一个国家公园。

在非洲比较有代表性的是南非，1926年设立了克鲁格国家公园，以保护野生动物为主要目的。南非设立国家公园的宗旨是保护具有代表性的生物多样性、景观和相关遗产，防止破坏生态完整性的开发和侵占，提供与环境兼容的科研、教育、休闲和游憩等活动。

日本在这一时期也大力推进国家公园的建设，于1934年同时成立了3个国家公园，即濑户内海国家公园、云仙国家公园、雾岛国家公园。日本是借助“天然纪念物”的思想，对具有典型性的自然、文化和宗教价值的景物进行保护。

3. 扩展阶段

在第二次世界大战后至20世纪60年代，欧洲主要大国才开始在本土设立国家公园。尽管英国诗人威廉·沃兹沃思早在1810年即提出将英格兰湖区视为“国家财产”的理念，但是由于缺乏公共土地、文化价值观所带来的文化自信、两次世界大战的影响、与黄石原型完全不同的地理风貌等原因，造成了这些主要国家在本土建立国家公园的时间较晚。此外，由于这些国家都较早在殖民地区开展了国家公园建设，也是其较晚在本土设立国家公园的原因之一。而没有殖民地的欧洲其他国家，则成了欧洲本土较早设立国家公园的国家，如欧洲第一个国家公园是瑞典1909年建立的阿比斯科国家公园，其后是瑞士和西班牙等国家。

4. 全面发展阶段

20世纪60年代以来，面对国家公园全球范围内的迅速发展，各国达成共识，但各国也因自然、政治和经济环境的差异而发展一套符合自身国情的国家公园和保护地系统。世界自然保护联盟等国际组织的积极推动，也为世界范围的国家公园发展和改进国家公园的国际化理解做出了突出贡献。

2.1.2 国家公园理念在中国的落地与发展

1. 中华人民共和国成立前，已初步形成“国立公园”理念

国家公园理念在国际上的成功，诱发了中国探索建立国家公园体制的第一次实

践活动。20世纪30—40年代，中华民国政府以庐山、太湖等成熟风景区为基础，进行了有益实践，编制了相应的规划文件。1930年风景园林巨匠陈植主编的《国立太湖公园计划书》出版，是迄今所见我国最早的国家公园著述。其前言说明了“国立公园四字，相缀而成名词，盖译之英语‘National Park’者也”，认为“……故为发扬太湖之整个风景计，绝非零碎之湖滨公园，及森林公园能完成此伟业，而需有待于由国家经营之国立公园者也”，并强调“（National Park）盖国立公园之本义，乃所以永久保存一定区域内之风景，以备公众之享用者也。国立公园事业有二：一为风景之保存，一为风景之启发，二者缺一，国立公园之本意遂失”。至今在庐山风景名胜区内的展览中仍然保留着关于编制庐山国家公园规划大纲的民国政府文件。

陈植在1935年出版的《造园学概论》对国家公园理念进行较为详细的阐述，即“国立公园（国家公园，编者注），为未经人工破坏之天然风景地，既如前述；然国立公园云者，不惟以保证人类原始的享乐，为必要原则；复须保存国土原始的状态，以资国民教化上，及学术上之臂助，此所谓国立公园之二重使命是也。原始风景之经破坏者，即须举行造林，及砂防工事，俾树木滋茂，渐复旧观，然后始可从事于国立公园之经始”，“国立公园之风景，实具代表一国风景之价值，不惟足以诱致国民，且可赖以招徕国宾。故其设施，即当处处周详，以适于民众之休养享乐。既不应自为制限，而灭其效率，复不当任意计划，以损其美观”。从中我们可以看出，“未经人工破坏之天然风景地”与我们当前提出“原真性”相一致，一旦自然生态系统受人类活动干扰遭到破坏后，应“须举行造林，及砂防工事，俾树木滋茂，渐复旧观”，即尽力发挥生态系统恢复力，适度辅以人工措施，恢复其原始风貌。此外，国家公园的自然生态系统和自然景观要“具代表一国风景之价值”，具有国家代表性。

2. 改革开放以来，做出了一些探索与实践

1982年，我国开始建立“风景名胜区”，在国家级风景名胜区徽志上明确标明对应名称是“National Park of China”，即中国风景名胜区对外称为中国国家公园，中华人民共和国国家标准《风景名胜区规划规范》（GB 50298—1999）也将国家级风景区与“国家公园”挂钩。虽然在当时做出了一些探索，但由于中外译名的不一致，以及在国家级风景名胜区管理体制上所出现的诸多问题，不能认知或者无法认同“国家级风景名胜区”即等同于“国家公园”这一事实。

在世纪之交，国内有不少学者和研究机构曾极力倡导逐步建立中国国家公园。1998年开始，云南省率先在全国开始探索引进国家公园模式，并于2006年建立了普达措国家公园，以期促进自然遗产有效保护和展示利用的最佳选择、挖掘和保护少数民族优秀传统文化、缓解自然资源保护与合理利用的矛盾、提升环保形貌获取国内外支持、推进旅游来跨越式发展等。2008年，环境保护部和国家旅游局联合在黑龙江汤旺河开展国家公园试点探索，认为国家公园是指国家为了保护一个或多个典型生态系统的完整性，为生态旅游、科学研究和环境教育提供场所，而划定的需要特殊保护、管理和利用的自然区域。它既不同于严格的自然保护区，也不同于一

般的旅游景区，国家公园以生态环境、自然资源保护和适度旅游开发为基本策略，该理念与 IUCN 关于国家公园的理念与模式基本一致。

从地方到中央多层次、多部门都参与了国家公园建设的探索，使“国家公园”的概念在中国从无到有，从实际意义上讲，上述国家公园试点的探索对推动我国国家公园发展具有重要的开拓性意义。

2.1.3 中国国家公园理念的形成与凝练

1. 中国国家公园理念的提出

理念是行动的先导，理念正确与否，从根本上决定着发展的成败。近 40 年，我国社会经济发展取得了举世瞩目的伟大成就，经济长期快速增长，城乡居民生活水平稳步提升。但在国民经济快速增长的同时，我国也付出了很大的资源环境代价，社会和经济发展与资源、生态、环境之间的矛盾和冲突严重，人与自然的关系趋于紧张。党中央在深刻认识和把握经济社会发展规律、人类文明发展趋势的基础上，高瞻远瞩做出大力推进生态文明建设的重大决定，党的十八大将生态文明建设纳入“五位一体”中国特色社会主义事业总体布局，生态文明建设关系人民福祉、关乎民族未来，事关两个一百年奋斗目标和中华民族伟大复兴中国梦的实现。

习近平总书记等中央领导同志关于国家公园建设做出了一系列的重要指示批示。因此，建立国家公园体制已成为生态文明制度建设的重要内容之一，要站在中华民族永续发展的高度和生态文明建设的角度来推进国家公园体制建设。

2. 凝练中国国家公园理念的路径

国家公园理念是国家公园建设管理的核心价值观，是国家公园管理的基本信念和基本要求，要从生态保护第一、国家代表性和全民公益性三个方面进行凝练。

(1) 坚持生态保护第一

从国际经验来看，虽然全球各国国情不同，国家公园的发展历程、体系组成、设立标准、管理要求和保护强度也不尽相同，但设立国家公园的首要目的都是保护生态环境、生物多样性和自然资源，维护典型和独特生态系统的完整性免遭破坏。例如，俄罗斯《联邦特别自然保护区域法》(1995) 明确了国家公园等特别自然保护区域是具有环境保护、科学研究、文化、美学、疗养和健身等功能的资源区域，即俄罗斯所有自然保护地的首要管理目标是生态环境保护。根据《国家环境管理：保护地法》(2003)，南非设立的国家公园等自然保护地均是为了保护本国生物多样性代表性区域、自然景观和海景，保护区域生态的完整性。

国家公园区域内的自然生态系统和自然资源通常具有国家或国际意义，这些自然生态系统和自然资源是经过千百年甚至千万年的沧桑变迁形成的，是中华民族的宝贵财富，一旦遭到破坏将造成无可挽回的损失。习近平总书记在主持召开的中央财经领导小组第十二次会议上明确指出：“要着力建设国家公园，保护自然生态系统的原真性和完整性，给子孙后代留下一些自然遗产。”《生态文明体制改革总体方案》

中要求："国家公园实行更严格的保护，除不损害生态系统的原住民生活生产设施改造和自然观光科研教育旅游外，禁止其他开发建设，保护自然生态系统和自然文化遗产原真性、完整性。"因此，我国建立国家公园的根本目的就是保护自然生态系统的原真性和完整性，始终突出自然生态系统的严格保护、整体保护、系统保护，把最应该保护的地方保护起来，给子孙后代留下珍贵的自然遗产。

同时我们应该看到，在坚持"生态保护第一"的同时，也要充分发挥国家公园科学研究、环境教育和生态体验等功能。但要明确的是，建立国家公园是加强国家自然生态保护，维护国家生态安全，不是为了搞旅游开发。

（2）坚持国家代表性

IUCN将国家公园的典型特征描述为：面积很大并且保护功能良好的自然生态系统，具有独特的、拥有国家象征意义和民族自豪感的生物和环境特征或者自然美景和文化特征。全球各国都将自然生态系统的国家代表性作为重要的选定标准，只有拥有国家代表性的生态系统、重要自然资源和典型景观的区域才能入选国家公园，如美国国家公园选择时要求待选区的自然资源的代表性和完整性等方面具有全国性意义。瑞典国家公园必须能代表整个国家中独特的自然生态系统或自然景观。南非国家公园在具有国家或国际上的代表性的要求上，可以是生物多样性的重要区域或是可以代表南非自然生态系统的风景名胜或遗址。日本国家公园是具有全国范围内规模最大且自然风光秀丽、生态系统完整的国家风景或自然生态系统。

基于国家公园内自然生态系统和自然资源的国家代表性，以及其维护国家生态安全的重要作用，国家公园内自然资源应为全民所有，应由国家确立，并主导管理。全球各国国家公园无论是以美国为代表的中央集中型管理模式，还是以德国、澳大利亚为代表的地方主导型管理模式，抑或是英国、日本中央地方结合型管理模式，在国家层面都有非常明确的管理机构代表国家行使国家公园管理职责，并从国家层面制定国家公园法律法规，如《国家公园管理局组织法》（1916）、《加拿大国家公园法》（1930）、《新西兰国家公园法》（1980）等。此外，各国多将国家公园作为国家社会工程的重要部分，以国家层面公共政策支持为主，管理经费以国家预算为保障。

国家公园既具有极其重要的自然生态系统，又拥有独特的自然景观和丰富的科学内涵，鉴于国家公园的国家所有的特点，国家公园不仅代表其自身，更重要的是国家形象的直观展示，通过保护、游览国家大好河山，对国家形成直观的认识，通过了解国家历史文化形成深刻的感性认知，是助力国家意识形成的重要载体。同时，国家公园的建立是形成统一价值观，弘扬国家精神，彰显中华文明，使中国国家公园成为增强国家意志、凝聚中华合力、促进民族复兴的有效手段，也是中国与世界各国交流的通道。

（3）坚持全民公益性

全民公益性是国家公园的基本属性之一。国家公园作为一种公共产品，设立目的是为了让全体民众共同享有国家公园生态系统服务功能带来的福祉。生态系统服务功能是国家公园公益属性最大体现，自然生态系统作为公共物品，其生态产品惠及普通大众，不只是公园游客和当地居民，国家公园的涵养水源、防风固沙、固碳释氧、生物多样性保育等功能，还使更大范围内的民众受益，且大家都公平获得，任何人获益也不会使其他人的获益变少。由此可见，国家公园若能完整保护自然生态系统，使其生态系统服务得以正常发挥，那么其公益性便得以实现。

除了"生态系统保护"外，在保护的前提下利用国家公园资源开展科学、教育和游憩活动等，给公众提供游憩、观赏和教育的场所，让全体公民享受国家公园的福利，使民众能够感受自然之美，接受环境教育，培养爱国情怀，促进社区发展，那么国家公园公益性便得到了进一步的延伸。国家公园是要让更多人接触、了解、喜爱国家的自然文化遗产，使人人都能够感受到这种最普惠的民生福祉。

同时，国家公园不仅是科研的重要基地，而且是进行环境教育和爱国主义教育的最佳场所。通过让人们全身心地接触美丽的自然景观，感受祖国的青山、绿水，激发人们对大自然的爱护之情，让生态保护意识落地生根，让环境保护理念日益增强，从而凝聚全民生态保护的共识，汇集生态文明建设的合力。通过对祖国瑰丽的文化遗迹的深入了解，对中华文化知识的进一步感知，更好地了解中国的历史文化，进一步提升民族自豪感和国家认同感。

此外，通过调动社会公众参与国家公园保护的积极性，让公众主动感受到自然所带来的服务，保障公众对国家公园建设管理的知情权、监督权和参与权，鼓励公众主动参与国家公园保护管理。

2.2 国家公园的内涵和功能定位

2.2.1 国外关于国家公园的定义及演变

1. 主要国家关于国家公园的定义

国家公园的概念历经 140 多年的发展，已发生了重大的改变。在黄石公园设立之初，国家公园设立的目的是为了让游客享用和消费壮丽的自然美景，以及保护印第安文化遗迹和野生动植物资源。随着经济社会发展以及人们对保护生物多样性和维持生态系统服务功能重要性认识的深化，最初"国家公园"被公众当作一个囊括具有国家重要环境价值和文化意义的保护区这一概念，已经发展演变为包括国家公园、自然保护区等保护形式在内的自然保护地体系。

通过对比分析美国、加拿大、德国、英国、瑞典、俄罗斯、澳大利亚、新西兰、南非、韩国、日本等国家公园的定义发现，虽然各国对国家公园定义的方式不同，但其基本都包括了国家公园设立的意义、资源类型及代表性、保护管理等内容。

在国家公园的意义方面，定义中都强调了国家利益或公众利益，如新西兰的国家公园定义明确了"国家为了保护重要生态系统"等，美国强调国家公园"让当代及子孙后代享受欣赏资源的同等机会"，加拿大国家公园是"加拿大人民世代获得享用、接受教育、进行娱乐和欣赏的区域"。

在资源代表性方面，首先都明确了国家公园的资源涵盖了哪些部分，如"自然资源”“景观资源”“文化资源”“物种资源”等，同时突出强调了这些资源的“重要性”“典型性”和“代表性”等描述，对资源的质量和等级进行了界定。如日本国家公园（即国立公园）“能够代表日本自然风景的区域”，韩国国家公园（即国立公园）被定义为“代表韩国自然生态界或自然及文化景观的地区”来突出其国家代表性。

在保护方面，重点都关注了“生态系统”“生物多样性”等生态学意义上的保护，并强调了自然生态系统的原始状态，即受人类活动的影响较小，自然特征较为明显。如德国国家公园“不受或很少受到人类的影响，主要保护目标是维护自然生态演替过程，最大限度地保护物种丰富的地方和动植物生存环境”，瑞典国家公园“应未受到商业或工业的污染并且尽可能地接近自然状态”（表2－1）。

表2－1　主要国家国家公园定义

国家	国家公园概念
美国	保护风景、自然和历史纪念物，让当代及子孙后代享受欣赏资源相同的机会，具有国家重要性，面积足够大以确保其承载的资源和价值可被充分保护
加拿大	以典型自然景观区域为主体，是加拿大人民世代获得享用、接受教育、进行娱乐和欣赏的区域
德国	是一种具有法律约束力的面积相对较大而又具有独特性质的自然保护区域。作为国家公园一般具有三个性质：一是国家公园的大部分区域满足保护区域的前提条件；二是国家公园不受或很少受到人类的影响；三是国家公园的主要保护目标是维护自然生态演替过程，最大限度地保护物种丰富的地方和动植物生存环境
英国	一个广阔的地区，以其自然美和能为户外欣赏提供机会以及与中心区人口的相关位置为特征
瑞典	一个具有某些类型景观的大规模连接区域，理想情况下，该地区应未受到商业或工业的污染并且尽可能地接近自然状态，分为国家公园和自然保护区两类
俄罗斯	指的是境内含有具有特殊生态价值、历史价值和美学价值的自然资源，并可用于环保、教育、科研和文化目的及开展限制性旅游活动的自然保护、生态教育和科学研究机构
澳大利亚	澳大利亚不同州对国家公园的定义也是不同的，首都直辖区：“国家公园是用于保护自然生态系统、娱乐以及进行自然环境研究和公众休闲的大面积区域”；新南威尔士州：“国家公园是以未被破坏的自然景观和动植物区系为主体建立的相当大面积区域，永久性地用于公众娱乐、教育和陶冶情操之目的。所有与基本管理目标相抵触的活动一律禁止，以便保护其自然特征”；昆士兰州：“国家公园是动植物区系多样性极为丰富、有一定历史意义的、具有高水准自然景观的相当大面积区域，永久性地用于公众娱乐和教育，防止与基本管理目标不符的活动以确保其自然特征”；塔斯马尼亚州：“国家公园是用于保护自然生态系统、娱乐、研究自然环境以及公众休闲和旅游的大面积区域”

续表

国家	国家公园概念
新西兰	是为保留自然而划定的区域，确切地说是指国家为了保护一个或多个典型生态系统的完整性，为生态旅游、科学研究和环境教育提供场所，而划定的需要特殊保护、管理和利用的自然区域
南非	是一个提供科学、教育、休闲以及旅游机会的区域，同时该区域要兼顾环境保护，并且使当地获得相关的经济可持续发展
韩国	指可以代表韩国自然生态界或自然及文化景观的地区
日本	能够代表日本自然风景的区域，为保护自然风景而对人的开发行为进行限制，同时为了人们便于游赏风景、接触自然而提供必要信息和利用设施的区域

2. 演变过程

长期以来没有统一机构的约束，使国家公园得以在全球范围内快速复制和繁衍，但同时也为国家公园的全球规范化工作增加了难度。鉴于各国早期处于并未对国家公园与保护区进行严格区分的混沌状态，第一次国家公园大会秘书长对1933年伦敦会议以及1942年全美洲会议上的保护区分类以及国家公园概念进行了推广。1993年伦敦会议认为国家公园是“在公众控制下的区域，非适当的法律授权外，边界不得任意更改，也不得转让其中任何部分；对野生动植物的传播、保护和保存，以及具有美学的、地理学的、史前学的、历史学的、考古学的，或对大众有利且利于大众享用的其他科学趣味的物体进行保存；除了在国家公园管理机构的指引和控制下，禁止对动物进行狩猎、捕杀，对植物进行收集、破坏，依照上述规定，还要尽可能地为大众提供观赏国家公园内动植物的设施”。1942年全美洲会议认为“国家公园的建立是为了保护和保存最高级别的美景以及具有国家代表性的动植物区系，当它处于公共控制下，大众可以享用，并从中获益，提供公共休闲和教育的设施。非适当的法律授权外，边界不得任意更改，也不得转让其中任何部分。禁止对动物进行狩猎、捕杀，对植物进行收集、破坏，除了在公园管理机构的指引和控制下，或是适当授权的科学调查”，当时的国家公园概念已经包含了多项现代国家公园的基本要素。

1969年于印度新德里召开的IUCN大会对国家公园定义进行了权威认定，开始从生态学的角度思考对“一个或几个生态系统”保护的可能性，认为国家公园是“由一个或几个生态系统组成，且其本质未因人类开发和占用而改变的区域，该区域拥有神奇的自然美景，或动植物种类、地貌场所和栖息地具有特殊的科学、教育和休闲价值。该区域由国家最高级别机构采取行动保护，或尽可能地消除人类开发或占用的影响，并有效地加强促使该区域成立的生态学、地貌学或美学特征的方面。在专门的条件下，出于鼓舞人心、教育、文化和休闲的目的，游客允许进入该区域”。1978年IUCN公布的《保护区的分类、目标和标准》，对保护区进行了更加系统化的分类，将其划分为A、B、C三大组别，10个类型，将国家公园设置为A组的第Ⅱ类保护区类型，沿用1969年的国家公园定义。

1992年的第四届国家公园和保护区大会重新对保护区系统进行了梳理和整合，将保护区分为Ⅰ自然保护区、Ⅱ国家公园、Ⅲ自然遗产保护区、Ⅳ栖息地/种群保护区、Ⅴ陆地/海洋景观保护区以及Ⅵ资源管理保护区共六大类，国家公园是指“自然的土地或海域范围，被指定为现在或后代子孙保护一个或多个生态系统的生态完整性。区域指定的目的是为了排除有害的开发或占用。为具有精神性、科学性、教育性、休闲性和游客机会提供基础，所有的这些都必须在环境和文化两方面兼容”。

随后，2004年、2008年以及2013年对体系的深化和修订，都保留了国家公园作为第Ⅱ类保护区的位置。从趋势上来看，国家公园的定义越来越倾向于从生态学意义上来理解区域的生态过程和生态系统特性，即“自然保护地是一个明确界定的地理空间，通过法律或其他有效方式获得认可、得到承诺和进行管理，以实现对自然及其所拥有的生态系统服务和文化价值的长期保护”（表2－2）。

表2－2　世界自然保护联盟（IUCN）自然保护地体系

序号	名称	定义和特征
Ⅰa	严格的自然保护地	指受到严格保护的区域，设立目的是为了保护生物多样性，亦可能涵盖地质和地貌保护。这些区域中，人类活动、资源利用和影响受到严格控制，以确保其保护价值不受影响。这些自然保护地在科学研究和监测中发挥着不可或缺的参照价值
Ⅰb	荒野保护地	指大部分保留原貌，或仅有些微小变动的区域，保存了其自然特征和影响，没有永久性或者明显的人类居住痕迹。保护和管理的目的是为了保持其自然原貌
Ⅱ	国家公园	指大面积的自然或接近自然的区域，设立的目的是为了保护大尺度的生态过程，以及相关的物种和生态系统特性。这些自然保护地提供了环境和文化兼容的精神享受、科研、教育、娱乐和参观的机会
Ⅲ	自然历史遗迹或地貌	指为保护某一特别自然历史遗迹所特设的区域，可能是地貌、海山、海底洞穴，也可能是一般洞穴甚至是古老的小树林这样依然存活的地质形态。这些区域一般面积较小，但通常具有较高的参观价值
Ⅳ	栖息地/物种管理区	保护特定物种或栖息地，在管理工作中也体现这种优先性。第Ⅳ类自然保护地需要经常性的、积极的干预，以满足特定物种的需要或维持栖息地，但这并不是该类自然保护地必须满足的条件

续表

序号	名称	定义和特征
Ⅴ	陆地景观/海洋景观	指人类和自然长期相互作用而产生鲜明特点的区域，具有重要的生态、生物、文化和风景价值。这种人与自然相互作用的完整性的保护，对于保护和长久维持该区域及其相伴相生的自然保护和其他价值都至关重要
Ⅵ	自然资源可持续利用自然保护地	指为了保护生态系统和栖息地、文化价值和传统自然资源管理系统的区域。这些自然保护地通常面积庞大，大部分地区处于自然状态，其中一部分处于可持续自然资源管理利用之中，且该区域的主要目标是保证自然资源的低水平非工业利用与自然保护相互兼容

3. IUCN 国家公园管理目标和特征

IUCN 明确了国家公园是以保护自然生物多样性及作为其基础的生态结构和它们所支撑的环境过程，推动环境教育和游憩为主要管理目标，同时兼顾以下其他几方面管理目标：①通过对自然保护地的管理，使地理区域、生物群落、基因资源以及未受影响的自然过程的典型实例尽可能在自然状态中长久生存。②维持可长久生存和具有健康生态功能的本地物种的种群和种群集合的足够密度，以保护长远的生态系统完整性和弹性。③为生境需求范围大的物种、区域性生态过程和迁徙路线的保护做出特别贡献。④对用该自然保护地开展精神、教育、文化和游憩活动的访客进行管理，避免对自然资源造成严重的生物丧失和生态退化。⑤考虑土著居民和当地社区的需要，包括基本生活资源的使用，前提是不影响自然保护地的首要保护目标。⑥通过开展旅游对当地经济发展做出贡献。

根据 IUCN 关于国家公园的定义，我们可以看出，国家公园的主要特征是面积很大并且保护功能良好的生态系统，而且为了实现这个目标，也需要尽可能地对国家公园周边区域进行协同管理。国家公园的主要特征有三个方面，一是区域内应包括主要自然区域以及生物和环境特征或风景的典型实例，如本地的动物和植物物种、栖息地以及地质多样性地点，还要具有特别的精神、科研、教育、游憩或旅游价值；二是应具有足够大的面积和良好的生态环境质量，可以维持其正常的生态功能和过程，使当地物种和群落在最低程序的管理干预下，得以在其中长久繁衍生息；三是生物多样性的组成、结构和功能，在很大程度上应保护“自然”状态，或者具有恢复到这种状态的潜力，具有相对较小的受到外来物种侵袭的风险。

国家公园在保护陆地或海洋景观过程中起到了很重要的作用，其为保护大尺度生态系统提供了很好的模式，国家公园区域内的自然生态过程能够继续长久进行，为持续进化提供空间。为了完整保护某些物种，需要保护更大面积的栖息地或迁徙通道时，很多单个自然保护地则无法满足保护要求，设计建设国家公园则成为保护大尺度生物廊道或其他连通性保护计划的关键停歇地的首选。国家公园可以在保护大范围生态过程，维持和提升生态系统服务功能的同时，保护好自然或人文景观。国家公园应实行更加严格的保护，确保其区域内的生态功能和当地物种组成相对完好。此外，周边可以有不同程度的消耗性的或非消耗性的利用，但要与国家公园的管理目标和保护要求相一致，不能损害或降低国家公园的保护作用，应在外围起到缓冲作用。

4. IUCN 国家公园与其他类型保护地之间的区别

国家公园与第Ⅰa 类严格的自然保护地相比，其保护程度通常没有第Ⅰa 类严格，可以允许游客进入以及相关的基础设施建设。但国家公园中如果有核心保护区，应对访客的数量进行严格控制，其管理要求与第Ⅰa 类的要求相类似。国家公园与第Ⅰb 类荒野保护地相比，游客对国家公园的访问参观与荒野保护地截然不同，通常具有更多的基础设施（步道、小路和住宿场所等），因此进入的访客数量也相对较大。如果国家公园也设有核心保护区，那么管理要求与第Ⅰb 类的情况类似，要对进入的访客实行严格控制。

国家公园更多关注完整的生态系统的维护，与第Ⅲ类自然历史遗迹或地貌主要关注某一自然特征是不同的。国家公园与第Ⅳ类栖息地/物种管理区区别在于：国家公园主要关注维持生态系统尺度层面的生态完整性，而第Ⅳ类自然保护地则关注栖息地及个别物种的保护。在实际中绝大多数情况下第Ⅳ类自然保护地的面积都不足以保护一个完整的生态系统，因此国家公园与其主要区别在于面积的不同，第Ⅳ类保护通常面积较小（独立的泥沼、一小块林地，当然也有一些例外情况），而国家公园则面积很大，至少能够自我维持。

国家公园是重要的自然系统，或者处在恢复过程的自然系统，而第Ⅴ类陆地景观/海洋景观则指人类与自然长期和谐相处的陆地或海洋区域，目的是为了保护其现有状态。国家公园通常不允许自然资源的使用，除非是为基本生存或较小的游憩用途，而第Ⅴ类自然资源可持续利用自然保护地则可以适度地对自然资源进行可持续利用。

2.2.2　国内各类自然保护地的定义

据统计，目前我国已建立了 10 余类自然保护地，现将各类自然保护地定义梳理如下。

自然保护区是对有代表性的自然生态系统、珍稀濒危野生动植物物种的天然集中分布区、有特殊意义的自然遗迹等保护对象所在的陆地、陆地水体或者海域，依法划出一定面积予以特殊保护和管理的区域［《自然保护区条例》(1994 年)］。

风景名胜区是指具有观赏、文化或者科学价值，自然景观、人文景观比较集中，环境优美，可供人们游览或者进行科学、文化活动的区域［《风景名胜区条例》(2006 年)］。

森林公园是指森林景观优美，自然景观和人文景物集中，具有一定规模，可供人们游览、休息或进行科学、文化、教育活动的场所［《森林公园管理办法》(1993年)］。

地质公园是以具有特殊的科学意义、稀有的自然属性、优雅的美学观赏价值，具有一定规模和分布范围的地质遗址景观为主体；融合自然景观与人文景观并具有生态、历史和文化价值；以地质遗迹保护，支持当地经济、文化和环境的可持续发展为宗旨；为人们提供具有较高科学品位的观光游览、度假休息、保健疗养、科学教育、文化娱乐的场所。同时也是地质遗迹景观和生态环境的重点保护区，地质科学研究与普及的基地［《关于申报国家地质公园的通知》(国土资厅发〔2000〕77号)］。

湿地公园是指以保护湿地生态系统、合理利用湿地资源为目的，可供开展湿地保护、恢复、宣传、教育、科研、监测、生态旅游等活动的特定区域［《国家湿地公园管理办法（试行)》(2010年)］。

海洋特别保护区是指具有特殊地理条件、生态系统、生物与非生物资源及海洋开发利用特殊要求，需要采取有效的保护措施和科学的开发方式进行特殊管理的区域。海洋特别保护区可以分为海洋特殊地理条件保护区、海洋生态保护区、海洋公园、海洋资源保护区等类型。在具有重要海洋权益价值、特殊海洋水文动力条件的海域和海岛建立海洋特殊地理条件保护区。为保护海洋生物多样性和生态系统服务功能，在珍稀濒危物种自然分布区、典型生态系统集中分布区及其他生态敏感脆弱区或生态修复区建立海洋生态保护区。为保护海洋生态与历史文化价值，发挥其生态旅游功能，在特殊海洋生态景观、历史文化遗迹、独特地质地貌景观及其周边海域建立海洋公园。为促进海洋资源可持续利用，在重要海洋生物资源、矿产资源、油气资源及海洋能等资源开发预留区域、海洋生态产业区及各类海洋资源开发协调区建立海洋资源保护区［《海洋特别保护区管理办法》(2010年)］。

水利风景区是指以水域（水体）或水利工程为依托，具有一定规模和质量的风景资源与环境条件，可以开展观光、娱乐、休闲、度假或科学、文化、教育活动的区域［《水利风景区管理办法》(2004年)］。

矿山公园是以展示矿业遗迹景观为主体，体现矿业发展历史内涵，具备研究价值和教育功能，可供人们游览观赏、进行科学考察的特定的空间地域。

种质资源保护区主要包括水产种质资源保护区和畜牧遗传资源保护区。其中水产种质资源保护区是指为保护水产种质资源及其生存环境，在具有较高经济价值和遗传育种价值的水产种质资源的主要生长繁育区域，依法划定并予以特殊保护和管理的区域、滩涂及其毗邻的岛礁、陆域［《水产种质资源保护区管理暂行办法》(2011年)］；畜禽遗传资源保护区是指国家为保护特定畜禽遗传资源，在其原产地中心产区划定的特定区域［《畜禽遗传资源保种场保护区和基因库管理办法》(2006年)］。

沙漠公园是以沙漠景观为主体，以保护荒漠生态系统为目的，在促进防沙治沙和保护生态功能的基础上，合理利用沙区资源，开展公众游憩、旅游休闲和进行科学、文化、宣传和教育活动的特定区域［《国家沙漠公园试点建设管理办法》(2013

年)]。

我国关于各类自然保护地的定义均在条例或部门规章中予以体现，主要对保护对象（保护资源的类型）和可开展的保护或利用活动进行明确界定，但各类自然保护地定义之间界限模糊，区分度不高。

2.2.3　我国关于国家公园定义的讨论

随着建立国家公园体制这一改革任务的提出，我国各地方专家学者都尝试着对国家公园进行了定义，主要包括以下几种观点。

欧阳志云等主张我国国家公园应是保护自然生态系统、自然景观和自然资源，为公众提供了解和欣赏自然以及休闲、生态教育的区域。

张希武和唐芳林提出了中国国家公园的定义："国家公园是由政府划定和管理的保护区，以保护具有国家或国际重要意义的自然资源和人文资源及其景观为目的，兼有科研教育、游憩和社区发展等功能，是实现资源有效保护和合理利用的特定区域。"

2015 年云南省制定的《云南省国家公园管理条例》中对国家公园定义为经批准设立的，以保护具有国家或者国际重要意义的自然资源和人文资源为目的，兼有科学研究、科普教育、游憩展示和社区发展等功能的保护区域。

唐芳林等认为中国国家公园是由国家划定和管理的保护区，旨在保护有代表性的自然生态系统，兼有科研、教育、游憩和社区发展等功能，是实现资源有效保护和合理利用的特定区域。

李俊生等提出国家公园是由国家划定并管理，以保护具有代表性、重要性、典型性、稀有性的生态系统、自然资源和景观为主，兼顾科教、文化、旅游等公共服务的地理区域。

王夏晖认为国家公园是自然保护地体系中代表国家自然和文化核心特质的一类自然保护地，其核心内涵是自然性、公益性、适度利用性，是我国自然保护地体系的重要补充和"升级版"。

杨锐等认为国家公园是保护大面积自然系统及地质遗迹、物种、自然审美和文化价值的区域，具有国家代表性，能够为国民提供公益性教育、游憩和科研机会。

除了上述讨论外，还有很多关于国家公园定义及功能定位的探索，同时也关注了文化和历史遗址是否属于我国国家公园定义范畴。纵观各方面观点，关于国家公园的定义都集中在划定和管理主体、资源的类型及重要性和代表性、功能等方面，基本认为国家公园应由国家划定并管理，区域内的重要自然生态系统要具有国家甚至国际代表性，同时以保护为基本要求的前提下，兼顾多种公益服务功能。

2.2.4　中国国家公园定义和功能定位

根据我国生态环境、自然遗产和景观保护现状，借鉴世界自然保护联盟（IUCN）及世界各国家和地区对国家公园的定义，提出认为中国的"国家公园"是指由国家批准设立并主导管理，边界清晰，以保护具有国家代表性的大面积自然生态系统为主要目的，实现自然资源科学保护和合理利用的特定陆地或海洋区域。

国家公园是一种能够合理处理生态环境与自然资源开发利用关系，统筹兼顾当代人和后代人的权利，既不能为了当代人而损害后代人的发展能力，也不能为了后代人利益就剥夺当代人应该享有的权利，以最小利用实现最大保护的一种有效保护模式，是我国自然保护地最重要的类型，实行最严格的保护。中国国家公园有以下三个主要特征。

自然生态系统的完整性和原真性。国家公园通常都以天然形成的系统组成完整、组织结构完整、功能健康的一个或多个自然生态系统为基础。

自然生态系统的重要性和代表性。国家公园是全国同类生态系统和自然遗产中的典型代表，通常为全国罕见，并在世界上都有着不可替代的重要而特别的影响，是国家的象征。

自然资源属全民所有。国家公园提供的生态产品和生态服务功能要体现公益性，全民共享。

国家公园的首要功能是重要自然生态系统的完整性、原真性保护，同时兼具科研、教育、游憩等综合功能。

生态保护。国家公园保护了重要的、具有国家甚至全球代表性的自然生态系统，是我国生态安全格局的骨架和重要节点；此外，国家公园拥有完整、健康的生态系统，区域生态调节功能强，具有维持和提升区域生态环境质量的重要作用，是维系我国生态功能的关键区域。

科学研究。国家公园具有极其重要的科学和研究价值，可直观反映关键区域生态系统和自然资源的现状和演变趋势，为生态环境保护与恢复提供科学的背景数据，是我国最重要的科研平台。

环境教育。国家公园蕴涵丰富的生物、地质、环境、历史文化等知识，是人们了解、学习自然科学和人文历史，激发环境保护意识，增加民族自豪感，培育爱国主义精神的重要基地。

欣赏游憩。国家公园景观独特、观赏价值高，代表国家形象，国民认同度高，在降低人为因素干扰和影响的前提下，给国民提供了亲近自然、了解自然、愉悦身心的场所。

2.2.5 国家公园与主体功能区规划和生态保护红线的关系

根据《全国主体功能区规划》的规定，国家禁止开发区域是指有代表性的自然生态系统、珍稀濒危野生动植物物种的天然集中分布地、有特殊价值的自然遗迹所在地和文化遗址等，需要在国土空间开发中禁止进行工业化、城镇化开发的重点生态功能区。国家禁止开发区域是依法设立的各级各类自然文化资源保护区域，以及其他禁止进行工业化和城镇化开发、需要特殊保护的重点生态功能区。国家层面禁止开发区域，包括国家级自然保护区、世界文化自然遗产、国家级风景名胜区、国家森林公园和国家地质公园。按照国家层面禁止开发区域管控要求和国家公园定义及功能定位，国家公园应属于全国主体功能区规划中的禁止开发区域，要依法实施强制性保护，严格控制人为因素对自然生态和自然文化遗产原真性、完整性的干扰，严禁不符合主体功能定位的各类开发活动，引导人口逐步有序转移，实现污染物“零排放”，提高环境质量。

按照中共中央办公厅、国务院办公厅印发《关于划定并严守生态保护红线的若干意见》(2017 年)，生态空间是指具有自然属性、以提供生态服务或生态产品为主体功能的国土空间，包括森林、草原、湿地、河流、湖泊、滩涂、岸线、海洋、荒地、荒漠、戈壁、冰川、高山冻原、无居民海岛等。生态保护红线是指在生态空间范围内具有特殊重要生态功能、必须强制性严格保护的区域，是保障和维护国家生态安全的底线和生命线，通常包括具有重要水源涵养、生物多样性维护、水土保持、防风固沙、海岸生态稳定等功能的生态功能重要区域，以及水土流失、土地沙化、石漠化、盐渍化等生态环境敏感脆弱区域。对于生态保护红线的管控要求，原则上按禁止开发区域的要求进行管理。严禁不符合主体功能定位的各类开发活动，严禁任意改变用途，确保生态功能不降低，即生态保护红线内的自然生态系统结构保持相对稳定，退化生态系统功能不断改善，质量不断提升；面积不减少，即生态保护红线边界保持相对固定，生态保护红线面积只能增加，不能减少；性质不改变，即严格实施生态保护红线国土空间用途管制，严禁随意改变用地性质。

同时按照《生态保护红线划定指南》(环境保护部、国家发展和改革委员会，2017 年) 要求，确保生态保护红线划定范围涵盖国家公园、自然保护区、森林公园的生态保育区和核心景观区、风景名胜区的核心景区、地质公园的地质遗迹保护区、世界自然遗产的核心区和缓冲区、湿地公园的湿地保育区和恢复重建区、饮用水水源地的一级保护区、水产种质资源保护区的核心区、其他类型禁止开发区的核心保护区域以及其他有必要严格保护的各类保护地等国家级和省级禁止开发区域。按照生态保护红线的定义和划定要求，国家公园应全域纳入全国生态保护红线区域管控范围。

第3章　国家公园的准入标准和空间布局

3.1　国家公园的设立标准

3.1.1　制定国家公园准入标准的重要性

在实现建立统一、规范、高效的国家公园体制的目标当中，“规范”是重要的目标之一，是推进国家公园统一管理的手段，也是提高保护成效的重要措施。制定准入标准是国家公园规范管理的主要内容之一，为突出“生态保护第一、国家代表性、全民公益性”的理念，我国的国家公园亟须根据国家公园定义和功能定位，制定科学合理、统一规范的评价标准和准入条件，使人们能够依据自然生态系统类型、特征、保护需求及其在我国生态安全格局中所存的作用，综合考虑自然资源价值和区域社会经济发展情况，有利于推进国家公园建设科学化和管理规范化，也有利于提高自然资源配置效率和可持续发展能力。

3.1.2　国际上的有益经验

全球各国在建设国家公园过程中均制定了符合各自实际的准入标准或选择条件，多以资源重要性、保护自然生态系统等为原则性的条件，并在本国国家公园相关法律法规中有所体现，对实现本国国家公园理念、规范国家公园建设管理起到了一定作用。

在美国，为了获得美国国家公园管理局的有利推荐，拟加入国家公园体系的对象必须满足四个条件，即国家重要性、适宜性、可行性和管理不可替代性。①国家重要性。国家重要性主要体现在待选资源是具有国家意义的杰出范例，能够说明和表达国家遗产突出价值和品质，可以为公众游憩或科学研究提供更好的机会，以及资源原真性和完整性程度较高。②适宜性。某一区域是否具备适宜进入国家公园体系，一般需要考虑两点：一是其他机构组织有没有对该资源进行类似的保护；二是该资源是否能够和国家公园内的其他资源一起形成资源组合优势。③可行性。一个区域如果想成为国家公园体系的一个新单位，必须具备两个条件：一是有足够的规模和合理的配置，以确保可持续的资源保护工作和游憩服务；二是可以使用合理的成本进行有效管理。在评估可行性时，需要综合考虑各种因素，包括面积、边界布局、土地所有形式、成本、资金、通达性、公众利用的可能性、对规划区域环境的影响、对周边环境的影响等。④管理不可替代性。美国通常鼓励其他公共机构、私人保护组织和个人管理重要的自然和文化遗产，除非明确必须由国家公园管理局管理是最佳选择外，否则将积极倡导由地方政府、私人组织等管理该区域，不建议纳入国家公园体系中。制定上述标准是要保证国家公园体系只能包括国家中杰出的自然和文化资源，同时也为了表明成为国家公园体系不是保护资源的唯一选择。

加拿大国家公园管理署调查境内所有原始自然区域，把生物资源和自然地貌类型丰富，受人为改变较小的区域确认为“典型自然景观区”。对“典型自然景观区”进行论证，选出“自然地理区域”，参照以下标准：①存在或潜在的对该区域自然环境威胁的因素；②该区域开发利用程度；③已有国家公园的地理分布状况；④地方的和其他自然保护区的保护目的；⑤为公众提供旅游机会的潜质；⑥原住民对该区域的威胁程度；⑦威胁自然环境的因素。新的国家公园从这些“自然地理区域”中挑选，确定在加拿大具有重要性的自然地理区域，选择潜在的国家公园，评估建立国家公园的可行性，达成建立新国家公园的协议，依法建立一个新的国家公园。确定具有重要性的自然地理区域主要涉及两个标准：一是这一区域必须在野生动物、地质、植被和地形方面具有区域代表性；二是人类影响应该最小。国家公园的大小充分考虑到野生动物活动的范围。

根据《德国联邦自然和景观保护法》（1976 年）的规定，德国国家公园区域的指定是基于以下标准：一是区域的自然资源具有特殊性；二是区域的大部分符合自然保护的相关规范；三是区域受人类影响较少。虽然德国国家公园建设标准相对简单，但为提高管理有效性，德国制定了详细的管理质量标准，包括了框架条件、生物多样性和动态保护、组织机构、管理、合作伙伴、交流合作、教育、自然体验和娱乐、监测研究、区域发展等 10 大类 44 个小类，对科学、规范管理国家公园奠定了基础。

英国国家公园一般面积广大，自然景观丰富，有山脉、原野、荒地、丘陵、悬崖或岸滩，伴随有林地、河流，大部分运河和两岸的长条状地带，里面包括了乡村、各类自然景观甚至中小城市的几十到几百平方千米的广大的地域范围，保护与提高自然美景、野生生物和文化遗产，并可为公众理解与欣赏公园的特殊景观提供机会。

瑞典国家公园必须能代表独特地形、能受有效保护和在不破坏自然的情况下用作研究、娱乐和旅游。同时瑞典国家公园必须具有很高的自然价值：一是单独或作为整体的一部分，能够代表整个国家中一个广泛的或独特的自然景观；二是在区域中应包括各种自然环境，通常情况下，至少面积达到 1 000 hm^2；三是应包括代表瑞典景观的自然区域，并保护它们的自然状态；四是有吸引力的自然美景或独特的环境，能够持续进行自然体验，产生深刻的印象；五是能够有效保护主体，同时可以在没有危害自然价值风险的情况下进行；六是开展研究、户外休闲与旅游活动。

俄罗斯国家公园的设立主要依托具有特殊生态、历史和美学价值的自然综合体和物象，保护自然界的复杂性及相关的文化遗产；公众能到尚未开发和被部分开发过的土地进行徒步旅行、野营、滑雪及其他娱乐活动；可以开展环境教育，对保护自然和文化遗产的科学方法进行阐述和介绍。

澳大利亚国家公园选定标准主要有三方面：一是区域内生态系统尚未由于人类的开垦、开采和定居而遭到根本性的改变，区域内的动植物物种、景观和生态环境具有特殊的科学、教育和娱乐的意义，或区域内含有一片广泛而优美的自然景观。二是政府权力机构已采取措施以阻止或尽可能消除在该区域内的开垦、开采和定居，并使其生态、自然景观和美学的特征得到充分展示。三是在一定条件下，允许以精神、教育、文化和娱乐为目的的参观旅游，美丽的山景、河景、湖景、海景，甚至人工水库建景，皆可大量规划、保护、发展成美丽的国家公园，吸引各地游客前往欣赏旅游。

新西兰国家公园评判需要遵循如下标准：①一个国家公园必须具有占主导地位的地貌景观或特殊动植物群落，最理想的是还有文物古迹点的配合。②国家公园内禁止自然资源的开发，包括农耕、放牧、伐木、打鱼、狩猎、采矿、公共建设以及住宅、商业及工业用地。③国家公园需要必要的管理，允许人们在其中进行游乐休闲。④国家公园应当对社会开放，并与自然保护的职能相结合。⑤一个区域或有下列组合之一者可成为国家公园。只有原野区；原野区与限制的自然区或管理的自然区或两者均有的结合；上述任何一种区域或所有区与旅游区、行政区的结合；上述任何一种区域或所有区与一个或几个早期人类活动带、文物古迹带或考古专用带的结合。⑥一个地区若有下列情况之一则不能成为国家公园。只有获得特殊批准才能进入的科研保护区；由私人科研机构或国家层次部门管理，并获得国家高层次机构认可的自然保护区；一些专门保护区，如动植物群落保护区、体育运动保护区、鸟类禁猎区、地质保护区和禁止保护区等；为发展旅游业，控制工业化和城市化，通过景观规划和探测已建立了娱乐区或公共室外娱乐活动区，并先于生态保护的居民区和开发区。

南非国家公园划建主要遵循两条原则：一是该区域在国际或国家上具有生物多样性的重要性，或该区域内包含了一种有代表性的南非自然生态系统、风景名胜区或文化遗址。二是该区域内拥有一个或多个完整的生态系统。

依据《自然公园法》，韩国国家公园必须满足以下五个要求。①生态系统：自然生态系统的保护必须令人满意，或该区域范围内以濒危物种、自然珍藏或受保护的植物或动物物种为主。②自然风景：自然风景必须被完美地保护，没有威胁或污染。③文化景观：必须要有与自然风光相协调的具有保护价值的文化或历史遗迹。④土地保护：没有由于工业发展对风景造成的威胁。⑤位置和使用便利性：位置必须与整个国家的领土保护和管理相平衡。

日本国家公园的选择是根据其秀美程度和环境特点决定的，是指全国范围内规模最大并且自然风光秀丽、生态系统完整、有命名价值的国家风景及著名的生态系统。

通过对比分析主要国家关于国家公园选定标准的异同，总体上涵盖以下几个特点：一是资源的典型性和重要性，一般而言，只有拥有国家重要资源和生态系统的区域才能入选国家公园，如美国、加拿大、德国、瑞典、俄罗斯、南非、韩国、日本等国家在国家公园选定时均将该原则作为基本参考依据。二是生态系统的原生性，一般被划建为国家公园的区域受人类活动的影响较小，自然特征较为明显，科研价值较高，如加拿大、德国、英国、瑞典、俄罗斯、新西兰、日本等国家在国家公园选定时均考虑这一因素。三是区域内的景观具有很高的观赏价值，国民认同度高，适宜开展环境教育科研和欣赏游憩，如美国、瑞典、澳大利亚、新西兰、日本等国家均较重视这一方面，将其作为国家公园选择的参考标准之一。

为了使各国在建立国家公园时有一个共同的标准，IUCN 将国家公园的选择标准概括为四个方面，并将其作为某个区域是否属于其保护地分类体系中国家公园（第Ⅱ类）的条件。一是面积不小于 $10km^2$，具有优美景观、特殊生态与地貌，具有国家代表性，并且未经人类开采、聚居或建设；二是为长期保护自然原野景观、原生动植物和特殊生态体系而设置；三是应由国家最高权力机构采取措施限制工商业及聚居的开发，禁止伐木采矿、设发电厂、农耕、放牧及狩猎等破坏行为，有效维护生态与自然景观平衡；四是要维护现有的自然状态，作为现代及未来科研、教育、旅游与启智的资源。

3.1.3　国内各类保护地设立标准

1. 现行各类自然保护地设立标准

我国现行的各类自然保护地缺乏统一的设立标准，都是按各自管理要求制定了相应的标准，在某些程度上，也为我国制定出台国家公园准入标准提供了参考和借鉴。

1999 年出台的《国家级自然保护区评审标准》对拟晋升国家级的自然保护区进行评审，达到一定标准后才可以晋升。该标准按照自然生态系统类型、野生生物类型、自然遗迹类型三个类型，规定了自然属性、可保护属性、保护管理基础 3 个评价项目的 11～12 个评价因子为评审指标。如自然生态系统类型国家级自然保护区评审指标中自然属性包括了典型性、脆弱性、多样性、稀有性、自然性等 5 项，可保护属性中包括了面积适宜性、科学价值、经济和社会价值等 3 项，保护管理基础中包括了机构设置与人员配备、边界划定和土地权属、基础工作、管理条件等 4 项（表 3－1），野生生物类型和自然遗迹类型根据各自主要保护对象，设计了相似的评审指标。

表 3－1　自然生态系统类型国家级自然保护区评审指标

一级指标	二级指标	具体指标
自然属性	典型性	a. 属全球同类型自然生态系统中的最好代表 b. 属全国或生物地理区的最好代表 c. 属生物地理省的最好代表 d. 代表性一般
	脆弱性	a. 地理分布狭窄、破坏后极难恢复 b. 地理分布较狭窄，破坏后较难恢复 c. 地理分布比较狭窄，但破坏后恢复的难度不大 d. 地理分布较普遍，破坏后容易恢复

续表

一级指标	二级指标	具体指标
自然属性	多样性	a. 生态系统的组成成分与结构极为复杂，类型复杂多样；物种相对丰度极高，区内物种数占其所在生物地理区或行政省内物种总数的比例＞40％ b. 生态系统的组成成分与结构比较复杂，类型比较丰富；物种相对丰度较高，区内物种占其所在生物地理区或行政省内物种总数的比例达25％～40％ c. 生态系统的组成与结构比较简单，类型较少；物种相对丰度一般，区内物种种数占其所在生物地理区或行政省内物种总数的比例达10％～25％ d. 生态系统的组成成分与结构简单，类型单一；物种相对丰度较低，区内物种数占其所在生物地理区或行政省物种总数的比例＜10％
	稀有性	a. 属世界性珍稀或濒危、残遗类型 b. 属国内珍稀濒危、残遗类型 c. 在国内分布较少或有特殊保护价值 d. 在国内分布比较普遍
	自然性	a. 基本处于自然状态，人为干扰极少，保护区内无居民 b. 虽有少量人为干扰，但核心区保持自然状态，且核心区内无居民 c. 受到比较明显的人为干扰，核心区内有少量居民分布，但核心区基本保持自然状态 d. 人为干扰非常明显，且核心区受到人为破坏
可保护属性	面积适宜性	a. 面积足以有效维持生态系统的结构和功能 b. 面积基本满足有效维持生态系统的结构和功能 c. 面积尚可维持生态系统的结构和功能 d. 面积不能维持生态系统的结构和功能
	科学价值	a. 在生态、遗传、经济等方面具有极高研究价值 b. 在生态、遗传、经济等方面具有较高研究价值 c. 在生态、遗传、经济等方面具有一般研究价值
	经济和社会价值	a. 在资源利用、旅游、教育等多方面具有重大意义 b. 在资源利用、旅游、教育等多方面具有较大意义 c. 在资源利用、旅游、教育等多方面具有一般意义

续表

一级指标	二级指标	具体指标
保护管理基础	机构设置与人员配备	a. 具有健全的管理机构和适宜的人员配备，且专业技术人员占管理人员的比例≥20% b. 管理机构健全并配备了相应的管理人员，但专业技术人员占管理人员的比例<20% c. 已建立管理机构，但现有管理人员数量不能满足资源保护和日常管理的需要 d. 尚未建立管理机构
	边界划定和土地权属	a. 边界清楚，无土地使用权属纠纷，已获得全部土地的使用权并领取了土地使用权属证 b. 边界清楚，无土地使用权属纠纷，已获得核心区土地的使用权并领取了土地使用权属证 c. 虽未获得土地使用权，但边界清楚，无土地使用权属纠纷 d. 边界不清，土地使用权属存在较大的争议
	基础工作	a. 完成综合科学考察，系统全面掌握资源、环境本底情况，编制完成详细综合考察报告和总体规划，收集了完整的样本材料 b. 完成多学科科学考察，基本掌握资源、环境本底情况，编制完成较详细综合考察报告和总体规划，收集了大部分样本材料 c. 完成针对主要保护对象的科学考察，初步掌握资源、环境本底特征，完成了部分或初步的科学考察报告和总体规划，收集了主要保护对象的样本材料 d. 尚未开展科学考察，无考察报告和总体规划
	管理条件	a. 具有良好的基础设施，包括完备且先进的办公、保护、科研、宣传教育、交通、通信、生活用房等设施 b. 基本具备管理所需的办公、保护、科研、宣传教育、交通、通信和生活用房等设施 c. 初步具备管理所需的基础设施，但尚不能满足一般管理工作的需要 d. 不具有或基本上不具有基础设施，无法进行正常的管理工作

2004年制定的《国家重点风景名胜区审查评分标准》从资源价值、环境质量和管理状况三个部分14项具体指标来审查评价国家级风景名胜区。在资源价值方面，主要考虑的是自然景观或人文景观的典型性和稀有性，资源类型的丰富程度，景观的自然状态或历史原貌的完整性，科学文化和游憩价值以及面积等7个方面；在环境质量方面，包括了植被覆盖率、环境污染程度、环境适宜性3个方面；在管理状况方面，包括了机构设置与人员配备、边界划定和土地权属、基础工作和管理条件4个方面。

关于其他类型自然保护地选定标准，主要有《森林公园风景资源质量等级评审标准》(GB/T 18005—1999)、《水利风景区评价标准》(SL 300—2004)、《国家湿地公园评估标准》(LY/T 1754—2008) 等。由于国家地质公园是采用先授权建设资格，待建成后进行审查验收，因此2010年制定出台的《国家地质公园验收标准》相当于评审标准，主要从规划与地质遗迹保护、解说系统建设、科学研究与科普活动、管理机构设置与信息化建设等4个方面进行审查。

2. 我国各地区对“国家公园”设立标准的探索

台湾地区在1984年设立第一个“国家公园”以来，共设立了8处“国家公园”，按台湾地区的“国家公园法”规定，“国家公园”选定标准主要有三条：一是具有特殊自然景观、地形地物、化石及未经人工培育自然演进生物之野生或孑遗动植物，足以代表国家自然遗产者；二是具有重要之史前遗迹、史后古迹及其环境，富有教育意义，足以培养国民情操，而由本区长期保存者；三是具有天赋娱乐资源，风景特异，交通便利，足以陶冶国民性情，供游憩观赏者。

20世纪90年代起，云南省开始了国家公园新型保护地模式的探索研究，并于2009年出台了地方标准《国家公园基本条件》(DB53/T 298—2009)，在其中对“国家公园”设立提出了相关的要求。在资源条件方面，拟建国家公园应具备资源的国家代表性，拥有具有国家或国际意义的核心资源。在适宜性条件方面，应在面积、游憩、资源管理与开发、范围、类型上满足建设国家公园的适宜性。在可行性条件方面，主要考虑了管理的可行性、资源权属、基础设施条件、社会经济发展状况和地方政府支持程度。

国内的专家学者对国家公园设立标准开展了一些研究，如罗金华尝试构建了我国国家公园标准指标模型和评估体系，包括了自然条件、保育条件、开发条件和制度条件4个综合评价层，公园意义、功能价值、保育情势、保育措施、区位条件、环境条件、基础设计、资源制度、机制制度、管理层级等10个评价层和重要性等30个评价因子。王梦君等研究提出我国国家公园的设置应具备资源条件优越、建设条件完备、管理条件有效三大条件，包括典型性、独特性、感染力、面积适宜性、可进入性、管理的有效性等6个指标。杨锐等研究提出国家公园准入标准应包括价值、保护对象、利用强度、土地权属、管理主体等内容，即具有国家代表性的综合价值，资源类型丰富，各类资源价值较高；具有大面积、完整、原生性较好的自然生态系统；绝大多数土地为国家所有；由中央政府派出管理机构*。

3.1.4 国家公园设立标准

国际上主要国家或组织关于国家公园选定标准对我国制定出台国家公园准入标准起到了很好的参考作用。同时，我国各地方和学者的相关探索和研究也为下一步工作奠定了基础。在我国建立国家公园体制的关键时期，制定什么样的准入标准决

* 中国国家公园体制建设指南，内部资料。

定着国家公园未来的发展方向。考虑到国家公园准入标准系统性、多维度、综合性等特点，应严格遵循国家公园理念和基本原则，以实现重要自然生态系统完整性和原真性为目标，制定的国家公园准入条件要确保自然生态系统和自然遗产具有国家代表性，确保面积可以维持生态系统结构、过程和功能的完整性，确保全民所有的自然资源资产占主体地位，管理上具有可行性。

在代表性维度上，应包括：①自然生态系统要具有重要的生态系统服务价值，对维护国家或区域生态安全起到重要作用；②自然生态系统和自然遗产可以反映本区域的生态环境和自然特征，具有国家甚至全球代表性；③自然资源丰富，景观优美，观赏、文化、科研等价值为国内最高；④生物多样性丰富，是全国甚至全球生物多样性热点区域。

在完整性维度上，应包括：①面积足够大，涵盖一个或多个完整的生态系统，确保按自然规律演替和正常发挥生态功能；②重点物种的栖息地和迁徙通道完整保护；③自然生态系统处于自然状态，或较少受人类活动干扰，或可修复到原始状态。

在可行性维度上，应包括：①全民所有的自然资源占主体地位，占比应在80%以上；②涉及的各类自然保护地可以实现统一管理，具备由国家直接管理的可能性；③与区域社会经济发展相协调，社区居民生活水平不降低；④具备开展环境教育、游憩体验的基础条件。

值得特别注意的是，在开展国家公园准入标准制定过程中，要充分考虑国家公园是我国自然保护地中的一种类型这一定位，所制定的国家公园准入标准，要与优化完善我国自然保护地体系相衔接，清晰界定国家公园与其他类型自然保护地准入条件的关系，应以建立涵盖国家公园在内的、统一的自然保护地准入标准体系为最终目标。

3.2 国家公园的空间布局

3.2.1 国家公园空间布局的重要意义

我国国土辽阔，自然条件复杂，南北纬度跨度49°15′，东西经度跨度62°，从南向北包括赤道热带、热带、亚热带、暖温带、中温带、寒温带6个温度带，自东南向西北出现从湿润到干旱（荒漠）的递变，西南境内又有青藏高原的存在，地理环境地带性差异明显。复杂的地理环境区域造就了丰富的生物多样性，我国是世界上生物多样性最为丰富的12个国家之一，拥有森林、灌丛、草原、荒漠、湿地等地球陆地生态系统，以及黄海、东海、南海、黑潮流域大海洋生态系统。但随着工业化与城市化的快速发展，我国经济发展与生态保护之间的矛盾日益突出，严重影响了物种的生存与生态系统的稳定。加强自然生态系统和自然文化遗产的原真性、完整性保护，并将其传承给子孙后代，是历史赋予我们的义不容辞的责任。

我国已建立的各类自然保护地在保护生物多样性、自然景观及自然遗迹，维护国家和区域生态安全，保障我国经济社会可持续发展方面发挥着重要的作用，但由于建设和管理过程中缺乏顶层设计和统一规划，没有按照保护生态环境、维护国家生态安全的需要，确定一个区域的保护和管理目标，以及所要建立的保护地类型，而是根据部门各自职能划建，甚至出现重复建设、交叉重叠，使一些应该严格保护的区域保护不足或没有保护，一些可以适度利用的资源无法合理利用。

为彻底解决这些问题，亟须在全国层面开展顶层设计工作，在科学构建自然保护地体系、明晰自然保护地关系的基础上，对全国各类自然保护地统一规划、统一布局，以实现“宜保则保”的目的，即根据区域保护需求合理选择并划建合适的自然保护地。国家公园作为我国自然保护地中最重要的一类，其保护强度、管理要求都将是最为严格的，因此率先开展全国层面国家公园空间布局研究，对进而推动整个自然保护地统一规划和布局具有重要意义。

国家公园空间布局是指根据全国及各个区域的自然地理和生态环境特征及保护需求，按照“国家主导”和“合理布局”的原则，构建与维护国家生态安全、保护生物多样性需求相适应的国家公园空间布局，切实保护我国重要自然生态系统完整性和原真性，为子孙后代留下宝贵遗产。

3.2.2 加拿大国家公园系统规划的特点和借鉴意义

加拿大国家公园发展初期，国家公园的设置都是基于个案处理而完成的。某些地区的自然资源与环境特征具有重要保护价值，一旦成为国内政治家或自然保护主义群体的关注对象，就极容易成为新国家公园候选，像这样的做法至今仍被许多国家所采用。20 世纪 70 年代，为了避免潜在的国家公园区域因经济社会发展受到损害，加拿大改变了随意设置国家公园的方式，设计了一套科学、严谨的方法和规定，指导全国国家公园的设立。

加拿大国家公园局在 1976 年发布了《具有加拿大国家意义的区域初步研究》报告，基于生物地理学分区原则，将加拿大陆地生态系统划分为 39 个不同分区，将海洋和淡水生态体系划分为 9 个不同分区，为后来的加拿大国家公园系统规划，以及加拿大国家海洋保护区系统规划奠定了坚实的理论基础。1990 年发布了《国家公园系统规划》（*National Park System Plan*），再次将全国陆地区域生态系统划分为 8 个片区 39 个国家公园自然区域（图 3－1），并要求在这 39 个自然区域中每个区域至少要建立一处具有地域生态代表性的国家公园。在此处自然区域被定义为通过科学家和其他熟悉加拿大自然特征的人易于观察、区分和理解的地表特征，可以将加拿大某一区域的自然景观和/或环境与其他地区进行区分。对于那些人口密度较高的自然区域又被划分为更多的亚区。

截至 2018 年，加拿大 46 处国家公园和国家公园保留地代表着 39 个自然区域中的 30 个，保护着 32.84 万 km^2 的国土面积，在 77％的范围内完成了国家公园系统的全国代表性。加拿大国家公园具体建设过程将在相关章节中进行介绍。

加拿大国家公园系统规划的制定，指明了国家公园管理局未来的工作重点，有利于科学、规范地开展国家公园建设，填补国家公园的地域空白，从而真正地完善了国家公园系统。加拿大国家公园系统规划为我国国家公园空间布局提供了很好的借鉴与参考。

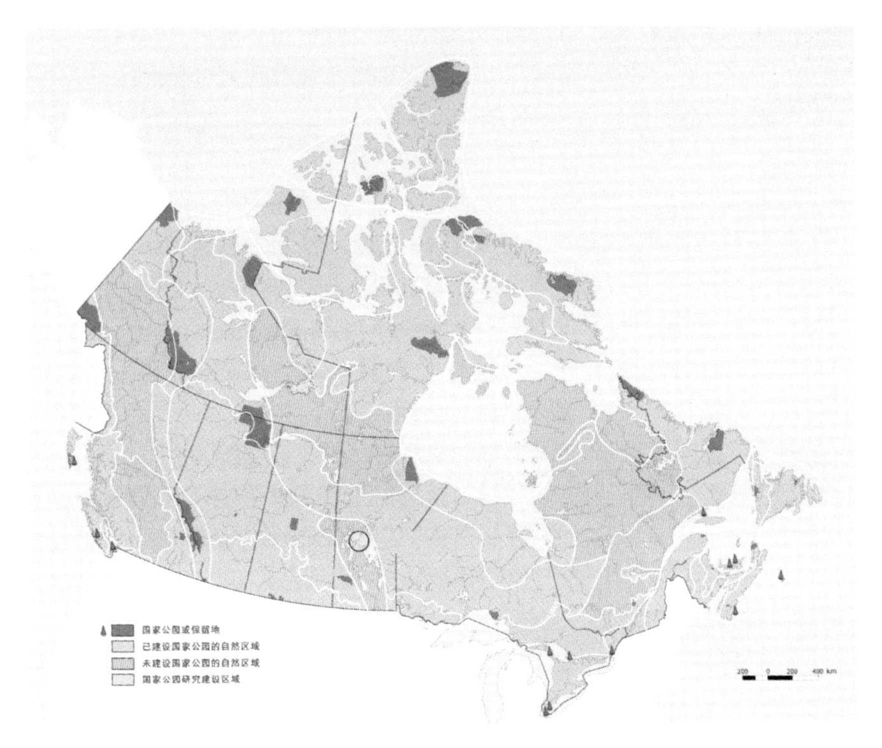

图 3－1　加拿大国家公园系统分布

（引自：加拿大国家公园局 http：//www. pc. gc. ca/en/pn－np/cnpn－cnnp/carte－map）

3.2.3　欧盟 Natura 2000 自然保护地网络简介和借鉴意义

欧盟 Natura 2000 自然保护地网络（以下简称 Natura 2000）是欧洲自然保护地建设和管理的成功做法，其经验已被许多国家和地区认可并借鉴。研究并分析 Natura 2000 建立的背景、构成和成功经验，可以为我国国家公园等自然保护地空间布局提供参考。

1. Natura 2000 的建立背景

欧洲是世界人口密度第二大的洲，人口的不断增长使欧洲大陆的物种及其栖息地面临很大威胁。基于《生物多样性公约》“到 2010 年显著降低全球生物多样性丧失速度”的目标，欧盟构建了 Natura 2000 自然保护地网络，覆盖了几乎整个欧洲大陆，是欧盟自然与生物多样性政策最为核心的部分之一，也是欧盟最大的环境保护行动。

Natura 2000 在欧洲大陆建立了生态廊道，并开展相应的区域合作，以保护重要野生动植物物种、受威胁的栖息地以及物种迁徙的关键通道。据最新统计，Natura 2000 网络覆盖的面积约占欧盟成员国总领土面积的 18%（共计约 25 000 个保护地点），保护了超过 1 000 种动植物和 200 多个栖息地类型（图 3－2）。

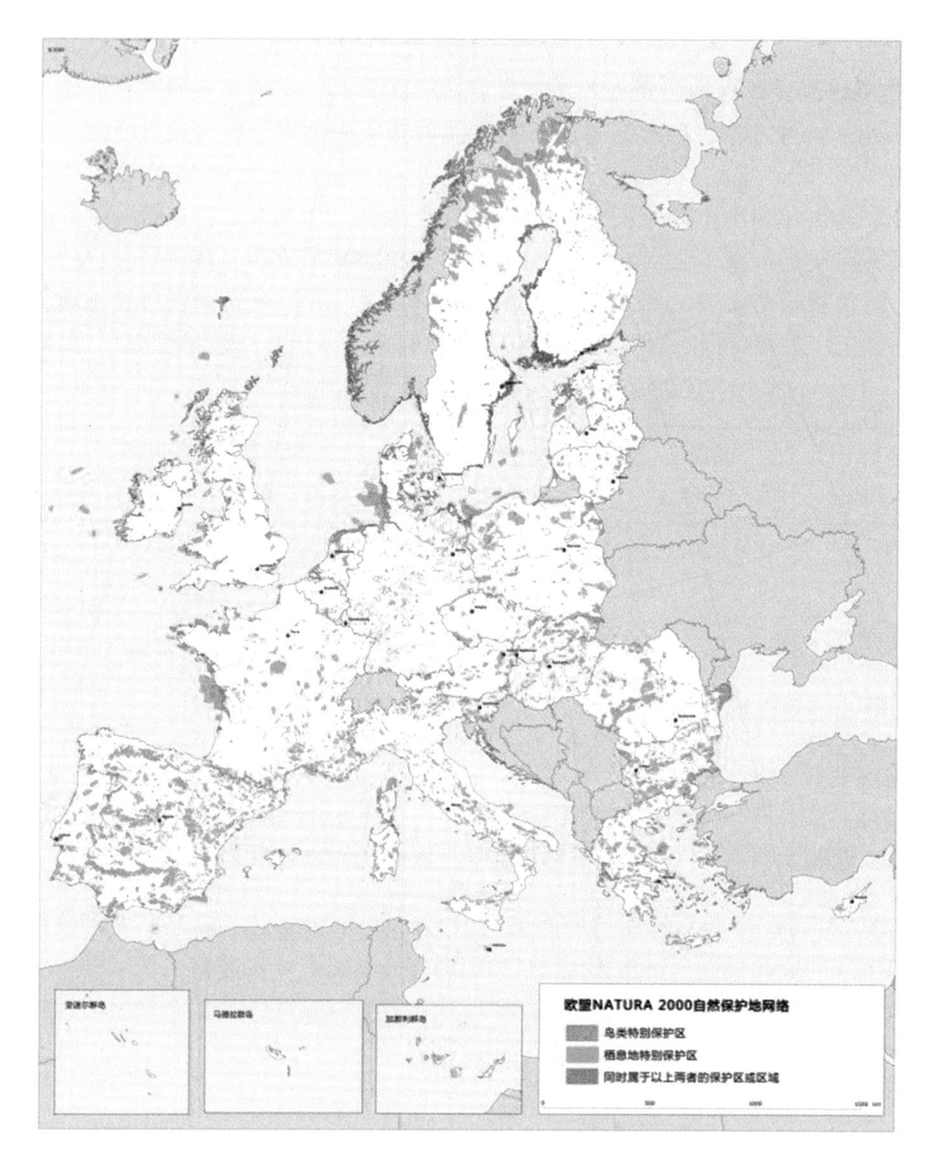

图 3－2　Natura 2000 自然保护地网络示意

（引自：欧洲环境署 https：//www. eea. europa. eu/data－and－maps/figures/natura－2000－birds－and－habitat－directives－1）

Natura 2000 不仅是欧盟实现自然保护地统筹管理和系统规划的有效措施，也是生物多样性保护和可持续利用的主要工具，同时也是将生物多样性纳入渔业、林业、农业、区域发展等其他欧盟政策领域的重要手段。

2. Natura 2000 的构成

Natura 2000 中的自然保护地主要由为保护鸟类而建立的特别保护区（欧盟《鸟类指令》，1979 年）和为保护其他物种和生境而建立的特别保护区（欧盟《栖息地指令》，1992 年）构成，包括国家公园、生物圈保护区、农耕地区和海域等。另外，Natura 2000 自然保护地网络还纳入了一些生物多样性丰富的私有土地。当非欧盟成员国的保护目标与 Natura 2000 目标一致的时候，欧盟还会与当事国共同制定一套保护自然栖息地和物种的通用办法。通过在所有 27 个欧盟成员国之间开展相应的区域合作，以保护重要野生动植物物种、受威胁的栖息地以及物种迁徙的关键通道，形成了欧盟自然和生物多样性政策的中心。

Natura 2000 自然保护地网络专门组建了欧洲生物多样性主体中心，总部设在法国巴黎。各成员国分别通过监测数据识别保护地点内物种和栖息地的保护现状，定期提交一个标准数据表，对国内每个自然保护地的生态状况进行详尽的描述。欧洲生物多样性主体中心则负责审核上报的数据，并建立一个全欧洲的表述性数据库。

Natura 2000 对该网络中的保护地点提出了五项关键管理要求，分别为：以知识和科学为基础的方法；长期规划；政策间的统一协调；相互合作；沟通和信息交流。实际上，Natura 2000 并不完全禁止自然保护地内的人类活动，而是强调对保护地的可持续管理。各成员国必须对在 Natura 2000 保护地内开展的各项活动进行严格的环境影响评价。只有环评证明活动不会妨碍保护，项目才可以开展。

3. Natura 2000 的经验

得益于 Natura 2000 的构建，欧洲的重要物种及生境遭到破坏和退化的状况已经基本停止，整体状况得到改善。同时，Natura 2000 还提供了广泛的生态系统服务功能，包括保护了重要水源地、防洪和防止山体滑坡、碳存储/吸收、生态旅游、教育、景观和娱乐价值以及创造就业机会等。经研究，Natura 2000 取得成功的经验主要有：

（1）通过各类自然保护地的统筹管理，实现保护地的高效运行。实际上，欧盟各成员国在立法、执法、行政、制度、民俗及国情等方面都具有一定独立性和差异性，协调、统筹管理并非易事。Natura 2000 能够高效运行的主要原因之一，是从对保护地的申报开始，到筛选过程，到采取管理与恢复措施，再到资金投入与信息交流，从观念、定位、计划到模式，都始终强调保护地网络的全局性、系统性与可持续性。

（2）通过有效的法规，促进保护地的可持续管理。针对物种的保护，Natura 2000 要求欧盟成员国应该采取必要的措施针对重点保护物种建立一个严格的保护体系，严格要求：①禁止针对这些物种进行的任何形式的故意捕杀；②禁止对这些物种进行蓄意干扰，尤其是在物种繁殖期、哺育期、冬眠期及迁徙期；③禁止进行故意破坏或摄取物种蛋类；④禁止损坏或破坏物种繁育地点或休息地等。同时，Natura 2000 强调对保护地的可持续管理，允许开展通过了环境影响评价的相关项目和活动，发挥自然保护地在科教、宣传、生态旅游等方面的服务功能。

（3）加强科技支撑与科学评估，促进自然保护地的管理效果。Natura 2000 体现了科学管理的思想，科学家全程参与并为每个过程制订了完善的操作程序，确保各项活动在科学的指导下进行。欧盟还特别指定欧洲生物多样性主题中心作为专门的技术支持机构，为决策和行动提供技术咨询和支持，形成了较完整的科技支撑体系。

3.2.4 我国现行自然保护地空间布局及特征

1. 自然保护区空间布局及特征

由于自然资源和生态环境等地域上的分布不均衡，我国国家级自然保护区在各省（直辖市、自治区）的数量、面积及所占该省（直辖市、自治区）陆地面积的比例存在着较大的差异。从数量来看，黑龙江省国家级自然保护区数量最多，最少的为上海市和北京市。其中，黑龙江、四川、内蒙古、湖南、陕西、广西和云南 7 个省份的国家级自然保护区较多，约占总数量的 43%。

从面积来看，西藏自治区国家级自然保护区面积最大，北京市最小。其中西藏、青海、新疆、甘肃、内蒙古、四川和黑龙江 7 个省份国家级自然保护区面积占了总面积的 90%以上。

从面积比例来看，西藏自治区国家级自然保护区所占国土面积比例最大，其次为青海省和河南省，山西省最小。低于国家级自然保护区占我国陆地面积平均值的省（直辖市、自治区）有 26 个（图 3－3）。

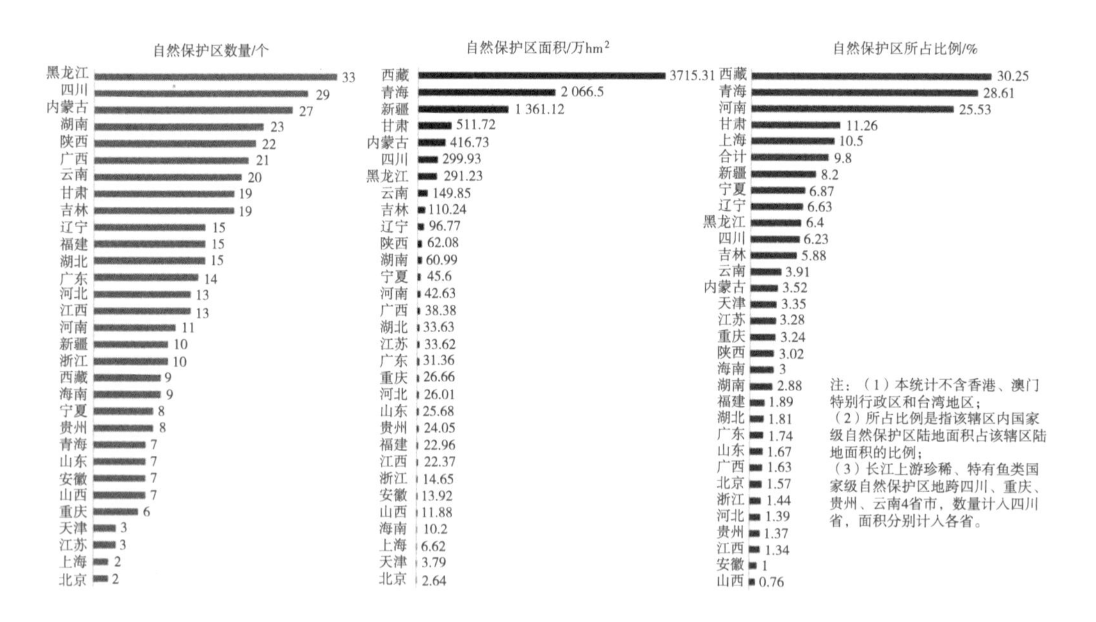

图 3－3 我国各省国家级自然保护区数量、面积及面积比例

我国受辐射热量差异和季风影响，形成明显的气候地带和干湿变化。从气候格局来看，我国国家级自然保护区分布在中温带和中亚热带的数量最多，其次为南温带和北亚热带，北温带的保护区数量最少。我国国家级自然保护区分布在高原气候带的面积最大，约占自然保护区总面积的 68%，其次为南温带和中温带。从生态地理区划来看，我国国家级自然保护区分布在湿润地区的数量最多，约占保护区总数量的3/5，其次为半湿润地区，而湿润/半湿润地区的保护区数量最少。干旱地区和半干旱地区的国家级自然保护区面积最大，约占保护区总面积的2/3，其次为湿润/半湿润和半湿润地区，最小的为湿润地区（图3-4）。

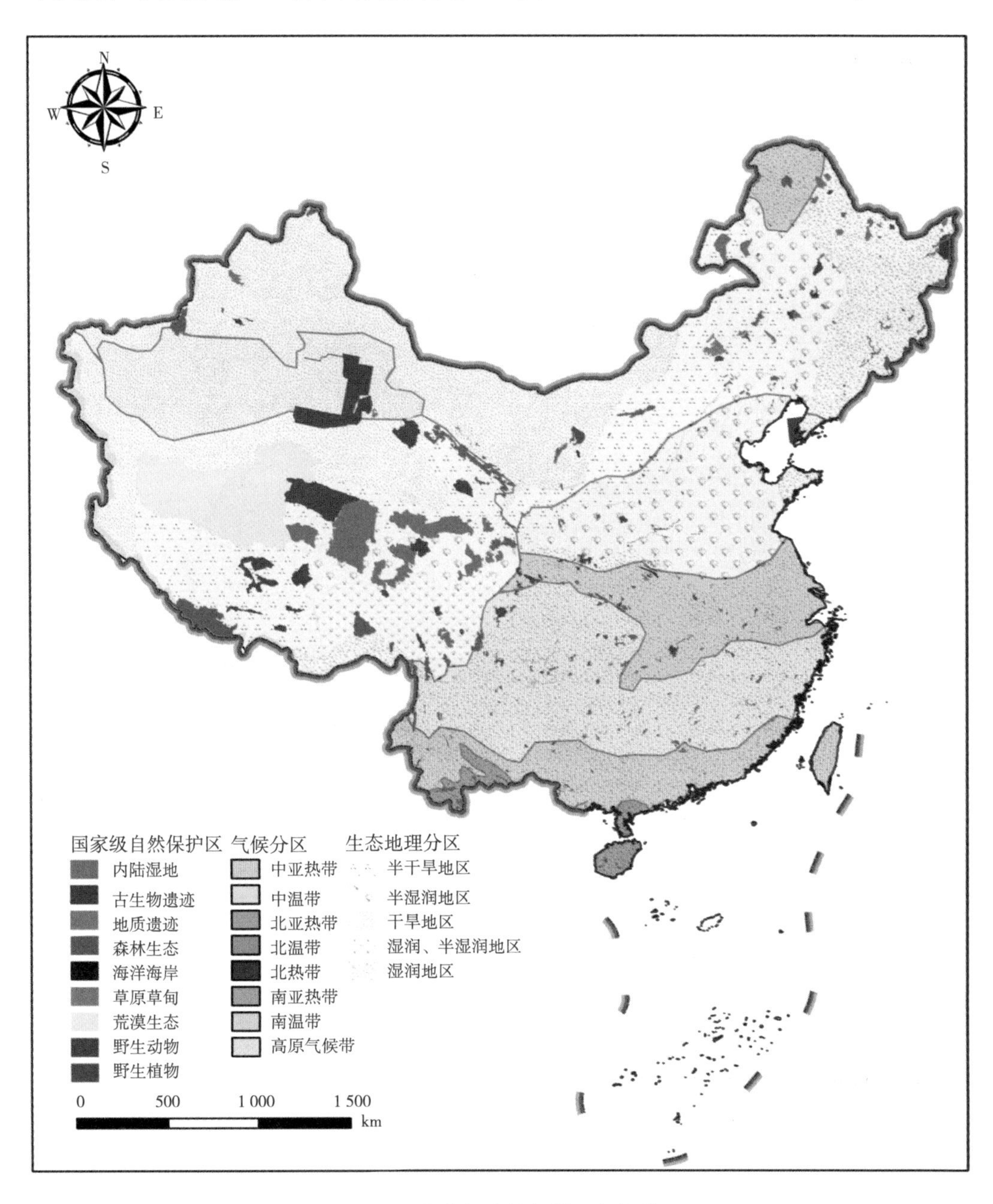

图3-4 国家级自然保护区气候分区

我国地势总体由西向东逐渐降低，呈三级阶梯分布。第一级4 000 m以上，以高原为主，第二级1 000～2 000 m，以高原、盆地为主，第三级500 m以下，以平原、丘陵为主。我国国家级自然保护区分布于第一阶梯的数量最少，但面积最大；

分布于第二阶梯的保护区类型多样性最高；分布在第三阶梯的保护区数量最多（图3-5）。

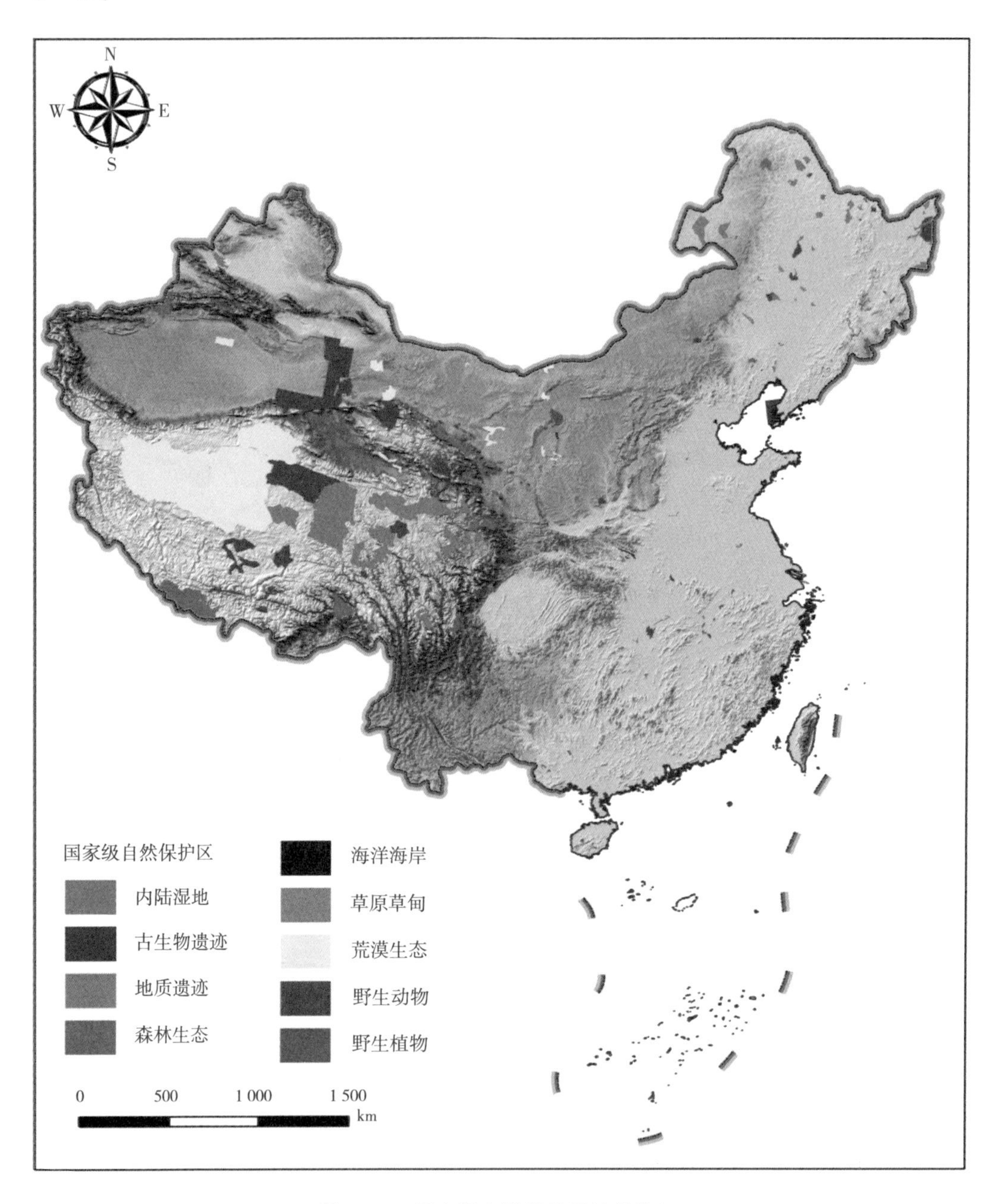

图3-5 国家级自然保护区地貌特征

从我国十大流域来看，在数量方面，我国国家级自然保护区分布在长江流域的数量最多，约占保护区总数量的1/3，其次为珠江流域、黑龙江流域和黄河流域，辽河流域、西北诸河、西南诸河及滨海区域的保护区数量较少，最后为东南诸河、海河流域和淮河流域。在面积方面，我国国家级自然保护区分布在西北诸河的面积最大，约占保护区总面积的1/3，其次为长江流域和西南诸河，黄河流域的保护区面积较少，其余流域约占总面积的1/10（图3-6）。

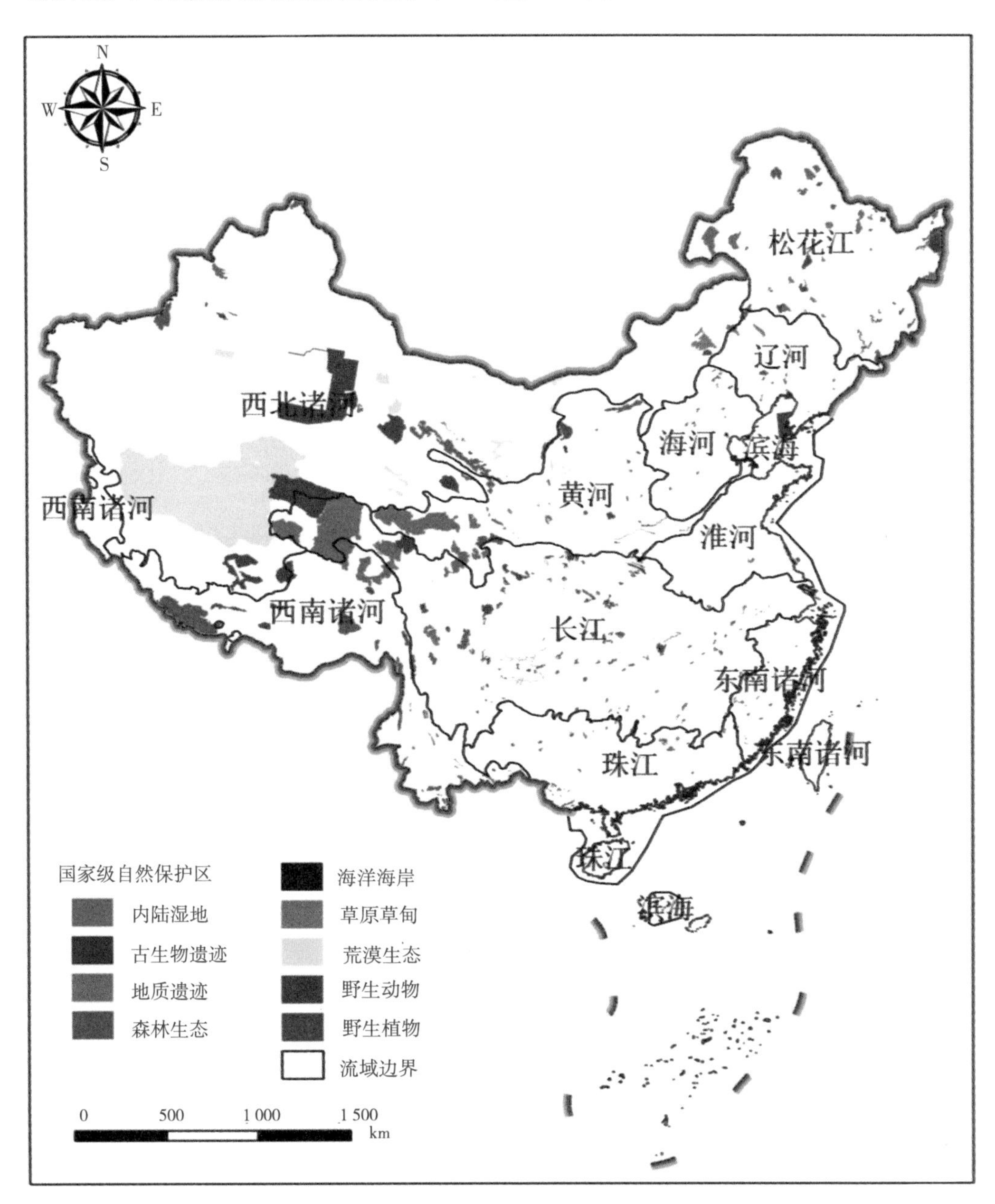

图3-6 国家级自然保护区流域分布

《自然保护区条例》第十七条规定“国务院环境保护行政主管部门应当会同国务院有关自然保护区行政主管部门拟订国家自然保护区发展规划”。优化自然保护区空间布局是自然保护区发展规划的主要任务。原环境保护部牵头编制的《全国自然保护区发展规划（2016—2025年）》（审议稿），提出要根据我国生物多样性和动植物区系分布特点、生态状况、自然条件以及社会经济状况等因素，以自然地理区划为基础，将全国划分为 9 大自然区域。在此基础上，综合考虑各分区内生态系统类型的代表性、完整性、生态功能，以及物种的丰富程度、珍稀濒危程度、受威胁因素、地区代表性、科学价值等因素，系统分析各分区自然保护区建设现状、生物多样性和自然遗迹保护空缺，合理确定自然保护区的建设重点和发展方向。

2. 风景名胜区空间布局和特征

风景名胜区是主要保护具有观赏、文化或者科学价值，自然景观、人文景观比较集中，环境优美，可供人们游览或者进行科学、文化活动的区域。自 1982 年以来，共批准建立了 9 批 244 处国家级风景名胜区。相关研究表明，我国国家级风景名胜区在空间上既广泛分布于全国各省、直辖市、自治区，又相对集中于浙、苏、皖、闽、赣以及云、贵、川渝等地区；就全国范围内而言，东部沿海地区分布密集，中部地区分布相对较为均匀，西部大部分地区的分布较零散稀疏。各地域自然条件的差异和历史文化背景的不同导致景观地域差异显著，其空间格局与我国总的地势格局、资源分布、各历史时期的社会经济发展状况等有关。从自然特征来看，绝大部分分布在河流湖泊和海滨岛屿附近，山岳类数量最多，且多分布在植被群落丰富的区域。从社会经济角度来看，多分布于在交通可达性好的地区，历史圣地类风景名胜区主要受到政治因素的影响较大，主要分布在古代中心城市附近。

3. 其他类型自然保护地空间分布及特征

（1）森林公园空间分布特征。我国国家森林公园分布的高密度地区主要在我国的中部及其东部沿海地区，其大致与我国的黑龙江黑河到云南腾冲的人口地理分界线相一致，且主要分布在我国年降水量大于 400 mm 的丰水带、多水带以及过渡带之内。国家级森林公园数量最多的省（市、自治区）分别为黑龙江、江西、山东，而处于后三位的分别是上海、宁夏、天津。

（2）地质公园空间分布特征。我国国家地质公园在各地理区域中呈高度集中分布状态，且分布的均匀度很低，西南地区、黄河中游、长江中游等中部地区集中了半数以上的国家地质公园，分布高密度地区主要是山西、河南、河北交界地区和北京、天津、河北北部的交界地带。在地质遗迹类型方面，主要体现在大类上的不均衡，以地貌景观类为主，构造、地层、灾害类等较少；小类上的不均衡，以岩溶地貌类、丹霞地貌类、花岗岩地貌类、火山类为大多数，海岸类、风成黄土类较少。

（3）湿地公园空间分布特征。自 2005 年开始建设湿地公园以来，国家湿地公园分布在各省（市、自治区）呈现出不均衡的分布特征，数量最多的是山东、湖南和黑龙江，北京、上海和青海最少。密度最高的是北京，最低的是天津。全国国家湿地公园的数量与分布并未显示出与区域经济发展水平相一致的状况，东部地区虽经济发达，交通可接近性好，但湿地退缩与破坏状况较严重，适宜建设国家湿地公园的湿地相对较少。总体来看，湿地资源丰富的西部地区国家湿地公园的数量偏少。

总体上看，我国现行的各类自然保护地空间分布特征与气候条件、自然地貌、植被、土壤等重要自然地理要素，以及文化、历史、经济、社会等因素密切相关。但由于各类自然保护地都按各自的体系进行规划、建设，缺乏统筹协调，导致各类自然保护地之间空间交叉重叠现象比较严重，区域之间均衡性较差。更重要的是，目前设立的各类自然保护地并未全面评估保护区域的管理目标和保护需求，导致很多保护区域并未按“宜保则保”的原则来设立适合的保护类型。此外，目前各类自然保护地还是采取地方政府申报的方式进行设立，规划的范围受到行政边界和经济社会发展影响较大，在一定程度上影响了生态系统的完整保护。

3.2.5　我国国家公园空间布局研究进展

自建立国家公园体制改革任务提出以后，相关研究单位也探索开展了国家公园空间布局的相关研究。欧阳志云等在分析中国生物多样性与自然景观资源的空间分布特征基础上，根据中国的生物多样性、自然与人文景观，以及生态系统其他生态功能的特征和保护需求，综合考虑国家代表意义、人类活动胁迫状况、通达条件、游憩和教育功能等其他相关因素，提出中国国家公园体系空间布局的总体规划原则与框架，并识别出国家公园候选区域。王梦君等结合地理区划、资源特色、管理状况、主体功能区的国家重点生态功能区，综合分析我国关于中国自然地理及生物地理区划，把全国区划为 4 个大区域 9 个亚区域，从代表性、独特性、完整性与重要性 4 个方面评估拟建地的自然资源，提出在 84 个区域建设国家公园。

3.2.6　国家公园空间布局的方法和路径

国家公园空间布局要在国家层面开展顶层设计，进行统一规划、统一布局，这种自上而下的方式是实现国家主导的重要途径。本研究团队根据国家公园定义、功能定位及与其他各类保护地之间的关系，通过识别、筛选我国重要生态系统和关键物种分布特征评估自然保护不可替代性，基于居民点、交通路线和人工土地利用分析人类活动指数，以世界自然基金会（WWF）生态区作为基本规划单元，以我国重点生态功能区和生物多样性保护优先区域为参考，提出我国国家公园空间分布格局，具体方法和步骤如下。

1. 重要生态系统空间分布特征分析

根据植物群落的外貌和结构、植物群落的生态地理特征和物种的生态类型、植物群落的物种组成以及植物群落的动态特征，将我国植被分为植被型组、植被型、植被亚型、群系组、群系等五个等级。全面收集国内的相关专著，综合分析与评判，结合最新修订的中国植被分类系统，建立了中国植被类型数据库。构建针对自然保护的关键植被类型评价指标体系，依据中国植被类型确定重要生态系统。

2. 关键物种空间分布特征分析

收集物种名录和分类、物种基本信息（包括是否为国家重点保护物种、是否中国特有、濒危等级等）以及物种分布数据库等动植物基础数据，依照是否为国家重点保护物种（一级或二级）、是否为中国特有以及物种红色名录的濒危等级等标准评判，确定关键动物物种名录和关键植物物种名录。根据已有的物种分布点记录，采用物种分布模型 BIOCLIM 和 MAXENT 预测其潜在分布区，分析关键物种的空间分布特征。

3. 自然保护不可替代性评估

利用系统保护规划软件 Marxan（Conservation Planning），反复计算规划单元的不可替代性值和规划单元间的互补，评估一定范围内的自然和文化景观、生态系统或物种的独特性或罕有性，评估其自然保护的优先区。结果表明我国自然保护热点区域主要包括横断山区、云南东南部和西双版纳地区、广西西南部地区、海南岛南部地区、贵州和广西两省交界山区、秦岭山区、浙江局部山地和福建武夷山等地区。

4. 人类活动指数分析

收集人口密度、路网密度、中国行政区划图、土地利用图等数据，选取居民点、交通路线和人工土地利用三个指标建立空间模型，提取综合的指数图层。将人类活动作为分析因子，通过标准化及叠加分析，计算出人类活动指数。

5. 提出我国国家公园空间分布格局

以 WWF 生态区为基本规划单元，根据我国重要生态功能区、生物多样性保护优先区，以及自然与人文景观，综合考虑国家代表意义、人类活动胁迫状况、交通情况、游憩和教育功能等其他相关因素，提出我国国家公园总体空间分布格局，并识别出国家公园候选区域。

3.3 国家公园的设立调整程序

国家公园的设立应由国家主导，采用自上而下的方式开展建设。同时考虑参与国家公园建设的积极性、对本地自然资源熟识、利益相关等因素，也要与地方政府和社区居民沟通协调，结合自下而上方式。划建国家公园包括选择拟建区，开展详细的基础调查、评价和可行性论证，组建管理机构统一行使自然资源管理，明确国家公园边界范围并整合现行各类保护地，报请中央批准正式设立等步骤，具体如下。

3.3.1 从全国尺度进行顶层设计，选择国家公园拟建区

根据温度、水分、植被、土壤等因素，对全国范围进行自然地理区域划分。在每个自然地理区域依据植被、野生生物、地质地貌等各种自然要素特征，结合主体功能区规划重点生态功能区和禁止开发区、生态功能区划、生态保护红线和生物多样性优先保护区域等区划或规划，制定国家公园发展规划。结合国家公园定义、内涵和准入标准，选择具有国家公园意义的拟建区。

3.3.2 开展基础调查与评价，进行可行性论证

对选定的国家公园拟建区进行详细的基础调查和评价，包括自然环境、生物资源、人文资源、游憩资源、社会经济、建设条件、法律法规、法定规划等方面，系统掌握拟建地的基本情况、资源条件、建设条件及存在问题，尤其是现行自然保护地建设管理情况。由国家公园管理局组织地方政府、相关部门、社区居民、企业、非政府组织等利益相关方共同协商，研究、论证建立国家公园的可行性。

3.3.3 组建管理机构行使空间用途管制职能

组建管理机构对国家公园拟建区进行建设和管理。将国家公园拟建区内国有土地及自然资源委托国家公园管理机构负责监管、保护和管理。与集体土地及自然资源资产管理机构开展协商，协商内容包括明确公园边界、土地规范使用（征收、租用或其他方式）细节、资源利用方式等，最终实现由国家公园管理机构行使用途管制职能。

3.3.4 确定国家公园边界范围，整合各类自然保护地

根据国家公园管理目标和保护对象，明确国家公园范围，划定边界和功能分区。对国家公园范围涉及的各类自然保护地按程序系统整合，统一纳入国家公园管理。

3.3.5 报请国务院批准正式设立

国家公园管理局组织对拟建的国家公园进行验收。验收通过后报请国务院正式批准设立国家公园。

3.3.6 国家公园调整程序

国家公园的名称、范围、界线、功能分区等可由国家公园管理机构根据实际情况申请调整，经国家公园管理局评估审核后，报请国务院批准。

3.4 国家公园的唯一性

3.4.1 禁止“一地多牌”

目前我国在同一区域建立多个不同类型的自然保护地，空间交叉重叠的现象较为严重。景观价值和生态价值越高的区域，重复建立的保护地类型与数量也越多。其中国家级自然保护区、国家风景名胜区、国家森林公园、国家地质公园和国家湿地公园五类自然保护地，存在彼此交叉或重叠情况的就有200多处（图3-7）。

按照《生态文明体制改革总体方案》“改革各部门分头设置自然保护区、风景名胜区、文化自然遗产、森林公园、地质公园等的体制，对上述保护地进行功能重组，合理界定国家公园范围”的要求，整合原有自然保护地建立国家公园后，不再保留

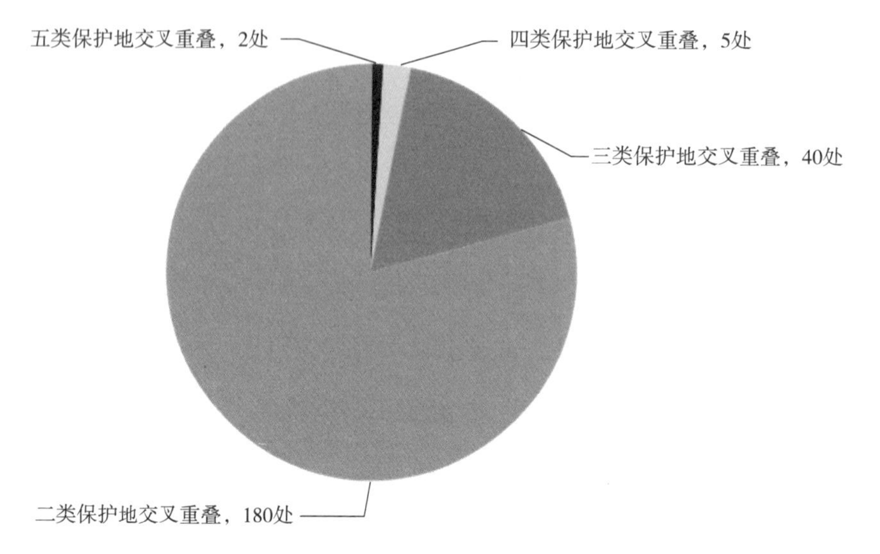

图 3－7　我国部分自然保护地交叉重叠示意

（国家级自然保护区、风景名胜区、森林公园、地质公园和湿地公园彼此交叉或重叠情况）

其他保护地命名，国家公园在空间上不与其他类型自然保护地交叠重合。新设立的国家公园也一律不再命名其他类型的自然保护地。

3.4.2　允许履行相关国际公约的命名

在美国，国家公园可以被世界遗产名录收录，也可以加入世界生物圈保护区，均不会改变建立国家公园的初衷，不会改变管理要求，也不会减弱对国家公园管理局对该公园的管辖权。

为了履行《保护世界文化和自然遗产公约》(*Convention Concerning the Protection of the World Cultural and Natural Heritage*)、《关于特别是作为水禽栖息地的国际重要湿地公约》（*Convention on Wetlands of International Importance Especially as Waterfowl Habitat*）等国际公约，截至 2018 年，我国已有世界遗产 52 处，世界地质公园 35 处，世界生物圈保护区 33 处，国际重要湿地 49 处。

在国家公园体制试点中，武夷山是世界文化与自然双重遗产和世界生物圈保护区，神农架是世界自然遗产、国际重要湿地、世界地质公园、世界生物圈保护区，三江源中可可西里及相关区域被纳入世界自然遗产名录，扎陵湖和鄂陵湖是国际重要湿地。国家公园可以整体或部分申请成为世界遗产、世界地质公园、世界生物圈保护区、国际重要湿地等，但不应再设立单独的管理实体，应由国家公园管理机构按照相关标准承担具体管理职责。

第4章　以国家公园为主体的自然保护地体系

党的十八届三中全会提出了“建立国家公园体制”以后，我国掀起了新一轮“国家公园热”。在党的十九大报告中，习近平总书记提出“建立以国家公园为主体的自然保护地体系”。目前，许多学者研究和探讨了国家公园体制建设与我国自然保护地体制的关系，国家公园体制建设面临的问题以及如何解决。不同研究领域的专家秉持的观点各不相同，但大部分学者认为国家公园体制改革是我国自然保护地体制完善的一个契机，目的是要解决我国当前自然保护地体系面临的一系列问题。

建立我国自然保护地体制，就必须首先完善我国的自然保护地体系，清晰准确地认识当前我国自然保护地体系的现状、建设与发展面临的问题等。那么，如何构建我国的自然保护地体系呢？首先，我们必须清楚什么是自然保护地体系，国外自然保护地体系有哪些有益的借鉴，我国自然保护地体系的现状如何。其次，借鉴国际经验，立足我国国情，提出我国自然保护地体系构建方案。

4.1　自然保护地体系的概念和特点

经过140多年的努力，世界各国陆续建立了不同类型的自然保护地，形成了自然保护地体系。“自然保护地”这个词成为各种不同的陆地、内陆水域和海洋自然保护地类型的代名词，其中包括：国家公园、严格的自然保护地、荒野保护地、地质公园、野生动植物管理区、景观保护地和自然资源可持续利用自然保护地，也包括自然文化遗迹和传统的社区自然保护地等。

自然保护地体系的首要目标是增加生物多样性就地保护的有效性，应该具有以下五种相互关联的特点：

（1）代表性、综合性和均衡性

自然保护地作为一个国家完整生态类型最高质量的代表，应包括自然保护地代表的所有生态系统类型的均衡样本。

（2）充分性

保护地包括完整、足够的空间范围和相关组成单元，同时实现有效地管理，以保护构成国家生物多样性和生态系统服务的生态过程，以及物种、种群、群落和生态系统的长久生存能力。

（3）连贯性和互补性

每个自然保护地为整个自然保护体系，以及国家的可持续发展目标做出积极的贡献。

（4）一致性

管理目标、政策和在可比条件下通过标准化方式进行管理分类，使该管理分类体系内每一类型的自然保护地的目标明确、清晰，并尽最大可能利用各种管理和机会支持总目标的实现。

(5) 成本、效率和平等性

保持适当的收支平衡、收益分配的平等；注重效率，以最少的数量、最小的面积来实现自然保护体系的总体目标。

4.2 国外自然保护地体系概述

4.2.1 世界自然保护联盟（IUCN）自然保护地体系

世界自然保护联盟（IUCN）对自然保护地的定义为："通过法律或其他有效途径，对某些特定陆地/海洋地区进行管理，维持其生物多样性，保护其自然资源和相关文化资源。"在此基础上，世界保护区委员会（WCPA）对IUCN的自然保护地体系进行了修改和精简，并根据各类自然保护地的主要管理目标分为6种类型（表4－1）。

表4－1 IUCN自然保护地的管理目标和选择标准

主要管理目标	Ⅰa	Ⅰb	Ⅱ	Ⅲ	Ⅳ	Ⅴ	Ⅵ
科学研究	1	3	2	2	2	2	3
荒野地保护	2	1	2	3	3	—	2
保存物种和遗传多样性	1	2	1	1	1	2	1
维持环境服务	2	1	1	—	1	2	1
保护特殊自然和文化特征	—	—	2	1	3	1	3
旅游和娱乐	—	2	1	1	3	1	3
教育	—	—	2	2	2	2	3
持续利用自然生态系统内的资源	—	3	3	—	2	2	1
维持文化和传统特征	—	—	—	—	—	1	2

注：1 主要管理目标；2 次要管理目标；3 可能适用的管理目标；— 不适用的管理目标。

1. 类型Ⅰ 严格意义的保护区/荒野区

主要为了科学研究和荒野地保护，下分两个亚类型。

(1) 类型Ⅰa 严格意义的保护区：主要为了科学研究。

定义：指拥有突出的和代表性的生态系统，地质或自然景观和物种的陆地或海域。

管理目标：a. 在无干扰的条件下，保存生境、生态系统和物种；b. 使遗传资源维持在动态和进化状态；c. 维持业已存在的生态过程；d. 保护结构景观特征和地质剖面；e. 为科学研究、环境监测和教育提供自然环境的样本；f. 对研究活动和其他允许活动的精心规划和实施以减少干扰；g. 限制公众进入。

选择指南：a. 该区域面积大小应足以确保其生态系统的完整性和达到保护的管理目标；b. 该区域应明显避免人类直接干扰，并且能够保留原状；c. 生物多样性资源的保护应通过保存达到而不需要具体的经营和对生境的管理。

(2) 类型Ⅰb 荒野区： 主要为了荒野地保护。

定义：指拥有大面积未经破坏，并保留其自然特征和影响，没有永久的或成片的聚居地的陆地和海域。

管理目标：a. 保证后代有机会体验、了解和享受长期以来尚未遭到人类较大干扰过的地区；b. 长期维护该地区的自然特征和环境质量；c. 为公众游乐提供方便和为当代及后代维护该地区的荒野质量；d. 使当地社区人口密度保持在低水平上并与可用资源保持平衡以维持其生活方式。

选择指南：a. 该区应无人类干扰且主要受自然力量的控制，如按建议的那样管理，将可以持续显示这些特性；b. 该区在科学、教育和风景名胜价值方面应具有显著的生态、地质、自然地理或其他特征；c. 简单、无污染的旅游方式，即非机械化的旅游方式；d. 应有足够大的面积以满足以上各点述及的有关特征的保存和利用。

2. 类型Ⅱ国家公园

主要为了生态系统的保护和娱乐。

定义：是指为当代和后代保护一个或多个生态系统的生态完整性，或排除不利于该区指定目的的开发利用和人类侵占，或作为陶冶、科学、教育、文化和游憩和旅游活动基地，而所有这些在环境和文化上的活动必须是相协调的自然陆地和海域。

管理目标：a. 为了科学、教育、旅游等目的，保护具有国际和国家意义的自然区和风景区；b. 尽可能以自然状态保留具有代表性的自然地理区域、生物群落、遗传资源和物种的样本，以维持生态稳定性和生物多样性；c. 在维护该区保持自然和近自然状态水平上，可作为游人的陶冶、教育、文化和休憩目的之用；d. 禁止并预防与该区目的不一致的开发和侵占；e. 维持在建区时所具有的生态、地貌、宗教和美学特征；f. 把当地居民的需要，包括对生存资源的利用考虑在内，并避免对其他管理目标产生不利影响。

选择指南：a. 该区应拥有代表性的自然区域、自然特征和风景区，并且该区内的动植物物种、生境和地貌具有陶冶、科学、教育、娱乐和旅游意义；b. 该区大小应足以包含一个或多个完整的、实质上不被当代人侵占或开发利用所改变的生态系统。

3. 类型Ⅲ自然纪念物保护区

主要为了特殊自然特征的保护。

定义：含有一个或多个特殊的自然或自然/文化特征并因其内在的稀有性、代表性、美学性或文化性而具有突出价值的区域。

管理目标：a. 永久保护或保存那些特殊而显著的自然特征；b. 在与主要管理目标

协调一致的条件下，为研究、教育、展览解说和公众欣赏提供机会；c. 禁止并预防与该区建立目的不一致的开发和侵占；d. 向任何居民提供与其他管理目标一致的利益。

选择指南：a. 该区应拥有一个或多个具有突出意义的特征（包括壮观的瀑布、洞穴、火山口、化石层、沙丘和海洋特征，以及有独特的典型的动植物区系，与文化特征有关的包括古人类居住的洞穴、崖顶堡、考古学原址或对当地居民具有遗产意义的自然点）；b. 该区的大小应足以保护该特征的完整性及其密切相关的环境。

4. 类型Ⅳ生境/物种管理区

主要为了通过管理干预对生境和物种加以保护。

定义：指为了达到管理目的而需要积极干预，以确保生境的维持和满足特殊物种需要的陆地和海域。

管理目标：a. 保证和维护重要保护的物种、种群、生物群落或环境的自然特点所需的生境条件，为了达到最佳的管理目标需要进行专门的管理；b. 把科学研究和环境监测作为资源持续管理相结合的主要内容；c. 开辟有限的区域开展公众教育、有关的生境特征的欣赏和野生生物管理工作；d. 禁止并预防与建区目的不一致的开发和侵占；e. 向生活在保护区的居民提供与其他管理目标一致的利益。

选择指南：a. 该区应在自然保护和物种生存方面发挥重要作用（应纳入繁育区、湿地、珊瑚礁、河口湾、草场、森林、产卵区，包括海洋养殖场）；b. 该区应是保护国家或地方重要的植物区系和动物区系（留居或迁徙）保持良好状态的栖息地之一；c. 区内生境和物种的保护应依赖管理部门的积极干预，若需要时可进行生境改造（参照类型Ⅰa）；d. 该区域的面积应该根据被保护物种的要求，可从较小面积到相当大面积。

5. 类型Ⅴ陆地/海洋景观保护区

主要为了陆地/海洋景观的保护和娱乐。

定义：人类与自然长期的互相作用形成的具有美学、生态和文化价值，并且常常拥有高度生物多样性的明显特点的陆地及适当的海岸和海域。保护这一传统的互相作用的完整性对该区域的保护、维持和进化至关重要。

管理目标：a. 通过保护陆地或海洋景观以及传统土地利用、建设实践、社会和文化表现的连续性，维持自然与文化的协调作用；b. 扶持与自然协调一致的生活方式和经济活动，同时扶持有关社区社会和文化结构的保护；c. 维持陆地景观、生境以及相关物种和生态系统的多样性；d. 必要时禁止并因而阻止在规模上和性质上不适宜的土地利用活动；e. 通过开展与保护区性质相结合的娱乐和旅游活动，提供公众观赏该区的机会；f. 鼓励开展有助于当地居民长期福利和对区域环境保护发展的科学和教育活动；g. 通过提供自然产品（如森林和渔业产品）和其他效益（如清洁水源或来自持续型旅游的收入），给当地社区带来效益和福利。

选择指南：a. 该区应具有极为优美的陆地景观或海岸与岛屿海洋景观，并拥有相关的各类生境，动植物区系，以及明显的、独特的或传统的土地利用和人类栖居时出现的社会组织、当地风俗习惯、生活方式和信仰；b. 该区域应提供正常生活方式和经济活动范围内的鱼类和旅游的机会。

6. 类型Ⅵ 资源管理保护区

主要为了自然生态系统的持续利用。

定义：该区域含有绝大部分未改变的自然生态系统，通过管理可确保生物多样性长期的保护和维持，同时提供持续的自然产品和满足社区需要的服务。

管理目标：a. 长期保护和维持该区域内的生物多样性和其他自然价值；b. 促进为持续生产的健康管理实践；c. 保护自然资源的本底，防止对该区生物多样性有害的其他土地利用目的；d. 有助于国家和地区的发展。

选择指南：a. 该区至少有2/3的面积处于自然状态，尽管它也可能含有小面积被改变的生态系统，但不包括大的商业种植园；b. 该区域足够大，以承受不对该区域长期的整个自然价值造成危害的持续资源利用；c. 保护区管理机构必须设置在当地。

4.2.2　美国

美国的自然保护地由一系列不同的联邦、州、部落和地方部门管理，并受到不同程度的保护。一些地区作为荒野来严格管理，而其他地区则以可接受的商业开发方式经营。联邦级的自然保护地由美国各种联邦机构管理，其中大部分归口为美国国家公园局。其他地方则由美国国家林务局、土地管理局、美国鱼类和野生动植物管理局管理。同时美国陆军工程兵团也在联邦土地上提供30%的娱乐机会，主要来自其管理的湖泊和水道（表4－2）。

表4－2　美国的自然保护地体系

<table>
<tr><td>联邦
自然保护地</td><td>1. 国家公园体系
国家公园
国家保护区
国家海岸
国家湖岸
2. 国家森林体系
国家森林
国家草原</td><td>3. 国家景观保护体系
国家纪念碑
国家保护区体系
荒野地区
荒野学习区
国家野生和风景河流
国家风景小径
国家历史足迹
合作管理和保护区
森林保护区
特别自然区</td><td>4. 国家海洋保护区体系
5. 国家娱乐区体系
6. 国家河口科研保护区
7. 国家路径体系
8. 国家野生和风景河流体系
9. 国家荒野保护体系
10. 国家野生动物避难所体系
11. 人与生物圈保护区</td></tr>
<tr><td>州立
自然保护地</td><td colspan="3">美国每个州都有一个州立自然保护地体系，包括了城市公园以及与国家公园相当的非常大的公园。同时许多州也经营游戏和休闲区</td></tr>
<tr><td>地方
自然保护地</td><td colspan="3">各县、市、乡镇等也管理各种地方自然保护地，其中一些只是野餐区或游乐场，但也有很多自然保护地，如城市公园</td></tr>
</table>

4.2.3 英国

英国的自然保护地是指对其环境、历史或文化具有价值而需要受到保护的地区。保护的方法和目的取决于资源的性质和重要性。保护在地方、郡、国家和国际各级开展。

在英国，英格兰、苏格兰、威尔士和北爱尔兰分别采取了不同的方法来保护某些形式的自然保护地，而很多其他形式则在全国范围内较为一致。自然保护地可以根据其保护对象的类型来划分，主要是：景观或景观价值、生物多样性价值（物种和栖息地）、地质学价值（与地质学和地貌学有关）和文化或历史价值（表4－3）。

表4－3 英国自然保护地的类型

政府类自然保护地		公益林自然保护地	欧盟自然保护地	国际自然保护地
全国统一	地方特殊			
—森林公园 —国家级自然保护区 —地方自然保护区 —海洋自然保护区 —海洋保护区 —海洋协商区	—海岸遗址（英格兰和威尔士） —自然美景区（英格兰、威尔士和北爱尔兰） —国家公园（英格兰、威尔士、苏格兰） —国家风景区（苏格兰） —地区公园（苏格兰） —特殊科研区（北爱尔兰） —特殊科研地点（英格兰、威尔士、苏格兰）	—地方野生动植物场所（全国） — NGO保护区（全国） —私营或自发 —保护区（全国）	—特殊保育区（全国） —特别保护区（全国）	—国际重要湿地（全英） —地质公园（全英） —生物圈保护区（全英） —世界遗产（全英）

4.2.4 法国

法国生物多样性资源丰富，尤其是其海外省份，无论是优美的自然环境还是多样的物种资源，都受到举世瞩目。法国的自然保护地面积占陆地面积的20%左右，管理者包括众多的机构和单位。宪法中的环境宪章明确规定保护地的设置需要以“保护”为主要目标，涵盖自然资源保护、环境平衡以及生物多样性保护。在执行保护职责时，区域和地方承担了更多生物多样性保护的规划和实施工作，使之能够与区域内的土地利用规划相协调，切实促进保护效果。

依照管理工具的不同，法国本土的自然保护地体系可以分为六级：

- **国际层面：**法国是很多国际公约的缔约国，致力于保护举世瞩目的自然景观、栖息地和物种等。属于国际层面的保护地种类有世界遗产地、国际重要湿地（RAMSAR）、人与生物圈保护区、海洋哺乳动物保护区、区域性海洋公约保护区。
- **欧盟层面：**欧盟国家为建立和保护重要栖息地、物种资源，形成跨越领土边界的保护地体系。法国参与了其中两个重要的区域协定：由欧盟负责的Natura 2000保护地体系，以及由欧洲委员会负责的生物遗传保护区。

- **国家层面：**在法国，环境部是建立自然保护地的主导部门，同时肩负协调、联络相关公立机构或管理协会，统筹规范性保护区域及其体系。国家公园、国家自然保护区、国家海洋公园、生物保护区、国家狩猎和野生生物保护区及具有历史、传统、审美和科研价值的一系列分类区/注册区，以及由海岸线和湖岸保护机构管理的海岸线和湖岸保护区，都属于这一层面。
- **地区层面：**地区政府部门负责若干规范或协议管理的保护地。地方政府部门可以与当地利益相关方合作，在这类保护地实施有效的自然保护政策，如建立地区生物多样性保护战略以及地区生态一致性计划等。这一类型的保护地有地区自然公园、地区/科西嘉自然保护区，以及由自然保育社团管理的相关地区。
- **机构层面：**在机构层面管理的自然保护地有两类，由总理事会负责的敏感自然地区和由代表中央政府的区域长官签署认定的群落生境或地质生境地区。
- **城市层面：**法国的城市以及城市间组织对于其管辖范围的土地利用规划中的自然区域具有管理权限。这一类型的保护地包括受保护的林地，以及在地方土地利用计划中的自然和森林区域。

4.2.5　菲律宾

在菲律宾国家综合自然保护地体系法案中，自然保护地的定义为："由于其判定出的独特物理和生物意义而留出的特定土地和水域，通过管理和保护来增强生物多样性并防止人类的破坏性开发。"

国家综合自然保护地体系法案对于自然保护地的类型，定义了如下几种：

严格自然保护区（strict nature reserve）——拥有优秀的生态系统、特征和/或具有国家科学重要性的动植物物种的区域，通过保留以实现自然环境、自然状态过程的维护，从而确保具有生态代表性的自然环境能够得到保存，来满足科学研究、环境监测、教育以及在动态和进化状态下维持遗产资源等目的。

自然公园（natural park）——相对较大且人类活动没有造成改变的区域，允许进行资源开采，保护对科学、教育和休闲具有国际或国家重要性的自然和景区。

自然遗迹（natural monument）——一个相对较小的区域，专注于保护小地块，具有国家重要性的独特自然价值或特征。

野生生物保护区（wild life sanctuary）——拥有国家重要性的物种、物种群体、生物群落或环境物理特征等所需自然条件的区域，通过人类的保护使其得到永久保存。

受保护的陆地/海洋景观（protected landscapes/seascapes）——具有国家重要性的区域，其特点是人与土地的和谐，并能够在日常生产生活中通过休闲和旅游为公众提供享受的机会。

资源储备区（resource reserve）——一个较大、相对孤立且无人居住，通常被指定为难以进入的区域，以保护该地的自然资源供未来使用，并在通过足够的知识和规划制定利用目标之前，防止或控制可能影响资源的开发活动。

天然生物区域（natural biotic area）——一片专门留出来的区域，以使其中的居民能够与环境和谐生活，并以其自身节奏适应现代科技。

除上述类别外，国家综合自然保护地体系法案允许“通过法律、公约或国际协定来确定的其他自然保护地类别”纳入国家自然保护地体系。这给通过国际条约建立的跨界自然保护地以及通过其他法律建立的如海洋保护区等提供了空间*。

4.3 关于完善我国自然保护地体系的建议

4.3.1 关于我国自然保护地体系的探讨

党的十八届三中全会提出建立国家公园体制后，我国许多学者对自然保护地体系及管理体制进行了分析探讨，并有针对性地提出了我国自然保护地体系构建的建议。有学者认为应基于现有的自然保护地体系，增设国家公园，而增设的国家公园生态系统价值、审美价值方面具有国家代表性，这里的审美价值主要是指自然山水审美或风景审美价值；国家公园同时也可能在物种多样性价值、地质遗迹价值、历史文化价值方面具有很高的地位。在自然保护地体系中，国家公园是那些价值最高、资源最丰富，能为访客提供最佳体验的保护地。每一处国家公园都应是多种类型资源的综合体，多种价值的集合体。风景名胜区代表了我国最高级别的“人与自然的融合”，风景名胜区与国家公园一起，共同代表了我国“最美”的那些地方。而自然保护区则以保护物种及其栖息地为主要目标。而也有部分学者认为，推动国家公园体制建设，是为了整合我国当前的自然保护地体系，解决当前保护与开发利用的矛盾，在保护的前提下，适当开发利用一些自然保护地，以便为当代人提供科研、游憩服务，带动区域经济发展。

4.3.2 构建以国家公园为主体的自然保护地体系

遵循综合生态系统管理思想，按照功能定位、管理目标和保护强度对自然保护地进行分类，改变过去按照生态要素和行业进行分类的模式，构建国家公园＋其他各类保护地的自然保护地体系。

在综合评估全国生态系统的代表性、完整性及生态功能的基础上，结合重要生物资源和独特自然景观等分布格局，以自然保护区为主，结合一些重要的风景名胜区、森林公园、地质公园、湿地公园和海洋特别保护区（含海洋公园）等重要自然保护地，结合本书第3章我国国家公园选入标准和空间布局，划建国家公园，整合我国自然保护地体系（图4－1、图4－2）。

---

* 国际自然保护地分类体系及案例研究，内部资料。

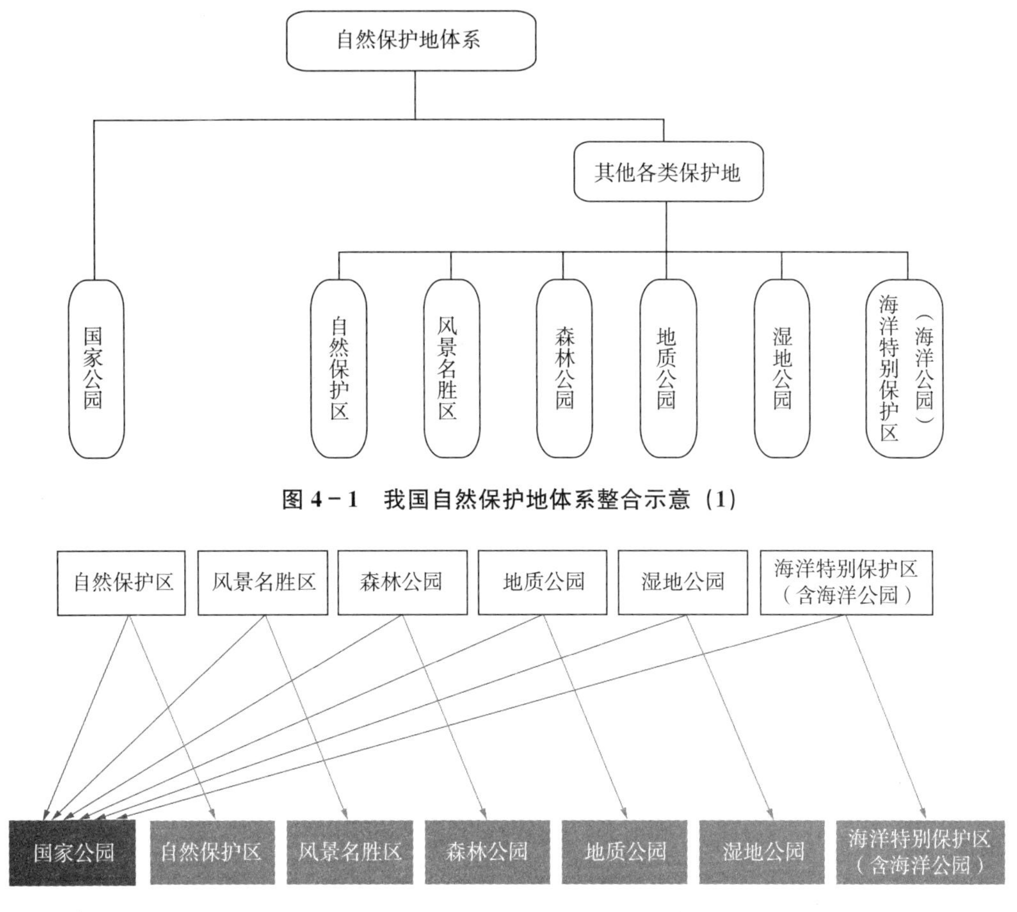

图 4－1　我国自然保护地体系整合示意（1）

图 4－2　我国自然保护地体系整合示意（2）

在国家公园＋其他各类保护地体系中，国家公园是我国自然保护地体系中最重要的类型，必须由国家划定并统一管理，土地和自然资源均归国家所有，建设管理所需资金以中央财政投入为主。未被划建为国家公园的其他各类保护地，仍维持当前的管理状态（表 4－4）。

表 4－4　自然保护地体系功能定位及保护强度

类型	功能定位	保护强度
国家公园	保护、科研、宣传教育、旅游	☆☆☆☆☆
其他各类保护地	保护、科研、宣传教育、旅游、维护生态调节功能	☆☆☆

第三部分

国家公园统一事权、分级管理体系

第 5 章　国家公园的统一管理体制和机制

5.1　国家公园的管理部门

5.1.1　主要国家自然保护地管理体制经验借鉴

在国家（或联邦）层面，全球各国的国家公园等自然保护地管理主要分为两大类，一类国家公园等自然保护地由多个部门分别管理，如美国、南非等。另一类是国家公园等自然保护地集中由一个部门管理，如新西兰、俄罗斯、德国、日本、印度等。

1. 自然保护地由多个部门管理的案例

(1) 美国自然保护地管理模式

据统计，美国自然保护地类型共计有 140 多个，但均被纳入自然保护地体系中。自然保护地体系由若干分系统构成的，每个分系统都由特定的管理部门进行管理。现将国家联邦层面的自然保护地分系统及管理部门汇总如表 5－1 所示。

表 5－1　美国自然保护地体系分系统和管理部门

分系统		管理部门	
国家公园系统	National Park System	国家公园管理局	National Park Service，NPS
国家森林系统	National forest system	国家森林署	United States Forest Service，USFS
国家野生动植物庇护区系统	National wildlife refuge system	鱼和野生生物管理局	Fish and Wildlife Service，FWS
国家景观保护系统	National landscape conservation system	土地管理局	Bereau of Land Management，BLM
海洋保护区系统	Marine protected areas	国家海洋与气象局	National Oceanic and Atmospheric Administratioin，NOAA
印第安保留区	Indian reservation	印第安事务局	Bereau of Indian Affairs，BIA

续表

分系统		管理部门	
军事保护区	Military reservation	国防部工程部队	Department of Defense, Corps of Engineers
国家自然地标系统	National natural landmark	NPS	
国家荒野地系统	National wilderness preservation system	NPS, USFS, BLM, FWS	
原野风景河流系统	National wild and scenic rivers system	NPS, FWS, USFS, BLM, 州政府	
国家步道系统	National trails system	NPS, BLM	
国家纪念地系统	National monuments	NPS, BLM, USFS 等	
国家自然研究区	National natural area	NPS 等部门	

由表 5－1 可知，美国联邦层面自然保护地分别由国家公园管理局、国家森林署、鱼和野生生物管理局、土地管理局、国家海洋与气象局、印第安事务局、国防部工程部队等多个部门进行管理，没有一个统管全国自然保护地体系的法律，也没有对整个自然保护地体系的整体规划，但各管理部门的职责却是相当明确的。每个分系的管理机构都有比较好的战略部署、管理政策和规划管理的指导手册。而荒野保护系统、原野及风景河流系统、步道系统这些与其他系统交织的特殊系统，也为其他系统的管理部门在规划、管理这些特殊类别的保护地时提供了统一的指导，如原野及风景河流系统有规划导则。

有些是并行系统，有些则比较特殊。如荒野保护系统、原野及风景河流系统和步道系统，它们的系统单元都落在不同的管理机构中，同时也是别的系统的一部分，如国家公园系统、景观保护系统。它们的管理模式是在统一的系统管理指导下，由具体的管理机构管理。管理机构既可以根据自己的情况对其进行不同的管理方案，同时又要遵循该种系统的管理首要原则。

（2）南非自然保护地管理模式

根据《国家环境管理：保护区法》（*National Environmental Management Protected Areas Act 57 of 2003*）及 2004 年修正案，南非自然保护地管理体系包括了管理机构和各类自然保护地两大部分，自然保护地分为三个层次，即国家级、省或地区级、地方级。南非自然保护地包括荒野地、海洋保护区、国家公园等十多类。在国家层面，环境事务和旅游部、水务和森林管理局、农业部、文化部、科学和技术部、健康部、贸易和工业部、南非国家公园管理局、国家植物协会共同负责自然保护地的相关法律和政策。

南非国家环境事务与旅游部（Department of Environment Affairs and Tourism，DEA&T）管理着南非旅游业、渔业和环境管理相关发展和政策执行。该部门的任务是领导南非环境的可持续发展，保护国家的自然资源，保护和提高环境的质量和安全，促进全球可持续发展的议程。南非国家公园局、国家植物协会、海洋生命资源基金会和圣路西亚湿地国家公园主管部门这四个独立的法定机构向国家环境事务与旅游部报告各自环境管理的情况。南非国家公园局（South Africa National Parks，SANP）是南非1956年设立的独立法定机构，是保护南非所有国家公园的主要机构，主要职责是保护和管理国家公园及根据保护区法指派其管理的其他类型保护区。南非国家植物协会（South Africa National Botanical Institute，NBI）成立于1989年，是由国家植物花园和植物研究学会合并而成的一个自治的法定机构，管理着植物保护区和植物花园两个自然保护地类型。海洋生命资源基金会（Marine Living Resources Fund，MLRF）依据《海洋生命资源法》成立的公共实体，目的是为可持续利用和保护海洋生态资源的行动，保护海洋生物多样性的行动，以及减少海洋污染行动的管理提供资金。海洋生命资源基金会负责海洋保护区的管理。圣路西亚湿地国家公园主管部门（Greater St. Lucia Wetland Park Authority，GSWPA）是通过南非《世界遗产保护法》于2002年开始担负管理职责的，管理目标是包括保护圣路西亚湿地国家公园的世界遗产价值，发展旅游，发展当地经济和授权当地社区管理。国家水体事务与林业部（Department of Water Affairs and Forest，DWAF）在国家层面上保证水的可利用和供给，促进社会和经济的公平和可持续发展，确保地方层面上全面和有效的水供给和服务，促进国家林业的可持续管理。国家水体事务与林业部负责特别保护森林区、森林自然保护区、森林荒野地的管理。国家环境事务与旅游部授予管理权、适合的机构和个人共同管理自然保护区、保护的环境区、海洋保护区和高山盆地区（表5－2）。

表5－2　南非国家级自然保护地及管理部门

自然保护地类型	管理部门
特殊保护区 Special Nature Reserves	DEA&T
世界遗产地 World Heritage Sites	DEA&T
海洋保护区 Marine Protected Areas	DEA&T、MLRF、DEA&T授予管理权的适合的机构、组织或个人
国家公园 National Park	SANP
荒野地 Wilderness Areas	SANP
植物保护区 Botanical Reserve	NBI
植物花园 Botanical Garden	NBI
圣路西亚湿地国家公园 Greater St. Lucia Wetland Park	GSWPA

续表

自然保护地类型	管理部门
特别保护森林区 Special Protected Forest Areas	水体事务与林业部 DWAF
森林自然保护区 Forest Nature Reserve	DWAF
森林荒野地 Forest Wilderness	DWAF
自然保护区 Nature Reserves	DEA&T 授予管理权的适合的机构、组织或个人
保护的环境区 Protected Environment	DEA&T 授予管理权的适合的机构、组织或个人
高山盆地 Mountain Catchment Areas	DEA&T 授予管理权的适合的机构、组织或个人

2. 自然保护地由统一部门管理的案例

(1) 新西兰

新西兰自然保护地包括了国家公园、保护公园、荒野地、生态区域、水资源区域、各类保护区等多种类型，统一由国家保护部进行管理。新西兰保护部根据《保护法》(1987)，将所有公共保护地作为一个统一的整体来进行管理，把原分属林业、野生动物保护和土地管理部门的保护职责全部划入保护部。此举将之前分散的、存在利益冲突的核心部门中的专业经验整合在一起，以此提高效率，避免优先权竞争，使部门在单一目标导向下动作，避免与社会和经济发展的竞争，排除内耗。保护部拥有自然保护地的土地所有权和管理权，这部分土地为公共土地，通过赠予、购买等方式获得，包含 8.5 万 km^2 的陆地和 33 处海洋保护区(近 128 万 km^2)，以及海洋哺乳动物保护区（约有 240 万 km^2)。保护部将新西兰国土划分为 11 个区域，称作保护区域，这 11 个区域涵盖所有国土面积，与新西兰的行政区划并不一致。在保护区域中有部分土地属保护部所有，即保护部负责其规划和管理，有部分土地为私人所有，保护部可以提出保护方面的建议。保护部设有 11 个区域办公室，分别负责每一区域保护的日常管理工作。每区域办公室下设不同的地区办公室和各自然保护地的管理机构。各级管理机构负责各自区域的管理规划的编制。

(2) 德国

德国自然保护地体系分为自然保护区、国家公园、景观保护区、自然公园、生物圈保护区、原始森林保护区、湿地保护区、鸟类保护区八种类型。德国是一个联邦制国家，按照立法权所支配的范围不同，德国立法权被分为两个部分，即联邦专属立法权与竞和立法权。联邦专属立法权是指仅联邦享有对特定事项的立法权，如国防和外交。竞和立法权是指联邦和州均对某一领域享有立法权，仅在联邦未对特定事项作出规定的时候，各州才享有立法权。生态环境保护等事项属于后者，即联邦仅对国家公园等各类自然保护地的建设提出了指导性的框架规定，由各州具体通过法律法规予以规定与保护。德国联邦政府环境、自然保护、建设与核安全部负责制定相关的自然保护法律框架。

(3) 俄罗斯

俄罗斯自然保护地体系包括国家级自然保护区、全国和地方性的国家自然禁猎区、国家公园、自然公园、自然遗迹地，此外还包括植物园、树木公园、疗养区、医疗保健区等。俄罗斯主要的、最高级的特别自然保护区域为自然保护区和国家公园。联邦级特别自然保护区域为联邦所有，由联邦国家机关统一管理，其设立和运作等监督和管理由俄罗斯联邦政府和特别授权的国家环保机构，即自然资源和环境部负责实施。地区级特别自然保护区域为各联邦所有，由所在联邦机构统一管理，其设立和运作等方面的监督和管理由各联邦政府和特别授权的联邦环保机构负责实施。

在职能分工方面，俄联邦自然资源和环境部实行决策权、监督权、执行权相分离的机构设置方式。自然资源和环境部作为俄联邦政府的决策机关，进行自然资源领域内国家政策、法律法规的制定与宏观调控，其中地质矿产利用与国家政策司、水资源管理与国家政策司、森林资源管理与国家政策司3个司，以及地下资源利用局、水资源局、林业局3个局负责自然资源管理工作，自然资源利用监督署、水文气象与环境监测署分别负责自然资源利用监管和环境污染监测职责。自然资源和环境部下属的环境保护与国家政策局则负责制定国家公园、自然保护区等保护区域的相关政策，制定生态保护政策，具体负责：国家级自然保护区、国家公园、国家级庇护所和具有国家重要性自然纪念地立法（文件）的起草及报批；具有国家重要性特别是自然保护地联邦主管机构组织标志的保护、使用及审批程序的制定；国家重要性特别是自然保护地野生动物立法及林业资源的使用、保护和繁育等事宜的立法。

(4) 日本

日本自然保护地体系由自然环境保护区体系、自然公园体系等构成，原生自然环境保护区和自然环境保护区均由环境省（厅）长官依法指定。国立公园由环境省（厅）长官听取自然环境保全审议会（以下简称审议会）意见指定，是能够代表日本风景并具有非常出色的自然风光的一定区域，由国家实施管理。

(5) 印度

印度由法律明确定义和规范的自然保护地，是由印度政府通过顶层设计推动建立的自然保护地体系，根据《印度森林法》（*Indian Forest Act*，IFA）（1927）明确定义了3类森林保护地，即森林保留地（Reserved Forest）、社区森林（Community Forest）和森林保护区（Protected Forest），以及《野生动植物保护法》（*Wildlife Protect Act*，WA）（1972）明确定义了4类自然保护地：国家公园（National Parks）、野生生物保护区（Sanctuaries）、保护预留地（Conservation Reserves）与社区保护地（Community Reserves）。印度的国家公园、野生生物保护区是由中央政府和联邦政府合作管理的模式，在中央层面，由中央的环境森林气候变化部通过以下3个主赞助计划（野生动植物栖息地的综合发展项目、老虎保护项目、大象保护项目）给联邦政府或联邦属地的政府提供资金支持，并且负责国家公园、野生生物保护区的管理政策制定与规划编制。

3. 国际案例总结

从全球主要国家自然保护地管理模式可以看出，大部分国家已经过渡到由一个部门负责管理国家公园等各类自然保护地。通过制定统一的保护法律，统筹考虑全国层面的保护需求，合理设立类型适宜的自然保护地类型，填补保护空缺。由一个部门管理自然保护地，便于统一立法、统一规划、统一权责，提高了保护成效。虽然仍有部分国家实行分部门管理自然保护地的模式，但却不存在多部门同时管理一处保护区域的现象存在。在这些国家，每个部门都按照相关法律法规履行各自的管理职责，确保自然资源得到有效保护。

5.1.2 我国自然保护地管理现状及存在的问题

1. 各类自然保护地管理现状

机构改革前，我国各类自然保护地主要是按行业和生态要素分类建立的，分属环保、林业、农业、国土、住建、水利、海洋、旅游、科学院等9个部门和单位管理。大部分国家级自然保护地建立了管理机构，隶属于地方人民政府，负责各项具体的管理工作。国家级自然保护区和国家风景名胜区由国务院审批建立，其他类型的自然保护地均由部门或者地方批准建立（表5－3）。

表5－3 自然保护地的管理部门和审批机关

自然保护地	管理部门	审批机关
自然保护区	环保部门负责综合管理，林业、农业、国土、水利、海洋等部门和机构在各自职责范围内进行管理	国务院
风景名胜区	住建部门	国务院
森林公园	林业部门	林业部门
地质公园	国土部门	国土部门
湿地公园	林业部门	林业部门
海洋特别保护区（含海洋公园）	海洋部门	海洋部门
水利风景区	水利部门	水利部门
矿山公园	国土部门	国土部门
种质资源保护区	农业部门	农业部门
沙化土地封禁保护区	林业部门	林业部门
沙漠公园	林业部门	林业部门

2. 多部门管理存在的问题

机构改革前，我国未形成统一管理各类自然保护地的管理体制，环保部门、林业局、住建部门、国土资源部门、海洋局、水利部门、农业部门、中科院等部门根据国务院“三定”方案职责，分别设立管理各类自然保护地，呈现出“九龙治水”的局面。造成这种现象与我国自然保护地的发展历程有关，我国各类自然保护地建设和管理经历了一个从无到有的发展过程，各部门根据各自职责建立了不同类型的自然保护地，仅自然保护区一类，就有近十个部门进行主管。另一个原因是各部门出于多方面考虑，纷纷设立了新的“国”字头保护地，随着旅游业快速发展，各部门纷纷创建新的自然保护地类型，即使是在建立国家公园体制改革要求明确的情况，仍有部门继续尝试创建新的自然保护地类型。多部门管理自然保护地带来了很多问题。

一是区域交叉重叠严重，同一区域建立多个不同类型的自然保护地，空间交叉重叠的现象较为严重，不仅引起了管理权属争议，还造成机构重置、重复建设、重复投资，增加了管理成本，浪费了行政资源。

二是割裂了生态系统的完整性，各管理部门既根据资源类型，又按行政区界，设计并建立不同类型的自然保护地，条块式的设立和管理，人为割裂了区域生态系统的完整性，生态服务功能无法得到有效发挥。

三是造成了同一区域“多套人马多块牌子”或“一套人马多块牌子”的现象，不同“牌子”的保护目标、保护强度、管理制度、标准规范不同，导致不同管理机构各自为政、管理分割、重复执法，严重影响了管理效率和保护成效。

四是权责不清，重批建、轻管护的问题突出，造成一些保护地批而不建、建而不管、管而不力的现象比较严重，对于有利益、出成绩的事情，积极争取甚至竞相争夺，对于责任大、风险高的事情，尽力回避甚至扯皮推诿。权力和责任脱节，造成对破坏自然生态环境的行为和责任人难以追究，影响了执法的权威性和管护的有效性（表5－4）。

表5－4　原各部门与自然保护地管理有关的职责

部门	原国务院“三定”方案职责（部分）
国家发展和改革委员会	承担组织编制主体功能区规划并协调实施和进行监测评估的责任。参与编制生态建设、环境保护规划，协调生态建设、能源资源节约和综合利用的重大问题，综合协调环保产业和清洁生产促进有关工作
原国土资源部	负责规范国土资源权属管理。组织实施矿山地质环境保护，监督管理古生物化石、地质遗迹、矿业遗迹等重要保护区、保护地
原环境保护部	指导、协调、监督生态保护工作。拟订生态保护规划，组织评估生态环境质量状况，监督对生态环境有影响的自然资源开发利用活动、重要生态环境建设和生态破坏恢复工作。指导、协调、监督各种类型的自然保护区、风景名胜区、森林公园的环境保护工作，协调和监督野生动植物保护、湿地环境保护、荒漠化防治工作。协调指导农村生态环境保护，监督生物技术环境安全，牵头生物物种（含遗传资源）工作，组织协调生物多样性保护

续表

部门	原国务院“三定”方案职责（部分）
原住房和城乡建设部	拟订全国风景名胜区的发展规划、政策并指导实施，负责国家级风景名胜区的审查报批和监督管理，组织审核世界自然遗产的申报
原农业部	指导农用地、渔业水域、草原、宜农滩涂、宜农湿地以及农业生物物种资源的保护和管理，负责水生野生动植物保护工作。农业生物物种资源的保护和管理工作；组织实施农作物遗传资源保护
原水利部	负责水资源保护工作。组织编制水资源保持规划，组织拟订重要江河湖泊的水功能区划并监督实施等
原国家林业局	组织实施建立湿地保护小区、湿地公园等保护管理工作。负责林业系统自然保护区的监督管理。指导国有林场（苗圃）、森林公园和基层林业工作机构的建设和管理
原国家海洋局	组织起草海洋自然保护区和特别保护区管理制度和技术规范并监督实施

5.1.3 国家公园管理体制之试点探索

《建立国家公园体制试点方案》要求各试点省份“结合实际，对现有各类保护地的管理体制机制进行整合，明确管理机构，整合管理资源，实行统一有效的保护和管理。探索跨行政区管理的有效途径。按照设立层级、保护目标等，对试点区内各类保护地的交叉重叠和碎片化区域进行清理规范和归并整合，使每个保护地范围适宜、边界四至清晰，实现一个保护地一块牌子、一个管理机构，由省级政府垂直管理”。目前已开展的各个试点已在管理体制机制方面进行了大胆探索和创新，大多已对现有各类自然保护地管理体制进行整合，明确管理机构，整合管理资源，实行统一有效的保护管理。这些探索和创新，为推进建立国家公园体制积累了宝贵经验。

1. 三江源：整合组建管理机构，统一承担全民所有自然资源资产所有者职责

青海省组建了三江源国家公园管理局，将原来分散在林业、国土、环保、住建、水利、农牧部门的生态保护管理职责划归三江源国家公园管理局，并将试点范围内的三江源国家级自然保护地、可可西里国家级自然保护区、扎陵湖一鄂陵湖水产种质资源保护区、楚玛尔河特有鱼类水产种质资源保护区、黄河源水利风景区等各类自然保护地，以及扎陵湖国际重要湿地、鄂陵湖国际重要湿地、可可西里世界自然遗产地管理职责划入，实行集中统一高效的生态保护规划、管理和执法。

2. 东北虎豹：依托国有林地占比高的优势，探索全民所有自然资源由中央直接行使的方式

试点方案中要求整合范围内国有林业局、地方林业局以及汪清东北虎、珲春东北虎、天桥岭东北虎、汪清上屯湿地、黑龙江老爷岭东北虎、穆棱东方红豆杉、珲春松茸7个国家级和省级自然保护区，以及汪清兰家大峡谷和黑龙江穆棱六峰山国家森林公园及天桥岭嘎呀河国家湿地公园管理机构，组建东北虎豹国家公园管理机构。中央编办已批复组建东北虎豹国家公园国有自然资源资产管理局，整合试点范围内黑龙江省、吉林省各级国土资源、水利、林业、农业、畜牧等部门的全民所有自然资源资产所有者职责，统一承担试点范围内全民所有自然资源资产所有者职责，并承担东北虎豹国家公园相应管理职责。管理机构与国家林业局驻长春森林资源监督专员办事处合署办公。

3. 大熊猫：整合80多处自然保护区管理职责，组建管理机构

试点方案要求依托现有机构整合组建大熊猫国家公园管理机构，打破行政区划界限，按照山系、监控相似区域、自然边界和行政区划结合，将涉及的80多处自然保护地管理职责并入管理机构。

4. 祁连山：建立国家主导、区域联动生态保护管理体制

试点方案要求优化整合试点范围内现有各类自然保护地管理机构，整合管理资源，探索跨行政区划、跨部门管理模式，代表中央政府行使全民所有自然资源资产所有权。园区内涉及自然资源和生态保护的地方政府有关部门机构职责和人员部分划转管理机构，园区内从事公益性管护的国有林场划转管理机构，甘肃祁连山、盐池湾、青海祁连山3个国家公园和省级自然保护区，天祝三峡、马蹄寺、冰沟河、仙米4个森林公园以及祁连黑河湿地公园等各类自然保护地管理职能并入管理机构。

5. 神农架：整合相关自然保护地管理职责组成国家公园管理局

湖北省整合原神农架国家级自然保护区管理局、大九湖国家湿地公园管理局以及神农架林区林业管理局有关神农架国家森林公园的保护管理职责，成立了神农架国家公园管理局，统一承担1 170 km^2 试点范围的自然资源管护等职责。

6. 武夷山：成立省一级财政预算的国家公园管理局，实现一个区域一个管理机构

整合福建武夷山国家级自然保护区管理局、武夷山风景名胜区管委会有关自然资源管理、生态保护、规划建设管控等方面职责，组建武夷山国家公园管理局，为正处级行政机构，由省政府垂直管理，作为省一级财政预算单位。

7. 钱江源：组建管理机构，实行高效运行

浙江省编办批复设立钱江源国家公园党工委、钱江源国家公园管委会，业务上受省建立国家公园体制试点工作联席会议指导，人事上由钱江源国家公园党工委书记、管委会主任分别由省管干部开化县县委书记和县长兼任，财政上实行“省管县”体制，实现省级政府垂直管理。同时，将开化古田山国家级自然保护区管理局更名为

钱江源国家公园生态资源保护中心，作为钱江源国家公园管理委员会下属事业单位。

8. 南山：整合多个自然保护地管理职责组建管理机构

试点实施方案中要求依托南山国家级风景名胜区管理处、湖南两江峡谷国家森林公园管理处、湖南金童山国家级自然保护区管理处、湖南白云湖国家湿地公园管理处，成立由省政府垂直管理的南山国家公园体制试点区管理局，原有各保护区管理局的有关职能由南山国家公园体制试点区管理局承担。

9. 北京长城：成立管理委员会筹建办公室推进试点工作

北京市编办印发《关于设立北京长城国家公园体制试点区管理委员会筹建办公室有关事项的通知》，设立了北京长城国家公园体制试点区管理委员会筹建办公室，负责与试点任务牵头单位的沟通联系，建立了专家联系制度和日常工作机制，成立了临时党支部，积极协调推进国家公园体制试点工作。

10. 香格里拉普达措：重组机构，实行统一管理

云南省对普达措国家公园体制试点区范围内的自然保护区、风景名胜区、国有林场、世界自然遗产地、国际重要湿地等各类保护地进行功能重组和机构整合，对原有的普达措国家公园管理局和碧塔海省级自然保护区管理局进行了整合，实行“两块牌子一套班子”的管理体制，目前正在完善“普达措国家公园管理局”的职能职责。

5.1.4 组建统一管理部门是改革的关键

《生态文明体制改革总体方案》明确要求“改革各部门分头设置自然保护区、风景名胜区、文化自然遗产、森林公园、地质公园等的体制，对上述保护地进行功能重组，合理界定国家公园范围”。根据试点探索，借鉴国际经验，遵循“一件事由一个部门负责”和精简、统一、效能的机构改革原则，结合生态环境保护管理体制、自然资源资产管理体制和自然资源监管体制改革，建议整合自然保护区、风景名胜区、自然文化遗产、森林公园、地质公园等自然保护地管理职能，组建统一部门负责国家公园等重要自然保护地管理职责。

国家公园等自然保护地管理部门统一行使国家公园等自然保护地管理职责，对全国国家公园等自然保护地进行统一规划、统一标准、统一资金、统一监管。具体职责包括：

（1）制定全国自然保护地发展规划。结合全国主体功能区规划、国土空间生态格局和生态保护红线，综合考虑生态系统完整性、区域资源禀赋、生态保护目标和自然保护地布局，尤其重点关注自然保护地交叉重叠、多头管理、割裂生态系统完整性、碎片化比较严重的区域，编制全国自然保护地发展规划，科学规划国家公园等自然保护地空间布局。

（2）拟订国家公园等自然保护地政策、法规、标准和技术规范。从资源条件、适应性条件、可行性条件等方面研究提出我国自然保护地体系和准入标准。同时，

研究制定用地管理、资源分类、分区规划、经营管理和可持续利用等方面的标准和规范。

（3）组织国家公园等各类自然保护地整合、新建和调整。根据全国自然保护地发展规划，结合全国国土空间规划，提出自然保护地建设、调整和整合建议。负责自然保护地新建、调整和整合信息公布，向社会公告，接受公众监督。

（4）组织开展自然保护地的基础资源调查。定期组织开展全国自然保护地生态环境、自然资源和生物多样性调查，为制定全国自然保护地发展规划奠定基础，指导自然保护地建设和管理。

（5）组织自然保护地建设管理评估。定期组织自然保护地建设管理评估，对自然保护地的机构与人员设置、范围界线、土地权属、基础设施、资金保障、规划制定与实施、资源本底调查、动态监测、主要保护对象变化、社区发展和人类活动影响等进行评估。对自然保护地管理机构责任人实行离任审计，对违反相关法律和政策要求的违法行为追究责任。

（6）统一管理特许经营权。负责对国家公园等自然保护地除公共服务类活动外，餐饮、住宿、购物、交通等其他营利性项目实行特许经营制度，负责特许经营权公开招标和授予。

5.2　国家公园管理机构的职责

建立统一、规范、高效的中国特色国家公园体制是实现分类科学、保护有力、统一管理的自然保护地管理的基础。在现阶段全面推进国家公园体制改革，形成可借鉴、可推广、可复制的模式，以此推动我国自然保护地管理体制的改革和管理水平的整体提升。

5.2.1　国外国家公园管理经验借鉴

国外国家公园管理主要采用三种模式，一是以美国为代表的中央主导型，国家公园由中央专门机构统一规划和垂直管理；二是以德国为代表的地方主导型，地方自治管理，由地方相关政府主导国家公园建设管理；三是以日本为代表的中央地方相结合型，由中央政府立法和监督，中央和地方政府会同社区居民共同管理。

1. 中央主导型——美国、南非、新西兰、俄罗斯

（1）美国

美国国家公园管理局负责统筹所有国家公园的管理事务。国家公园管理局由1位局长统筹，将管理事务分为运营类及对外关系类。其中运营类事务由8位主任分别管理，包括“自然资源保护和科学”“解说、教育和志愿者”“访客和资源保护”“商务服务”“文化资源、伙伴关系和资源”“人力资源及其相关事务”“公园规划、设施和土地”“信息资源”“伙伴关系和公民参与”等8类事务。此外，还分设跨州的7个地区局作为国家公园的地区管理机构，并以州界为标准来划分具体的管理范围；基层管理部门为各公园，每座公园实行园长负责制，并由其具体负责公园的综

合管理事务。虽然近几年美国国家公园管理局的总部机构组织变动频繁，但是主要负责的事务大致相同（图 5－1）。

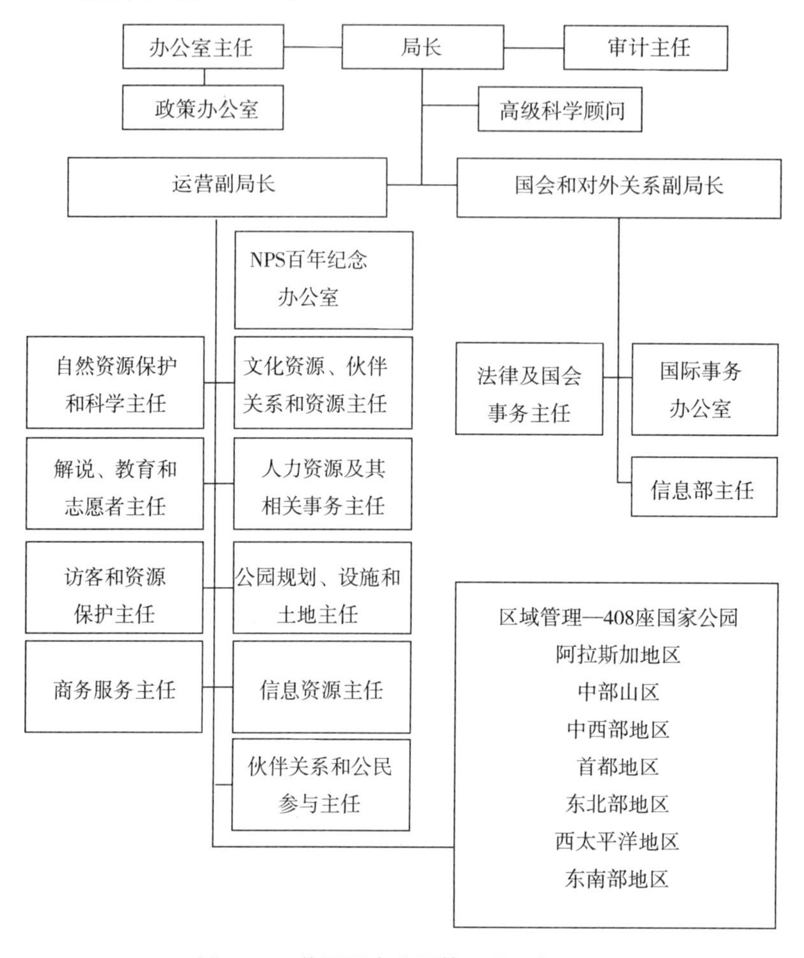

图 5－1　美国国家公园管理局总部组织

（2）南非

南非国家公园由国家公园管理局负责管理。南非国家公园管理局成立于 1956 年，是独立核算单位，受国家环境事务与旅游部直接领导。南非国家公园管理局负责管理一系列能够代表国家本土的动物、植物、景观以及相关文化遗产的公园。其愿景为建立一个可持续的、与社会相连接的国家公园体系；其任务是为当代人和后代人的公平利益，通过创新和最佳办法来发展、扩大、管理和促进能够代表生物多样性和遗产的、可持续的国家公园体系。董事会由董事会成员和首席执行官组成，成员由环境事务和旅游部的部长指定，首席执行官由董事会指定。南非国家公园管理局根据《保护区法》以及其他法律，如《国家环境管理法》和部长的指令对国家公园、世界遗产以及其他保护区进行管理和保护。在达成一致的情况下，管理局可以在国家公园内提供本应由市政府提供的服务，也可以实施本应由其他国家机构实施的职能。

(3) 新西兰

新西兰自然保护地实行扁平化的垂直管理。保护部拥有约1 600名正式职员，成立了6个业务团队，即执行团队、公关团队、战略与创新团队、科学与政策团队、企业服务团队和毛利人事务与关系团队。这些团队的高层管理人员都在保护部总部。保护部在新西兰各地设有近70个执行团队基层办公室。

(4) 俄罗斯

俄罗斯自然资源和环境部会针对每个国家公园设立一个联邦国家预算机构，即国家公园管理处，负责国家公园运营中的具体工作，也存在一个管理处管理几个国家级自然保护地的情况。

国家公园管理处具体负责：

◆ 勘定国家公园外围边界和各功能区边界并设立相应的标牌、标志和标识；

◆ 落实自然生态系统保护措施（如林火、生物技术和森林保护措施），维护其天然状态；

◆ 查处和打击违反国家公园及其缓冲区内自然资源保护和使用管理规定的不法行为，行政处理妨碍国家公园管理规定的行为，包括行政违法公报的编制与更新；

◆ 开展科研活动，引入和创新生物多样性保护、自然与历史文化资源保护以及生态状况评估和预测方面的科学方法；

◆ 实施环境监测；

◆ 珍稀濒危动植物的保护和迁地繁殖；

◆ 确认和编目国家公园内的历史和文化遗产地，开展保护研究，保护和恢复文化景观；

◆ 开展环境教育；

◆ 按国家公园功能分区，规划布置公园内游憩公共服务及便利设施、设施和修建生态步道和旅游路线；

◆ 在国家公园内开展法定的旅游和游憩活动，寓环境教育于游憩。

作为联邦政府财政拨款单位，各国家公园管理处的员工数量会因其分管的国家公园面积、重要性、距大型居民点的距离及机构成立早晚而不等。通常情况下，成立较晚的国家公园管理处的员工数量较成立较早的要少。单个国家公园管理处的员工数量介于50～100人，其中1/3的员工属国家环保稽查员。此外，为此俄罗斯还成立了专门的保卫国家公园的部门，主要负责按环境立法保护国家公园内自然文化资源，专司国家公园的督查工作。

2. 地方主导型——德国

地方主导型管理模式是国家公园的各项管理事务，包括国家公园的划定、相关管理政策和法律法规的制定、公园的规划等由地方政府的相关部门负责，国家政府只负责制定宏观政策、法规等。德国国家公园的建立、管理机构的设置、管理目标的制定等一系列事物都由州政府决定，具体由州环境部门建设和管理。

德国国家公园管理机构分为三级，一级机构为州立环境部；二级机构为地区国家公园管理办事处；三级机构为县（市）国家公园管理办公室，分别隶属于各州（县、市）议会，并在州或县（市）政府的直接领导下，依据国家的有关法规，自主地进行国家公园的管理与经营活动。以西波美拉尼亚国家公园管理局为例，该管理局管辖西波美拉尼亚潟湖地区国家公园及亚斯蒙德国家公园两座国家公园，由局长、行政及中心服务部、法律及规划部、西波美拉尼亚潟湖地区管理部、亚斯蒙德地区管理部、公共关系及环境教育部组成*。

3. 中央地方相结合型——日本

日本的国家公园采用的是中央地方相结合的管理模式，既有中央政府部门的参与，地方政府又有一定的自主权，且私营和民间机构也在参与公园的建设与管理。根据《自然公园法》的规定，环境大臣负责管理日本的国家公园事务。环境省内部设有自然环境局国家公园课，并在北海道东部地区、北海道西部地区、关东南部地区等 10 个地方设置自然保护事务所，具体负责执行《自然公园法》和落实该法律的实施细则。这些国家公园的经费，主要来源于国家拨款和地方政府筹款。目前，从属环境省管理的自然保护官有 260 人，助理自然保护官为 80 人。同时，他们还招募志愿者，其中自然公园指导者为 3 000 人，负责公园环境解说的志愿者为 1 800 人，这些志愿者都是不取报酬的。在国家公园的实际管理中一般都会采用公园管理团体制度，以更好地协调公园内的多方利益。公园管理团是为推进公园保护与管理，由民间团体或市民自发组织的、经国立公园上报、环境大臣认可的公益法人或非营利性活动法人（NPO），全面负责公园日常管理、设施修缮和建造，以及生态环境的保护、数据收集与信息公布。

4. 国外国家公园管理机构及责任经验总结

高效独立的管理机构。虽然各国国家公园管理模式存在较大差异，但无论是中央主导，或是地方主导，还是中央与地方相结合，多数国家建立了高效独立的国家公园管理体制。总体来说，每一个国家公园都有一个独立的国家公园管理部门，且单个国家公园都有相对应的独立管理机构。

具有稳定和高素质的管理人员。各国国家公园管理人员基本均实行公务员管理。由于身份、地位和收入较高，工作比较稳定，因此吸引了大批优秀人才到保护地来工作。管理人员有固定成员和临时人员组成，一般要求有较高的学历，且统一配备先进设备。正是有稳定和高素质的管理队伍，才能保证自然保护地生态环境和自然资源保护。

---

* 西波美拉尼亚潟湖地区国家公园官网，http：//www. nationalpark - vorpommersche - oddenlandschaft. de/vbl/index. php? article _ id=16.

5.2.2 我国自然保护地管理机构设置和存在的问题

1. 现状

我国的各类自然保护地主要由部门主管、属地管理的模式。自然保护地管理机构主要通过相应级别的政府授权，负责对自然保护地内自然资源进行保护、经营、利用。事实上，只有国家级自然保护区统计了管理机构设置情况。截至2017年年底，全国自然保护区已建立管理机构的有1 863个，占总数的67.1%，446个国家级自然保护区均已建立相应的管理机构，已建机构自然保护区占总数的100%。

表5－5 自然保护区管理机构设置情况

级别	保护区数量	有管理机构的保护区	比例/%
国家级	446	446	100
省级	861	737	85.6
市级	410	248	60.5
县级	1 023	432	42.2
合计	2 740	1 839	67.1

目前仍有很多自然保护地并建立独立的管理机构，即使有独立的管理机构，各类自然保护地甚至是同类自然保护地，其管理机构的行政级别和管理机构性质也存在较大差异，主要包括以下三种类型。

（1）参公管理

参公管理型体制是指自然保护地管理机构虽然在国家定位上属于事业单位，而实际上却承担了政府管理的职能。即自然保护地管理机构不仅需要负责做好自然保护地具体运作的相关工作，发挥其“保护生态系统、促进全面发展、开展科研科普”三大功能，还需要承担保护区所在地区的多项行政事务，如落实上级政府的方针政策、执行国家法律法规、考核政府工作机制、开展其他社会公益事业等。实行这种体制的典型代表有四川卧龙国家级自然保护区，该保护区直属于国家林业局的管理，在机构职能上与四川省汶川卧龙特别行政区合并，具有明显的政府职能和性质。

（2）事业单位

实行这类管理单位体制的自然保护地占大多数，根据管理机构实际权限的不同，又可以将其分为两个子类别——实质管理型和名义管理型。对于实质管理型的事业单位体制而言，管理机构有权全面负责自然保护地内的各项事务，包括政策下达、规划制定、人员调配、经费落实、执法监督、科研监测、宣传教育、社区发展等。换言之，自然保护地各项工作的有效开展，都依赖于其管理机构，管理机构不仅是日常工作的开展者，也是行政事务的执法者，更是各方利益的协调者，其肩负着发挥保护区三大功能的职责，但不涉及保护区所在地域的行政事务。福建武夷山国家级自然保护区是实行这类管理单位体制的一个典型实例。对于名义管理型的事业单位体制而言，管理机构的权限比前者明显减少。自然保护地内的很多事务，如执法监督、科研监测、社区发展等，管理机构都无权干涉，或者是管理机构有此权力，却在实际工作中将其边缘化。对于这类管理机构而言，其实质上并非自然保护地的权力机构，而是一个协调机构，不能有效行使其应有的管理职能，或管理工作无法深入开展。这类保护区在我国较为多见，即便对于很多国家级自然保护区而言，其管理机构也缺乏实质性的职权。

(3) 企管事业单位

企管事业单位体制就是自然保护地管理机构虽然在国家定位上属于公益性的事业单位，但是实际上很多自然保护地的管理机构为企业或营利性的机构所控制，在自然保护地内实施开发经营等活动，其很多工作的开展都是以盈利为导向的。在我国，这类自然保护地不乏少数，最常见的是由原国有林场划转土地或改制而成的自然保护地，实际上仍旧保留了原国有林场的牌子。虽然土地属于国有，但土地所有权一般登记在林场名下，资源管护权又依法属于新建的自然保护地。由于国有林场的主要功能是培育和利用森林资源，属于企业化管理的事业单位，因此尽管改制后在性质上发生了转变，由营利性转为了公益性，并以保护和培育森林资源为基本任务，但由于存在“一套人马，两块牌子”的“区场合一”的现象，绝大部分主要管理人员也是原林场的管理人员，因此在实际工作的开展中，这类保护区依然按照原林场的运行机制。

2. 存在的突出问题

(1) 管理机构设置不规范

由于自然保护地管理机构的性质、编制、职能等无章可循，其设置很不统一，很多类型自然保护地并未建立独立的管理机构，“批而不建、建而不管、管理而不力”的问题比较突出。

(2) 机构定位不明确

自然保护地管理机构应是主管政府部门的派出机构，属行政执法机构，有的管理机构集行政、事业和企业性质于一体，具有执法、管理、开发经营等多项职责。多数自然保护地都逐步建立起了自我创收机制，实行差额事业单位或事业单位企业化管理与经营混为一体的运行机制，使管理机构很多精力投入到经营上，影响了保护管理。

(3) 人员编制不足，专业技术人员少

很多管理机构人员编制不足、素质较低，缺少专业技术人员。多数自然保护地地处条件艰苦的偏远地区，引进和留住人才较难。

5.2.3 国家公园体制试点管理机构职责定位

在已组建管理机构的各个试点中，基本明确了管理机构履行国家公园范围内自然资源管理、生态保护、特许经营、社会参与和宣传推介职责。同时，一些试点根据保护管理工作的实际需要，授权管理机构必要的资源环境综合执法权。

1. 三江源国家公园管理局组建及职责

根据《三江源国家公园体制试点方案》，青海省委、省政府及时研究制定并印发了《三江源国家公园体制试点机构设置方案》，要求按照党中央、国务院加快推进生态文明建设和改革的决策部署，2016年9月，中央编办下达了《关于青海省设立三江源国家公园管理局的批复》。目前，三江源国家公园体制试点管理体制改革如下。

（1）组建正厅级管理机构

依托省林业厅派出的三江源国家级自然保护区管理局，正式组建三江源国家公园管理局，为省政府派出机构，承担三江源国家公园试点区以及青海省三江源国家级自然保护区范围内各类全民所有自然资源资产所有者职责。在三江源国家公园管理局下，组建了长江源（可可西里）、黄河源、澜沧江源3个园区国家公园管理委员会。在长江源管委会整合了治多、曲麻莱县政府涉及自然资源和生态保护等相关部门的机构职责、人员编制，依托可可西里国家级自然保护区管理局，设立可可西里管理处，增加自然遗产管理职责。黄河源、澜沧江源管委会分别整合了玛多县、杂多县政府涉及自然资源和生态保护等相关部门的机构职责、人员编制。整合玛多、杂多、治多、曲麻莱四县林业站、草原工作站、水土保持站、湿地保护站等涉及自然资源和生态保护单位，分别设立生态保护站，承担县域内园区内外生态管护工作。国家公园范围内12个乡（镇）政府挂保护管理站牌子，增加国家公园相关管理职责。根据生态管护工作的需要，布点设置保护管理站，以及整合四县森林公安、国土执法、环境执法、草原监理、渔政执法等执法机构，设立资源环境执法局，实现统一执法。

（2）划转相关部分管理职能

将三江源国家级自然保护区管理局机构和职责整合划入三江源国家公园管理局。三江源国家级自然保护区未纳入国家公园范围的区域，由三江源国家公园管理局按照现行国家级自然保护区管理体制和规定加强保护管理；将国家公园内全民所有的自然资源资产委托三江源国家公园管理局负责保护、管理和运营；将三江源国家公园和自然保护区内涉及的生物多样性保护及各类自然保护地的管理职责相应划入三江源国家公园管理局。

（3）明确管理机构职责

三江源国家公园管理局负责统筹三江源国家公园和三江源国家级自然保护区各项工作，贯彻执行中央和省委、省政府方针政策，组织起草有关法规、规章草案，并监督执行；负责三江源国家公园自然资源资产管理和国土空间用途管制，依法实行更加严格的保护；制定并组织实施规划和建设标准；负责基础设施，公共服务设施的建设、管理和维护工作；拟定资金管理政策，提出专项资金预算建议，编制部门预算并组织实施，组织、管理、指导各类专项资金统筹、使用工作；负责范围内的风景名胜区、地质公园、湿地公园、水利风景区以及生物多样性保护等各类保护地的管理；协调生态保护和建设重大事项，建立生态保护建设引导机制和考核评价体系；负责特许经营、社会参与和宣传推介工作；组织开展科研监测。

三个园区管委会主要职责是，根据三江源国家公园管理局部署，贯彻落实党中央、国务院和省委、省政府重大决策等，组织实施规划，落实各项政策举措，上报和下达年度计划，管理监督各项工程项目建设，考核下一级工作业绩，协调与当地党委政府关系。

县级管理处主要职责是，根据园区管委会部署，实施规划、落实政策，上报和下达年度计划，组织管理工程项目建设，开展干部、公益岗位和群众培训，协调与当地党委政府关系。

保护站主要职责是，贯彻落实上级主管部门工作部署，对辖区生态环境负主体责任，开展生态管护巡护，管理生态管护公益岗位，实施生态保护项目建设，组织干部职工和群众培训，协调与乡、镇党委政府和村（牧）委会的关系。

(4) 三江源管理模式的经验

一是解决了“九龙治水”的问题，理顺了管理体制。国家公园各类保护地，在体制试点之前分属不同部门和行业管理，政出多门、各自为政，职责分割、分头管理，体制不顺、权责不清，很大程度上制约着区域自然生态系统整体保护和有效管理。三江源通过创新体制机制，解决了三江源生态保护管理“九龙治水”的痼疾。

二是强化了监督执法。三江源国家公园成立了专门的执法队伍，针对环保部监测出的问题点位，逐个排查，坚持高强度严格保护。进一步加大执法监督工作力度，完成了专项打击行动、巡护执法、案件侦办、维护稳定、森林草原防火等工作。

三是处理好与地方政府的关系。成立专职管理机构，地方政府仍承担生态保护的重要职责，管理局与地方党委政府干部交叉任职，县乡机构双重领导，更有利于工作的协调、衔接、配合，有利于共同处理问题、化解矛盾，确保各项工作顺畅。

2. 东北虎豹国家公园管理局组建及职责

(1) 机构组建

虎豹公园内涉及自然资源和生态保护的政府有关部门、林场的相关职责和人员部分划转东北虎豹国家公园管理局，现有各类保护地管理职责并入东北虎豹国家公园管理局。整合国家公园所在地资源环境执法机构人员编制，由东北虎豹国家公园管理局实行资源环境综合执法。本着“因事设岗、因岗定人”的原则进行人员编制的核定，构建虎豹公园自然资源与生态保护的骨干队伍。

组建东北虎豹国家公园管理局珲春、天桥岭、汪清、大兴沟、绥阳、穆棱、东京城、珲春市、汪清县、东宁局等各区域管理机构，受东北虎豹国家公园管理局领导。

(2) 主要职责

东北虎豹国家公园管理局统一行使区域内国土空间用途管制、资源保护管理、资源环境综合执法、运行发展等职责；组织起草保护管理法规、规章、政策、标准和规划；建立特许经营机制、志愿者服务机制、社会合作监督机制等；负责拟定资金管理政策，提出支出成本预算，并组织实施。

各区域东北虎豹国家公园管理局行使辖区内资源保护管理职责，承担上级管理局交办的各项工作。

(3) 下设机构

虎豹公园范围内各乡镇政府和国有林场加挂保护管理站牌子，行使各自辖区内虎豹公园相关管理职责。涉及林场（站、所、区）77 个，其中天桥岭森工局白石林场无场部，撤并汪清林业局杜荒子、六道、荒沟林场，珲春森工局青龙台林场，绥阳森工局三岔河、中股流林场共 6 个林场场部，其余 71 个林场各设立 1 个保护管理站；涉及的 17 个乡镇各设立 1 个保护管理站，共设立保护管理站 87 个。

以保护管理站为依托，配备管护人员 6 830 人，管护人员职责主要包括：宣传资源保护政策和有关法律、法规；制止破坏、损毁、侵占自然资源等不法行为，并及时报告虎豹公园管理部门；开展森林火灾、有害生物、自然灾害等方面的巡查，发现问题及时上报（图 5－2）。

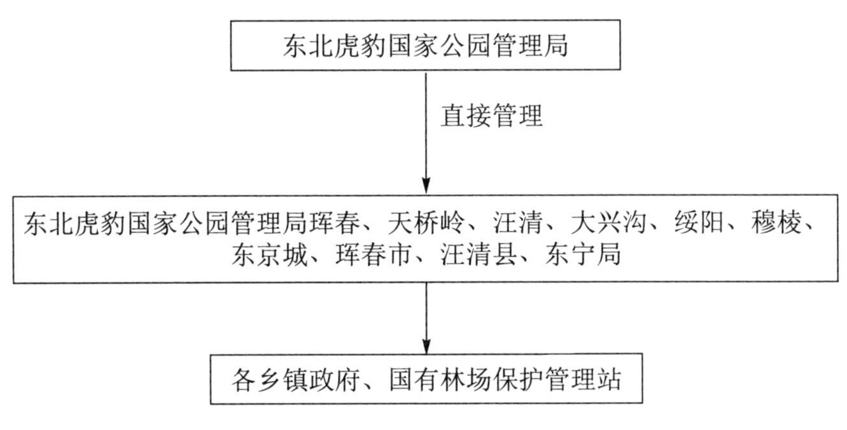

图 5－2 东北虎豹国家公园管理机构

(4) 东北虎豹管理模式的经验

东北虎豹国家公园整合各个管理机构和林场，实现了自然资源统一管理。同时下设保护管理站，通过保护管理站层面的责任分区管理，建成完善的虎豹公园保护管理网络。把每个管护人员的责任按沟系承包落实到山头地块，加强管护巡护。全面掌握虎豹公园的自然资源现状及存在问题，为制定和实施具有针对性的保护管理措施提供基础数据。

3. 神农架国家公园管理局组建及职责

(1) 整合组建管理机构

神农架国家公园管理局整合了原神农架国家级自然保护区管理局、大九湖国家湿地公园管理局、神农架国家地质公园管理局、神农架林区管理局（木鱼林场、徐家庄林场、下谷林站、九湖林站、庙坪林站；三堆河检查站、千家坪检查站、九冲检查站）、国家森林公园等机构，核定编制 279 个，实行整合人员达到 350 人（其中，原神农架国家级自然保护区 206 人，林业管理局 85 人，湿地局 59 人）。

(2) 优化机构设置

神农架国家公园管理局共设 14 个内设科室、3 个直属单位、1 个森林公安、4

个派出机构、18 个网格管护中心、14 个哨卡、4 个检查站，实现了“局—处—中心”三级扁平化管理体系，人员基本调配到位，实现了定岗定责定员。

（3）神农架管理模式的经验

一是体现了精简高效。整合成立国家公园管理局没有增加人员编制，全部划转原有管理机构的人员编制，也没有提升机构规格，2 个正县级机构整合为 1 个，减少了 17 个内设机构、2 个派出机构和直属单位，体现了精简、统一、效能的机构改革原则。

二是推进网格化、精细化管理。按照保护对象敏感度、濒危度、分布特征，构建科学的功能分区、管理分区和网格化管理有机结合的生态资源保护模式，设立四个管理处，推进扁平化管理。同时划分 17 个网格管理单元，制定统一的工作标准，落实每个网格的管理责任人员，建立管理、监督、考评机制。

4. 钱江源国家公园管理委员会组建及职责

（1）机构组建

将中共开化国家公园工作委员会、开化国家公园管理委员会分别更名为中共钱江源国家公园工作委员会、钱江源国家公园管理委员会，仍为衢州市委、市政府派出机构，分别与开化县委、县政府实行“两块牌子、一套班子”。钱江源管理委员会主要职责：负责制定试点区的各项管理制度；负责试点区内的自然、人文资源和自然环境的保护与运营管理，制定相关管理制度；组织开展有关资源调查并建立档案，组织生态环境监测，引导社区居民合理利用自然资源；组织开展游憩、科普宣教、科研合作和科学研究；组织实施试点区特许经营，提出试点区门票价格制定的政策建议；管理试点区保护、建设、科研、生态补偿、社会捐赠等各项经费，落实收支项目的信息公开工作；负责试点区的人事管理制度和人才队伍建设，管理护林员、解说员、志愿者队伍；组织开展与试点区相关的公益宣传、网络建设、业务培训、资源信息统计，以及国内外交流合作。

（2）内设机构

钱江源国家公园管委会内设综合办公室，主要负责协助领导处理日常事务，与相关部门的日常联系和协调工作，负责机关党群、财务和后期保障工作，推进和督促落实试点工作，承担钱江源国家公园体制试点实施工作领导小组日常工作和县委、县政府交办的其他事项。整合开化古田山国家级自然保护区管理局、开化钱江源省级风景名胜区管理委员会、开化钱江源国家森林公园管理委员会，设立钱江源国家公园生态资源保护中心，主要承担试点区自然资源资产运营管理、生态保护、特许经营、社会参与、科研教育和宣传推广等具体工作。

（3）人员配置

钱江源国家公园管委会设专职副主任 1 名、兼职副主任 1 名，较以前增加了 1 名副县级领导，领导力量得到了加强。钱江源国家公园管委会整合了试点区古田山国家级自然保护区管理局、县林场齐溪分场、钱江源省级风景名胜区管委会等现有机构编制资源，核定编制总数 70 名（管委会机关行政编制 6 名、保护中心事业单位编制64名），实行实体化统一管理运行。

(4) 钱江源管理模式的经验

钱江源国家公园党工委书记、管委会主任分别由县委书记、县长兼任，并筹备建立5个保护站，涉及4个乡镇，由乡长任保护站的站长，与地方政府的协调能力较强，能够较好地处理与社区发展之间的关系。

5. 南山国家公园管理局组建及职责

(1) 机构组建

整合南山风景名胜区管理处、金童山国家级自然保护区管理处、城步白云湖国家湿地公园管理处、两江峡谷国家森林公园管理处四个管理机构，成立湖南南山国家公园管理局，为公益一类事业单位，由省政府垂直管理，委托邵阳市政府代管。

(2) 主要职责

贯彻执行中央和省委、省政府关于国家公园体制试点有关方针政策，组织起草南山国家公园的有关规章制度；负责国家公园内自然资源资产的保护、管理和运营；负责公园范围内基础设施、公共服务设施的建设、管理和维护；负责公园范围内的各类保护地以及生物多样性保护；负责协调公园生态保护和建设重大事项，建立生态保护、建设引导机制和考核评价体系；组织实施国家公园特许经营；组织开展公园科研监测、社会参与和宣传推介工作；承担国家、省委、省政府、市委、市政府交办的其他事项。

(3) 南山管理模式的经验

湖南南山国家公园管理局党委书记由城步苗族自治县委书记兼任，可加强与地方政府的协调，能够较好地处理与社区发展之间的关系。

5.2.4 国家公园管理机构和职责

每个国家公园设立专门的管理机构，主要负责人由中央任命。国家公园管理机构履行国家公园范围内的自然资源资产管理职责，负责日常运行管理，依法保护自然资源和人文资源，完善保护设施，开展资源调查、巡护监测、科学研究、科普教育、游憩展示等工作，引导周边社区居民合理利用资源，监督管理国家公园内的特许经营活动，开展资源环境综合执法。

5.3 国家公园管理机构与地方政府的关系

我国已开展国家公园体制试点的区域或今后拟建的国家公园，均属地方政府行政范围，与当地社会经济发展密切相关，如何合理划定中央与地方事权，明确国家公园管理机构与地方政府关系，关系到国家公园体制能否顺利推进。要以合理划分中央和地方事权为基础，构建主体明确、责任清晰、相互配合的中央和地方协同管理体制。由中央直接行使全民所有自然资源所有权，地方政府要根据需要配合国家公园管理机构做好生态保护工作，由省级政府代理行使所有权的，中央政府要履行应有事权，加大指导和支持力度。

通过整理分析各试点管理机构的职责，及其与地方政府的关系，一些模式值得借鉴和推广。如三江源国家公园体制试点成立专职管理机构，地方政府仍承担生态保护的重要职责，管理局与地方党委政府干部交叉任职，县乡机构双重领导，更有利于工作的协调、衔接、配合，是管理体制的重大创新，要发挥好机制保障的作用。在东北虎豹、大熊猫、祁连山国家公园体制试点方案，以及神农架、武夷山等试点实施方案中，都明确要求合理划分国家公园管理机构与地方政府的管理职责，由国家公园管理机构履行国家公园范围内的自然资源管理、生态保护、特许经营、社会参与和宣传推介等职责，地方政府行使辖区（包括国家公园）经济社会发展综合协调、公共服务、社会管理和市场监管等职责。

5.4 国家公园的考核与责任追究制度

《党政领导干部生态环境损害责任追究办法（试行）》对于加强党政领导干部损害生态环境行为的责任追究，促进各级领导干部牢固树立尊重自然、顺应自然、保护自然的生态文明理念，增强各级领导干部保护生态环境、发展生态环境的责任意识和担当意识，推动生态环境领域的依法治理，不断推进社会主义生态文明建设，都具有十分重要的意义。建立国家公园体制作为我国生态文明制度建设的重要内容，完全适用于该办法。国家公园作为维护我国生态安全的重要节点和关键区域，应坚决杜绝各类破坏生态环境，偷排偷放污染物、偷捕盗猎野生动物等各类环境违法犯罪行为的发生。

为此，建立国家公园体制应建立并完善生态环境损害追究制度，必须重视预防、前移“关口”，避免生态环境损害行为的发生。以国家公园生态系统状况、环境质量监测数据为基础，建立生态系统状况、环境质量变化、生态制度执行等方面考核体系，完善生态系统保护成效考核评估制度，对领导干部实行自然资源资产离任审计和生态环境损害责任追究制。对违背国家公园保护管理要求，造成生态系统和资源环境严重破坏的要记录在案，依法依规严肃问责、终身追责（专栏 5－1）。

专栏 5－1 生态环境损害监管评估技术指南

为规范生态环境损害鉴定评估工作，原环境保护部组织制定了《生态环境损害鉴定评估技术指南 总纲》和《生态环境损害鉴定评估技术指南 损害调查》，规定了生态环境损害鉴定评估中损害调查的一般性原则、程序、内容和方法，适用于因污染环境或破坏生态导致的生态环境损害调查，可供开展生态环境损害鉴定评估有关工作中参照。

生态环境损害指因污染环境、破坏生态造成大气、地表水、地下水、土壤等环境要素和植物、动物、微生物等生物要素的不利改变，以及上述要素构成的生态系统功能的退化。

生态环境损害鉴定评估指鉴定评估机构按照规定的程序和方法，综合运用科学技术和专业知识，调查污染环境、破坏生态行为与生态环境损害情况，分析污染环境或破坏生态行为与生态环境损害间的因果关系，评估污染环境或破坏生态行为所致生态环境损害的范围和程度，确定生态环境恢复至基线并补偿期间损害的恢复措施，量化生态环境损害数额的过程。

第6章 国家公园的自然资源管理与监管

6.1 对国家公园自然资源管理的理解

6.1.1 自然资源与自然资源资产概念

自然资源是指天然存在、有使用价值、可提高人类当前和未来福利的自然环境要素的总和。党的十八届三中全会通过的《中共中央关于全面深化改革若干重大问题的决定》，扩大了自然资源范畴，不仅纳入了传统意义上投入经济活动的自然资源部分，如矿藏、森林、草原等，也包括作为生态系统和聚居环境的环境资源，如空气、水体、湿地等。自然资源可分为可再生资源、可更新自然资源和不可再生资源，具有可用性、整体性、变化性、空间分布不均匀性和区域性等特点，可划分为生物资源、农业资源、森林资源、国土资源、矿产资源、海洋资源、气候气象、水资源等。

自然资源管理是指以行政、法律、经济、技术等多种手段，以自然资源科学、持续利用为目的，对自然资源的保护、开发和利用进行规划、组织、指导、协调和监督的管理过程。

自然资源资产指国家、企业、自然人等特定主体从已经发生的事项取得或加以控制，能以货币、实物或其他量度计量，能带来未来效用的自然资源。自然资源资产管理是指特定机构对自然资源资产进行管理，履行自然资源资产保值增值的责任，建立和完善自然资源资产有偿使用和确权登记制度，制定自然资源资产保值增值考核指标体系、考核标准，通过调查、统计、稽核对所监管的自然资源管理责任主体的自然资源资产的保值增值情况进行监管。

自然资源与自然资源资产既有区别又有联系。在概念上，自然资源是在一定的时间和技术条件下，能够产生经济价值、提高人类当前和未来福利的自然环境因素的总称。自然资源资产属于自然资源，但并非所有的自然资源都可以资产化。考虑到资源的时空差异性，只有同时具有稀缺性、有用性和明确的所有权性三个条件的自然资源才能称为自然资源资产，这是对自然资源资产管理问题开展研究的一个前提条件。

自然资源管理与自然资源资产管理的关系可归纳如下：一是自然资源管理包含自然资源资产管理。从范围上看，自然资源管理对所有自然资源的开发和利用进行规划、组织、指导、协调和监督的过程，而自然资源资产管理仅包括对具有明确产权、稀缺的自然资源的管理。从内容上看，自然资源资产管理主要围绕产权各项权能的实现来开展，而自然资源管理则贯穿于资源管理各个环节。二是自然资源管理目标更全面。自然资源管理的目标在于合理开发和保护自然资源，实现经济、社会和生态效益最大化；而自然资源资产管理的主要目标在于保障所有者权益，实现资源保值增值，相比自然资源管理，其目标相对单一。三是自然资源管理与自然资源资产管理在实践中难以完全分开。自然资源资产管理的核心是产权管理，这一职能与资源管理中调查评价、权益维护等职能密不可分，很难划分出界限。

6.1.2 国家公园自然资源管理的特点

国家公园属于特定的自然资源保护区域，国家公园的自然资源不同于其他一般的物和财产，它具有资源和环境的双重属性，不仅具有经济价值，还具有生态价值。自然资源包括土地资源、矿产资源、水资源、森林资源等有形的物质资源，这些物质资源相互结合又形成了多元有形、无形的生态环境。国家公园等各类自然保护地的自然资源和自然资源资产管理很难分开，强制分开管理不利于自然资源的保护和可持续利用，还容易形成新的"九龙治水"、碎片化管理的局面。我国要建立国家公园体制，必须客观认识国家公园等各类自然保护地是所有自然资源的综合体，具有生态和经济双重属性。对其管理应从有形的物质资源入手，对自然资源和自然资源资产进行统一管理，从源头上开展保护与管控，最终实现自然资源可持续利用的根本目的。

6.1.3 国家公园自然资源权属

根据国家《宪法》的相关规定："矿藏、水流、森林、山岭、草原、荒地、滩涂等自然资源，都属于国家所有，即全民所有；由法律规定属于集体所有的森林和山岭、草原、荒地、滩涂除外。国家保障自然资源的合理利用，保护珍贵的动物和植物。禁止任何组织或者个人用任何手段侵占或者破坏自然资源"，自然资源有国家或集体所有的明确属性。但在实际运行过程中，国务院作为自然资源所有者代表的地位模糊，产权虚置或被弱化。由于产权主体模糊，所有者权益不落实，为了实现政府经济发展目标，资源管理机构既管理又经营，形成企业化的经营模式，甚至通过委托代理权、出让经营权等方式获取利润，将实际使用权和收益权让渡于开发主体，严重影响自然资源的公有性质。

因此，建立国家公园体制必须明确自然资源权属，强化产权主体。按照《生态文明体制改革总体方案》要求，要对国家公园范围内的自然资源进行统一确权登记，划清全民所有和集体所有之间的边界，划清不同集体所有者的边界。同时要明确中央政府与地方政府权责划分，确保重要的自然资源等作为战略资源由中央政府行使事权，并对集体所有土地进行有效管控。

6.1.4 国家公园自然资源确权登记

2016年，国土资源部、中央编办、财政部、环境保护部、水利部、农业部、国家林业局关于印发的《自然资源统一确权登记办法（试行）》（国土资发〔2016〕192号）中明确提出"以国家公园作为独立自然资源登记单元的，由登记机构会同国家公园管理机构或行业主管部门制定工作方案，依据土地利用现状调查（自然资源调查）成果、国家公园审批资料划定登记单元界线，收集整理用途管制、生态保护红线、公共管制及特殊保护规定或政策性文件，并开展登记单元内各类自然资源的调查，通过确权登记明确各类自然资源的种类、面积和所有权性质”。以国家公园作为独立的自然资源登记单元，开始统一的确权登记，有利于全面掌握国家公园自然资源本底情况并指导国家公园科学管理；有利于明确自然资源产权，划清全民所有自然资源与集体所有之间的界线，为下一步探索有效管控国家公园范围内所有自然资源奠定基础。

6.2 国外国家公园自然资源管理的主要特点

为有效保护和管理国家公园内重要生态系统和自然资源，大部分国家的国家公园土地等自然资源权属都是国有或联邦政府所有，即使含有私有土地也要通过赎买、捐赠、补偿协议等形式实现国有化或用途管制。美国国家公园的土地权属大部分为联邦政府所有，私有土地则通过联邦土地置换、政府购买等方式“国有化”。俄罗斯国家自然保护区、国家公园内的土地、水、矿产和动植物资源归国家使用（占有）。加拿大宪法规定国家公园的土地必须属于联邦政府所有，省属土地可通过协商，将土地所有权转交到联邦政府，对于私有土地则通过置换和购买达到对国家公园内土地权属的公有化。英国根据1949年制定颁布的《国家公园与乡土利用法》，将管理契约制度引入保护区的管理中，即在保护区建立前，管理部门应当与土地所有者或使用人就土地利用形式进行协商，要求土地所有者或使用人以符合自然保护要求的方式经营和管理土地，土地利用方式改变需经过公园或自然保护区管理部门核准方可执行。德国国家公园等自然保护地依据法律在联邦、州和社区公有土地上建立，区域内的私有土地可通过购买或补偿的形式纳入统一管理。非洲大部分国家的国家公园土地权属也是主要属于政府管理。日本国家公园的部分土地权属归国家所有，也有一部分私有土地也是通过购买、置换和用途管制与补偿协议获得土地管理权。

6.3 我国自然保护地自然资源权属现状与问题

目前，我国自然保护地土地等自然资源权属主要分为三种类型：一是全部为国家所有；二是国家所有和集体所有混合；三是全部为集体所有。由于我国在自然保护地建设初期采取抢救性保护的策略，关于自然资源权属的问题上关注不多，在自然保护地相关法律法规中并未对自然资源权属问题进行规定，以《土地管理法》为准。其中，《土地管理法》规定了“依法所确定的土地所有权和土地使用权，不因自然保护区的划定而改变”。

自然保护地的土地等自然资源权属不清，给管理带来了很多阻碍，如很多自然保护地由于绝大部分为集体土地，管理机构没有土地使用权，无法对范围内自然资源进行有效保护管理。一些自然保护地土地权属问题不清，造成了土地纠纷不断，甚至有自然保护地内土地被侵占的情况发生。有些国家公园体制试点区内还存在国家和集体土地争议区域和“一地两证”的情况，如北京长城国家公园体制试点区内国有与集体之间存在争议的土地有 1 000 多 hm^2，占试点区总面积的 18%左右；祁连山国家公园体制试点区存在“一地两证”的情况，即一个区域内既有土地证又有林权证。此外，集体土地被划入自然保护地进行严格管理，禁止林木采伐、林下经济发展等限制性生产活动，也给社区发展带来一定的影响。

6.4　构建国家公园自然资源管理体制

6.4.1　中央政府统一行使全民所有自然资源所有权

国家公园作为全国战略性自然资源，按照权责一致的原则，体现全民公益性，国家公园范围内的全民所有的自然资源所有权应由中央政府统一行使。但通过国家公园体制试点探索，在当前国情下，全国国家公园内自然资源全部交由中央政府直接管理的时机还不成熟。应充分发挥地方政府对国家公园所在区域熟识等优势，激发地方政府参加国家公园建设的积极性，因此在建立国家公园体制初期，统筹考虑自然生态系统功能重要程度、生态系统效应外溢性和管理效率等因素，采用中央垂直管理、中央与省级政府共同管理两种模式。其中，如跨省级行政区（如东北虎豹、大熊猫、祁连山）、生态功能重要亟须加强保护的（如三江源），可由中央政府直接行使自然资源管理职责。其他国家公园，可由中央政府委托授权，由省级政府代理行使全民所有的自然资源所有权，对国家公园进行管理，待条件成熟时，逐步过渡到统一由中央政府直接行使所有国家公园内全民所有的自然资源管理。

6.4.2　差别化管理集体所有的自然资源

为有效管理国家公园范围内的自然资源，除明确全民所有的自然资源由国家公园管理机构直接管理外，应对集体所有的自然资源进行严格管理，才能实现国家公园管理目标。

1. 集体土地管理之试点经验

《建立国家公园体制试点方案》中要求“对试点区内集体所有的土地及其附属资源，可通过征收、流转、出租、协议等方式，调整土地权属，明确土地用途”，各国家公园体制试点结合自身情况和特点，进行了一些探索和创新。

武夷山：武夷山国家公园将自然资源权属调整与功能分区及管理需求相结合，降低国家公园试点区内集体所有自然资源的比例。具体做法是：①特别保护区中的集体土地，试点期全部通过地役权实施管理。②严格控制区中的集体土地，已经实行了较为严格的保护管理措施。试点期间，进一步通过租赁，将位于原风景名胜区、遗迹保护区的旅游用地经营权转移到国家。③生态修复区中的集体土地，试点期通过征收，将位于九曲溪上游保护地带的部分人工商品林的所有权转变为国有；通过租赁，将位于原风景名胜区二级、三级保护区的旅游用地经营权转移到国家；其他集体土地通过地役权实施管理。④传统利用区中的集体土地，保持现有的所有权、经营权等权属不变，通过地役权对传统利用区的土地及其自然资源进行管理。

钱江源：钱江源国家公园拟对试点区集体所有土地及其附属资源，通过协议、股份合作等方式实现使用权流转，明确用途管制。总体目标是核心保护区内的所有土地实现国有权属，其中试点期将征收核心保护区古田山片区的集体林地，核心保护区剩余集体林地将在钱江源国家公园正式批复建设后3年内全部征收。计划核心保护区征收集体林地（29.85 km^2），按照每亩3.4万元的标准一次性征收，并对国家公园范围内其他集体林地按国家和浙江省标准进行补偿。

南山：南山试点在集体土地探索引进地役权的概念，在居民生产生活的集中区域的集体土地实行生态租地，通过由南山国家公园体制试点区管理机构与当地村民签订地役权协议取得集体土地的地役权，实现国家公园试点区各类自然资源的保护与游憩发展等目标。但在资源价值特别高或特别重要区域采取征收等方式将集体土地转国有化，纳入统一管理。

根据试点实施方案和试点探索，对集体土地按功能分区，结合征收、租赁、补偿、地役权等方式实行差别化管理，是比较可行的方法。

2. 非国有土地管理之国际经验

美国：为加强保护，美国国家公园可以对非国有土地进行收购，但要得到国会相关法案或总统公告的批准。在有必要收购土地时，主要使用拨款或捐款来收购土地，也可以采用交换、捐赠、折价购买和从公共领域转让或回收土地的方式，而当上述方法均行不通的时候，可以考虑征用的方法。

瑞典：瑞典的森林私有化比例非常高，全国约为一半以上的林地为私人所有。在瑞典建立国家公园时，主要选择国家所有的林地，但也有少部分采用向私有林地所有者长期租用的方式进行管理。对于有重要价值的森林、野生动物、湿地资源等，则由国家全资赎买后建立国家公园。

日本：日本国土面积狭小，土地利用多呈现复合性质。自然公园内私人领地占总面积的25.6%，国定公园内私人领地占39.7%。因此，采用地域制公园制度，能够超越土地所有权归属的限制，将需要保护的地域指定为国家公园。由于地域制公园内居住人口较多，产权、财权、产业、管理各类关系复杂，因此必须设计细致、全面的协作管理制度。为理顺这种关系，日本国家公园实施风景地保护协定和民有地购买措施，以确保管理权统一。

3. 国家公园内集体所有自然资源管理要求

国家公园内集体所有的自然资源，根据国家公园保护管理需要可依法予以征收，无法征收的要根据不同功能分区和保护要求实现差别化用途管制。重点保护区域的集体土地，应在充分征求其所有权人、承包权人的意见的基础上，优先通过租赁、置换等规范方式流转，由国家公园管理机构统一管理。其他功能分区的集体土地可通过合作协议等方式实现统一有效管理。

6.5 建立健全国家公园自然资源监管体制

建立健全国家公园监管体制是对国家公园实行更严格管理的有力保障，按照全面覆盖、全程监管、科技支撑、体系完善、有力有效的要求，构建国家公园行政监管和社会监督相结合的综合监管体系。

6.5.1 行政监管

《生态文明体制改革总体方案》提出完善自然资源监管体制，将分散在各部门的有关用途管制职责，逐步统一到一个部门，统一行使所有国土空间的用途管制职责。自然资源监管是行政机关基于行政权，依据法律法规和部门规章等，借助行政、经济等手段，对自然资源的开发、利用、修复和保护等事务直接实施组织、领导、统筹、协调和监督，从而维护社会公共利益。考虑以自然资源的利用和保护行为作为监管对象的针对性和直接性，自然资源监管者主体主要包括行政管理机构和行业督察，前者通过行政决策（规划、计划配置等）、行政执行（行政许可、行政审批、市场监管等）、行政执法（事后监督等），对自然资源的所有者和使用者的开发行为进行监管，确保自然资源的增值保值；后者从国家或行业层面对地方政府和下级部门的行为进行监督。

习近平总书记在党的十九大报告中提出："改革生态环境监管体制。加强对生态文明建设的总体设计和组织领导，设立国有自然资源资产管理和自然生态监管机构，完善生态环境管理制度，统一行使全民所有自然资源资产所有者职责，统一行使所有国土空间用途管制和生态保护修复职责，统一行使监管城乡各类污染排放和行政执法职责。构建国土空间开发保护制度，完善主体功能区配套政策，建立以国家公园为主体的自然保护地体系。坚决制止和惩处破坏生态环境行为。"为国家公园自然资源监管指明了方向。

6.5.2 社会监督

建立健全信息公开、政务公开、项目公示等制度，搭建公众参与平台，鼓励公民、民间组织、利益群体、媒体等参与到国家公园建设管理过程中。自觉接受社会监督，建立举报制度和权利保障机制，保障社会公众的知情权、监督权，不断提升国家公园的社会化管理水平。加强宣传报道，增强舆论监督，加强工程实施管理，严格实行项目法人制、招投标制、监理制和合同管理制，规范工程建设。加强党风廉政建设，强化审计监督。

第7章　建立国家公园资金保障机制

7.1　国外国家公园的资金机制

7.1.1　完全依赖政府财政的资金机制

德国

德国国家公园的收入主要是州政府的财政拨款，自营收入和社会捐赠资金很少。

德国有这样一种共识：保护国家公园内的国家自然遗产是各州的职责，德国国家公园经费机制是这种共识的结果。联邦政府既不为国家公园体系，也不为单一国家公园提供经费。国家公园的年预算经费是州议会批准的州预算的一部分，由每个州为其境内的国家公园提供经费。德国有两个跨州的国家公园，在这种情况下，相关的州签署协议共同承担国家公园资金。州提供的经费为保护地支出与保护地收入的差额。以波罗的海边的梅克伦堡—前波美尼亚州为例，2005—2014年，该州为这些保护地年均提供经费1 100万欧元，占州预算（年均72亿欧元）的0.15%，所占比例并不高。各州都有为国家公园提供充足资金的积极性，因为他们深信国家公园有益于整个民族。这种效益是双重的：一方面，保护了国家自然遗产，有助于实现国际目标，特别是生物多样性公约中提出的目标；另一方面，创造了当地开展自然旅游并因此为当地人增加收入的可能性。某些情况下，如果州政府能提供更多资金，国家公园管理局的地区发展和旅游发展工作会做得更好。

德国国家公园没有经济目标，收费收入很少。参观德国国家公园和大多数公园的游客中心是免费的。只有一些导游带队的旅游活动（导游都是经过培训和获得公园管理局颁发的许可证的当地人），游客需要付费。各公园的导游组织将部分收入交给公园，用于自然保护或环境教育。但这只占公园收入的很小一部分。尽管德国国家公园收费很少，但它们对所在地区的经济价值不容低估。德国国家公园游客量大约为每年5 100万人次，其中1 000万游客是冲着国家公园而来的。5 100万游客贡献的经济价值达21亿欧元，相当于69 000个全职工作岗位，换言之，每1 000万游客贡献4.3亿欧元和约14 000个全职工作岗位。旅游创造的工作岗位和收入是政府最看重的价值。国家公园是州政府对农村地区的经济投资。州政府每投入1欧元，会收入2～6欧元，投资回报率是2～6倍。

1992—2013年，德国联邦环境基金会为国家公园提供项目经费1 620万欧元，用于游客中心和儿童环境教育设施建设、研究项目，这种项目经费需由公园所在的州提供50%的配套资金。国家公园也有机会从欧盟的LIFE项目或INTERREG项目获得经费。大多数情况下，这类经费也需要国家公园提供50%的配套资金，配套资金为国家公园年度预算的1～2%。国家公园也获得一些赠款，但数额较小。

德国国家公园的资金支出主要为运营支出。每个国家公园的运营成本为年平均500万～600万欧元（从200万欧元到1 200万欧元不等），16个公园的总运营成本在每年8 000万～9 600万欧元。运营资金用于支付员工工资、公园设施建设维护、科研、游客教育与服务等。员工工资占预算的比例在不同国家公园之间差别很大，30%～50%不等，主要原因在于公园的员工数量不同。扣除员工工资部分后，其余预算的50%用于公园设施建设与维护（公园设施建设和维护在其他国家列为资本支出，本文以后者为准），50%用于开展科研、游客教育与服务。

7.1.2　以政府投入为主，其他收入方式辅之的资金机制

(1) 美国

美国国家公园的资金收入主要来源于联邦政府的财政拨款，少部分也来源于自营收入、社会捐赠，以及其他补偿性资金收入。

美国国家公园管理局是管理和保护美国国家公园的唯一机构。国家公园管理局的年度预算依据总统的预算请求，由国会在每个财政年度将资金拨入五个账户，分别为运营、建设、征地、休闲/保护、转移支付。每个账户每年的拨款额不同，这主要取决于总统向国会提交的预算请求。国家公园管理局2016财年的财政拨款总额为28.5亿美元。除了直接拨付到管理局预算账户的款项，美国运输部的公路信托基金也为管理局的道路、桥梁、游客转运系统提供拨款。公路信托基金的收入主要来源为机动车燃油税。联邦国土公路项目为管理局分配的资金年均超过1亿美元。

美国国家公园管理局的自营收入（收费收入）用于公园管理、运营及维护。这些资金全部存入国库，被称为“永久拨款”，即国家公园管理局可以保留这些资金直到用完，其使用不需要国会批准。《联邦陆地休闲改善法》赋予国家公园管理局收取休闲费的法律许可。休闲费项目包括：①休闲/游憩收入。收费收入中最大的一项。2016年该项收入约2.3亿美元。大部分收入来源于公园门票。门票收入的80%由收取的公园留用，用于设施维护和游客服务项目。其余的20%由管理局在全系统范围内进行竞争性分配，主要分配给那些不收费的公园，支持其设施维护和游客服务项目。②特许经营费。收费收入中第二大收入来源，是由游客服务特许经营商向管理局缴纳的年费。2016年，管理局的特许经营费收入总额大约为0.97亿美元。每个特许经营商除了向管理局中心账户缴纳特许经营费，还要向一个特许经营改善账户缴纳费用，用于特许经营商所在公园的重大基建项目。2016年，这个账户收入大约为900万美元。特许经营费收入存入管理局在国库的中心账户，用于改善公园的游客服务项目。③其他。管理局还有其他永久增值账户，包括营房账户、公园建筑物租赁基金、商业拍摄使用费账户等。营房账户是在国家公园里面工作的员工所缴纳的房租。2014年该项目收入约为2 400万美元。管理局可以将一些不用于公园用途，但属于历史建筑和其他原因应当由其保留的建筑物出租给私人，并为此设立公园建筑物租赁基金。2014年该项收入约为780万美元。管理局2014年商业拍摄使用费

收入为 140 万美元。营房账户和建筑物租赁基金收入用于公园设施维护，而商业拍摄使用费收入用于公园解说。

美国国家公园管理局设立了一个强有力的私人慈善项目，近年来，在国家以及各地非盈利合作组织的共同努力下，该项目每年筹集到约 2.3 亿美元。国家层面的捐赠和慈善活动由国家公园基金会管理，该基金会于 1970 年由美国国会特许设立为管理局的私人资金募集部。在公园层面，每个公园都得到一个非盈利合作协会的支持。

在美国其他补偿性收入主要体现为环境补偿金。针对给公园体系内的资源造成损失和损害的行为，美国通过了 4 部联邦法律，允许国家公园管理局及其他部门收取民事损害赔偿金。这 4 部法律是《环境反应、补偿和责任综合法》《石油污染法》《联邦水体污染防治法》《公园体系资源保护法》。前 3 部法主要针对有害物质对公园自然资源造成的损害，第 4 部法则涵盖所有的公园资源，包括历史和文化资源。上述 4 部联邦法律允许管理局申索民事损害赔款，以支付事故应急反应、评估和确定资源损害、修复资源和游客服务设施等所需的费用。墨西哥湾深水石油渗漏事故赔偿是最近的一个环境补偿例子。该事故全面的灾害评估仍在进行中，但因为对海湾岛屿的国家海岸公园以及 Jean Lafitte 国家历史公园造成了环境影响，（肇事方）到目前为止已向国家公园管理局支付约 3 000 万美元的损害赔偿。

美国国家公园的支出主要为公园管理局的运营支出，同时也包含少部分的资本支出和转移支付。

依据总统的预算请求，美国国家公园管理局的年度预算由国会拨入 5 个账户，分别为运营、建设、征地、休闲/保护、对下转移支付。如前所述，因总统向国会提交的预算请求不同，每个账户每年的拨款额不同。国家公园管理局 2016 年的财政拨款总额为 28.5 亿美元，其中：运营费为 23.7 亿美元，建设费为 1.929 亿美元，征地费为 0.637 亿美元，休闲/保护费为 0.626 亿美元，对下转移支付为 1.754 亿美元。运营支出占财政拨款总额的 85%。用于支付员工工资以及资源管理和研究、设施维护、游客教育和其他服务支出。年度预算编列到每个公园，列出了将拨付每个公园的具体资金量。运营费账户的这一特点，以及国会很少改变管理局为每个公园提出的拨款请求，是管理局预算过程的特殊优势，确保每个公园每年的运营资金维持在能够支付人员开支、实施年度维护和其他项目的基本水平。

在美国，资本支出包括预算中的建设账户和征地账户。建设账户按每个新建设施以及大型维护或更新改造项目逐项编列。十多年前，国家公园管理局对所有公园设施进行了一次全面调查编目，评估每个设施的状况，确定其生命周期内的维护费用，并对所有设施进行了排序以确定资金支出的优先顺序。国家公园管理局依据每条公园道路及步行道、每幢建筑、每个公用设施的评估状况，为其建立了设施状况指数（FCI）编码，或者为设施的某个部件或部分建立编码。国家公园管理局也依据每个公园设施的安全性、游客感受满意度、历史意义或其他价值的重要性，对其进行资产优先指数（API）排序。FCI 和 API 为国家公园管理局合理配置有限的维修经费提供参考。征地账户是国会为特定的土地赎买而安排的拨款，由国家公园管理局提出并列入其年度预算。国家公园管理局仅限于赎买公园授权法所设定的公园边界范围内的土地。征地款来源于水土保持基金，该基金是一个美国国库专用账户，其资金来源于租赁美国外大陆架开采油气的公司所缴纳的特许费。国会根据每个联邦土地管理机构的申请，每年把用于购地的水土保持基金资金直接拨给这些机构，并指明要购买的地块。

美国国会根据每个土地管理机构的使命，把用于对下支付的水土保持基金资金一次性拨给国家公园管理局、渔业与野生动物管理局和林务局。对下转移支付是管理局向其他实体支付的与国家公园项目相关的资金，转移支付的对象主要是州政府和地方政府。这些转移支付资金可能采取竞争性方式分配，如美国战场保护项目、美籍日裔集中营遗址项目的资金分配，也可能按法定的公式进行分配，如水土保持基金给各州和部族文物保护办公室提供的援助资金和历史保护基金。

(2) 俄罗斯

俄罗斯国家公园的收入主要是来自于联邦政府财政拨款和自营收入，以及少量的社会捐赠资金。

俄罗斯国家公园资金列入俄罗斯联邦预算代码。根据联邦预算法，资金在财政年度和规划期内按预算范围使用。国家预算用于开展《国家级自然保护地发展概念2012—2020年》设计的活动，包括：建立自然保护地体系（包括建立新的国家公园和扩大已建立的国家公园面积）；保护生物和景观多样性；发展环境教育和旅游；开展保护地体系发展领域的国际合作；制定保护地监管框架、研究、培训和其他支持措施。过去15年间，联邦预算资金的数额显著增加，从2000年的5 898万卢布增加到2014年的36.448亿卢布。联邦预算中的国家资金用于政府合同补贴、环境保护补贴、其他补贴和基本建设预算内投资补贴等。应该指出的是，国家公园预算投资的大幅度增加，与公园游客和教育设施（游客中心、博物馆、自然教育步道、观景平台、游客基础设施）的大规模建设有关。通过这种大规模投资，在国家公园创造了便利的休闲和旅游环境，国家公园的游客量在过去15年内增加了6倍。2003—2013年，联邦预算资金占国家公园的总经费的比例增加了近一倍，从45.1%上升到82.6%。除联邦预算资金外，还有地区有当地预算资金，但该项资金占比较少，从2003年的15.1%下降到2013年的0.1%。

自营收入占俄罗斯国家公园收入的比例较高。2003年曾达到35.3%，近年来稳定在15%左右。自营收入项目包括：罚款和诉讼罚没、损害自然复合体的自愿补偿金、木材和木质产品销售收入、土地出租租金、门票收入、酒店和停车场收入、自然博物馆门票收入、交通设施收入、钓鱼许可费、体育和狩猎收费、休闲资源设施使用费、纪念品和印刷品销售收入、固定资产出租收入、科研服务合同项目收入、农产品销售收入、育种中心和农场收入、环境活动和夏令营收入、其他收入等。从2015年来看，门票收入、木材和木质产品销售收入、土地出租租金、交通设施收入占比较高。其中，收入最高的项目是门票收入，占自营收入的比重达到35.6%。

赠款占国家公园总预算的比重不高。赠款来源有两种：一是国际赠款。2013年、2014年接受国际赠款分别为5 010万卢布、2 890万卢布。主要捐赠者是世界自然基金会（WWF）俄罗斯办事处、全球环境基金及其经办机构 UNDP。国际赠款一直在减少，不过，这不会影响国家公园的福祉，因为国际赠款占国家公园总预算的比例微乎其微。二是俄罗斯人捐赠。2013 年、2014 年俄罗斯捐赠人捐款分别为 2 120万卢布、2 590 万卢布，主要捐助者是非营利组织（俄罗斯地理学会、非盈利资助组织——“猛虎”）、产业、银行和个人。

俄罗斯国家公园的经费支出分为两大类。一是经营支出。经营成本（预算支出）保障国家公园管理局的正常运转，用于国家公园人员工资和其他劳动报酬；公务旅行费用；交通设备维护、燃料和润滑剂、备件等的费用；制衣设备和制服的费用；维修工程费；各种服务费（通信、交通运输、公用事业、物业租赁、物业维修、其他服务）；社会保障（保险金等社会福利）；耗材采购；其他费用等。二是资本支出。资本支出用于创新的投资活动，包括：基本建设、固定资产维护、购买昂贵的硬件、购买土地和无形资产。

(3) 巴西

巴西国家公园的收入主要来自于四个方面：财政拨款、自营收入、社会捐赠以及补偿性资金。

巴西国家公园由其奇科·蒙德斯生物多样性保护研究院（ICMBio）管理，它与环境部有关联，拥有独立的管理和预算，不是联邦政府的下属机构，负责实施联邦政府职责范围内的国家保护地政策，并与由联邦政府建立的保护地所开展的计划、实施、管理、保护、监测和监督工作紧密关联。ICMBio 与其自然保护地的运营费用主要来源于年度国会预算，由隶属于国会的规划和财政部来负责具体的拨款操作。在过去的五年里，ICMBio 的预算保持稳定，换算成美元（用每年的汇率换算）略减少。由于国家面临的经济形势困难和当地货币贬值，2016 年的预算有较大减少（换算成美元减少更多）。

2015 年 ICMBio 的收入共计约 2 900 万美元（通过当年的平均汇率换算），相当于当年总支出的 16.5%。在这些收入中，59%来自于国家公园对游客收取的各种费用，包括门票、特许经营费和各种服务费。其他比较重要的资金来源主要有环境执照和由其衍生出来的各种资金收入，比如，因在国家公园里开矿对本地植物产生了负面影响而收取的费用。

巴西捐赠资金的成功案例是亚马逊保护区项目（ARPA）。该项目分步实施，捐赠者包括全球环境基金会、世界自然基金会、德国政府和世界银行、FUNBIO（最初为热图利奥·瓦加斯基金会下的非政府组织）等。此外，全球环境基金、巴西的友好国家、美国政府等，也为巴西的其他几个生态保护项目提供了捐赠。

在巴西补偿性资金同美国一样，也体现为环境补偿金。2000 年出台的建立国家自然保护地体系的法律要求大型企业对环境产生重要影响的工程和活动负责，具体为大型企业用来修复环境的资金应与对环境的破坏相匹配，并且不能低于总工程资金支出的 0.5%。这项机制虽然有不足（对于环境破坏的计算和补偿费用的计算具有主观性），但仍然实施得比较合理。2005 年，在联邦政府的监管下通过中央政府、州政府和当地管理部门一共筹集了 3 亿美元（通过每年的平均汇率换算），其中

2.3 亿美元流入了国家公园及其他的政府保护区，对相关保护和发展区域产生了至关重要的影响。

巴西国家公园资金的支出主要用于运营费用。运营费用主要来源于年度的国会预算，由隶属于国会的规划和财政部来负责具体的拨款操作。最大的支出项是员工的工资，其次是机构的运营费用。此外，巴西国家公园与其他严格保护区在使用资金时需要满足法律中的以下条件：25%～50%的资金必须用于自然保护地自身的运营和维持；25%～50%的资金必须用于确保该自然保护地的土地所有权的合法化；25%～50%的资金必须用于自然保护地的运营和维持。这里的第一、三项属于运营支出，第二项属于资本支出。巴西有极少部分支出用于投资，如环境补偿费用和一些特殊项目，这方面资金完全依赖于财政资金。巴西国家公园与其他严格保护区在使用资金时需要满足法律中的以下条件：25%～50%的资金必须用于确保自然保护地的土地所有权的合法化。

(4) 南非

南非国家公园的收入主要来自于四个方面：财政拨款、自营收入、社会捐赠以及补偿性资金。

南非保护地的形式多样，这些保护地属于不同的监管体系。国家级保护区由国家级机关管理，比如南非国家公园局（SANParks）；省级保护区由省级机关管理，比如省级保护管理机构或环保部门管理；当地保护区由市政府管理。就保护预算而言，多数保护地管理机构预算的 75%是由财政拨款。省级保护地资金来自于省级预算，这项资金来源于国会在每年颁布的税收专区法案中的资金公平分享机制。

南非国家公园管理局的自营收入占其总体收入的比例较大。旅游业是收入的主要来源。其中，住宿是旅游业的主要收入来源，其他旅游收入来自驾驶费、步道费和其他一些旅游相关活动费用。收入的第二个重要来源是收取的保护费用和公园门票，仅 2014 年就达到 3.52 亿兰特。第三大收入来源是国家公园管理局通卡（Wild Card）的发放。国家公园的游客可以通过使用通卡享受一定的折扣优惠，而事实也证明通卡非常受游客的欢迎。此外，零售业务在 2014 年也为南非国家公园带来了 2.38 亿兰特的收入，主要是对加油站、一部分商店和餐馆的收费。此外，特许经营平价店和公私伙伴关系也为公园带来了 8 550 万兰特的收入。

在 2017 年，南非国家公园管理局收到的捐款达到 1 250 万兰特。没有明确目标的捐款一般用于支持运营支出，形成国家公园管理局保护资金的一部分。用于保护功能的私有资金多来源于商业和慈善基金会，以及非政府组织、保护信托基金（CTF）和个人（拥有高净资产的个人）。近几十年私人捐赠的比例大幅增加，主要归因于公众意识的提升和社会团体的倡导。

南非已经就生态系统服务付费（PES）进行了相关探索。这些计划试图使人们认识到保护地内生态系统提供服务的内在价值，或通过可持续土地利用管理提高价值，旨在恢复正在退化的土地和水域的生态系统功能。

南非国家公园的资金支出也包括运营支出和资本支出两类。

南非国家公园管理局每年要花大约 25 亿兰特的维护费来促进保护地的健康发

展。南非国家公园管理局的年度预算中，大约有67%的费用直接用于保护地的保护活动，相当于每公顷的维护费为600兰特。运营支出包括员工工资和运营支出。南非国家公园管理局对员工的支出（包括管理局和国家公园）超过了总预算的1/3。2014年、2015年该项支出分别占总支出的39.4%、34.7%。在管理机构即国家公园管理局这个层面而言，人力资源是最大的单项支出，其预算占总额的60%。2014年、2015年，运营支出占总支出的比例分别为49.6%、54.8%。运营支出项目包括：评估比率和市政收费、审计人员酬劳、银行手续费、专业咨询费用、耗材、保险、IT费用、机动车辆费用、促销、软件费用、生活津贴、电话和传真、其他营业费用、特殊项目费用、零售业务成本等。其中，特殊项目费用占总额的比例最高，很大程度上是由于公共工程项目资金的支出创造了就业机会。

南非国家公园资本支出项目包括：折旧及分期债务偿还、经营租赁、修理和维护等。2014年、2015年，资本支出占总支出的比重分别为10.9%、10.4%。经营租赁的大量支出是由于南非国家公园管理局将他们的整个车队运营管理进行外包产生的。

7.2 我国自然保护地资金机制的现状及存在问题

7.2.1 自然保护地资金结构与使用状况分析

我国现存的各类自然保护地，由于分管部门不同，资金投入机制存在一定区别。资金来源有以下三个方面：一是财政投入，主要指中央和地方各级政府的财政投资，中央财政资金主要以相关专项资金等形式投入，但数量有限，大多数自然保护地的资金来源于地方政府，地方财政资金主要以项目投入或配套资金等形式投入；二是社会支持，主要来自国外资助包括联合国有关机构、自然保护国际组织、多边和双边援助机构、国外民间及个人对我国自然保护区的各项资助和科技合作；三是经营收入，主要指以自然保护地一种或多种资源为基础开展的多种经营创收和有关服务收费。

从资金运用上看，通常是保护地所在的地方政府通过市（县）预算安排保护区的基本支出（包括人员支出和日常公用支出），而中央和省级各部门的专项转移支付资金则用于森林病虫害防治、森林火险监测、信息化建设、聘用巡护人员、保护区的基本建设等项目支出。门票、特许权经营费收入在保护区与地方政府按一定比例分成后，被用于保护区的旅游设施建造和维护以及弥补其他资金的不足。水资源费和探矿权、采矿权使用费分成收入则被用于植被恢复、水源保护等项目。事实上，上述资金来源和运用关系在不同的保护地之间存在着很大差异，不能一概而论。

7.2.2 存在的问题

虽然我国自然保护地资金来源有上述多方面，但作为公益性事业，我国的自然保护地资金投入机制仍存在诸多问题。一是资金总量不足，缺乏稳定的资金投入机制。从理论上看，我国自然保护地有来自财政、社会和市场经营等多个渠道，但事实上，我国自然保护地的经费大多没有稳定和充足的来源，事业费拨款主要来自主管部门和地方政府，缺乏应有的资金投入，只能维持职工的基本工资，许多保护地一直处在自养的状态。二是资金投入和使用结构不合理。目前自然保护地资金投入侧重保护区旅游投资，而对基建费和运行费投入较少，忽视保护区保护管理投资。同时资金支出结构也不合理，存在基础设施建设优先于保护管理的现象。例如，在保护地各项经费支出中，基础建设、人员工资、办公事业费占比较大，保护性和社区方面的支出占比较少，且呈下降趋势。三是为了获得运行经费，过度利用自然资源。一些自然保护地由于缺乏足额有效的资金投入，必须通过经营收入补贴保护和管理经费，管理机构既是管理者又是经营者，常常将工作重点放在开发利用而不是保护上，甚至以保护为名，行开发之实。

7.3　国家公园体制试点的资金保障机制

武夷山国家公园整理了不同的筹资和用资机制，设计了符合生态文明方案和试点方案的资金机制，包括：①财政渠道。根据财政学原理给出事权划分的依据，结合武夷山国家公园以及周边社区的具体管理需求对事权进行细分，并在此基础上测算武夷山国家公园资金需求以及中央政府和地方政府分别承担的比例。②市场渠道。给出符合保护要求并能体现全民公益性的国家公园产品品牌增值体系，既形成财政渠道的补充渠道，也使国家公园能带动周边区域实现绿色发展。

1. 武夷山国家公园的筹资渠道

试点期间，保持原有的筹资机制，即财政渠道和其他渠道共同构成资金来源。财政渠道包括转移支付、政府购买服务和各类生态补偿资金等，其余自筹。财政资金用于公益性支出，其他资金（如经营收入等）主要用于财政预算之外的项目，并反哺保护。随着试点的工作进展，制订与相关事权对应的筹资和用资机制，在细化保护需求的基础上，部分地区建立有针对性的地役权制度试点，从而达到用有限的资金高效保护的目的。此外，还要规范和拓展市场渠道，构建以国家公园产品品牌增值体系为主的特许经营机制。建立多渠道的资金投入机制；建立多样化的、合理的生态补偿机制。最后，在国家公园内部建立收支两条线。财政拨款、经营所得收入及社会投资收入存入收入资金账户。资金需用于国家公园的维护管理、生态保护工作、环境教育、游客管理等专项，使用时需要提前提交申请，并由监督机构全面监督。

国家公园建成后，在试点期的基础上，根据事权划分的结果，测算资金的需求以及中央和地方承担的比例。要健全公共财政体系，从中央层面进行协调，对财政资金进行统一调整。要调整支出结构，加大投入力度，着力构建财政支持公益事业发展的长效机制，构建以高层政府事权为主的财政渠道，体现国家公园全民公益性和公众性两个核心内涵，避免过度经营*。具体筹资渠道见表7-1。

---

* 中国国家公园体制建设政策研究——以福建武夷山国家公园体制试点区为例，内部资料。

表 7-1 国家公园筹资渠道及具体内容

筹资渠道		具体内容
财政渠道	中央财政	中央政府财政投资，如林业国家级自然保护区补助资金
	地方财政	地方政府财政投资，如省财政资源管护资金
	其他补助	贷款贴息
市场渠道	门票收入	收取游客的游览费用，如风景名胜区 2 日游门票
	其他经营（不包括门票）	营利性社会力量通过特许或承包经营等方式直接或与自然保护地共同开展经营创收活动，如武夷山旅游（集团）公司竹筏专营权
	融资	银行贷款等，如世界遗产二期拆迁安置费
	自然资源有偿使用费	管理机构自身开展经营创收活动和有关服务收费，如风景名胜区内集体土地有偿使用费
	国家公园产品品牌增值体系	以特色产业等为主要产品的国家公园品牌产品
社会渠道	国外政策性贷款	—
	基金会捐赠	—
	企业捐赠或对保护地捐资共管	—
	其他形式的捐赠	—

2. 武夷山国家公园的用资渠道

武夷山国家公园的资金支出从用途而言，主要分为人员工资、建设管理费和补偿费。

（1）人员工资

国家公园体制的用资渠道中，人员工资是重要的支出项目。它主要包括对国家公园管理机构编制内员工和临时聘用人员的工资、津贴、补贴、奖金以及社保等福利开支。其中编制内的管理人员的工资是重点。由于国家公园是公益事业单位，因此其在管理单位体制确定的时候（“三定”方案中），会明确具体的人员编制数目、机构性质（确定管理国家公园的政府级别、单位类型等），而结合国家/本省人员工资标准（岗位工资和其他相关福利），即可得到人员工资。其中，中央直管的国家公园，人员工资由中央财政拨款，而各省直管的编制下，则由省级财政拨款。

（2）建设管理费

一般来说国家公园的建设管理费，包括“自然和文化资源核心保护活动”“国家公园运行维护管理”“基础设施建设”以及“国家公园展览、活动规划和宣传”四个方面。具体而言，国家公园应当按照相关保护规定完成基础设施建设，配备相应的管理设备并开展基本管护活动，并在相应功能区根据法定区划进行相应保护和利用。

对国家公园而言，产生的费用主要用于“保护”“发展”和“全民公享”三个方面，包括：资源调查和巡护、资源状况和游客容量监测、环境修复和物种繁育、基础设施建立和维护、基本游览服务设施的修缮和维护、科普宣教项目、设施的规划实现、带动地方发展的国家公园产品品牌增值体系等。建设管理费和国家公园的事权有直接的对应关系。

(3) 补偿费

补偿费，主要是依据土地所有权和自然资源经营情况对国家公园内和周边受到管理需求影响的居民进行补偿。武夷山国家公园内现有各类保护地主要涉及山林有偿使用费和生态公益林补助，而未来涉及土地利用方式调整可能会出现新的方式，如租赁和赎买，以及地役权制度的引入*。

3. 武夷山国家公园试点区财政体制方案

2017年1月，福建省财政厅印发了《武夷山国家公园试点区财政体制方案》(以下简称《方案》)。《方案》中制定了武夷山国家公园试点区财政体制制定的基本原则，包括：

(1) 财政体制与管理体制相匹配的原则。根据《国家发展和改革委关于武夷山国家公园体制试点实施方案的复函》和省政府专题会议纪要精神，新成立的武夷山国家公园管理局由省政府垂直管理，主要承担国家公园自然资源管理、生态保护、规划建设管控、特许经营等行政职能，试行管理权与经营权相分离，景区运营权和经营权归属武夷山市。由此，试点区内企业包括武夷山市属国有企业管理权与税收等按属地原则，归属武夷山市本级财政，各项税收、国有企业资本经营收益仍然作为武夷山市财政收入，确保试点区财政体制方案既有利于促进武夷山国家公园健康发展，又保证武夷山市既得利益不因国家公园试点而降低，以充分调动各方积极性。

(2) 财政与事权相一致的原则。试点区内涉及的乡镇、村现有财政体制不变，仍按行政关系归属相关县（市、区）管理，各项民生支出等由所属县（市、区）负责承担。原景区管委会承担的景区维护、绿化、宣传等经费及其对有关乡镇、村的补助支出等相应的支出责任统一由武夷山市负责。

《方案》的主要内容包括：

(1) 从2017年起，武夷山国家公园作为省本级的一级预算单位管理，预决算并入省本级编报。

(2) 根据省编办核定的单位性质和编制人数，相应核定人员经费和公用经费、基本支出和专项支出列入武夷山国家公园部门预算管理。

(3) 试点区内原属风景名胜区管理委员会的风景名胜区门票收入、竹筏和观光车等特许专营权收入、资源保护费收入等相关收入作为省本级收入。各项收入应严格按照国家和省里有关政策规定纳入预算管理，直接上缴省级财政。

---

* 中国国家公园体制建设政策研究——以福建武夷山国家公园体制试点区为例，内部资料。

（4）从2017年起，调减武夷山市财政收入基数11 469万元，调减武夷山市财政支出基数3 936万元，相应调减其体制补助差数7 533万元*。

7.4 关于构建国家公园资金机制的建议

7.4.1 建立资金保障机制

1. 建立国家公园财政专项资金

建立以中央财政投入为主，地方财政辅之的国家公园专项资金机制，以保障国家公园所需运营和维护资金，保障国家公园的保护、规划建设管理以及基础设施、公用服务设施建设费用。

2. 创新国家公园经营性收入

国家公园可通过交易、收费的方式提供相应价值和服务，从而获得收益，但应强调公益性是国家公园的第一属性，其经营能力有限。一是门票收入。门票收入对国家公园经费起贴补作用，其管理应采取收支两条线，用途只可用于国家公园的生态保护和管理。二是有偿生态服务交易。国家公园可通过有偿提供碳汇、调节气候、文化输出等生态服务获取部分收益。

3. 探索多元化投融资模式

随着社会环保意识的逐步增强，一些非政府组织和机构已经开始介入生态保护。借鉴国际经验，立足国情，积极探索多元化投融资模式。一是建立国家公园基金委员会，对国家公园所吸纳的捐赠款以及投资收入进行统一管理。二是公开公益资金的使用过程，及时评估其使用成效。三是加大国家公园宣传力度，动员社会公众关注国家公园，使之成为利益相关者，进而自觉自愿为公益捐赠。四是提高官方（半官方）公益机构的公信力。五是发行生态彩票、PPP项目融资、金融融资等方式，筹集生态建设资金。

7.4.2 明确资金支出类型

国家公园资金支出应主要用于国家公园人员经费、运行经费、调查规划、资源保护、设施建设、生态移民、专项经费、生态补偿、科学研究、宣传教育、社区发展等。国家公园在每年度初应就上述项目费用进行成本预算。

明确划分中央与地方财政事权与支出责任。其中，人员经费、运行经费应由国家财政负责保障；调查规划、资源保护、生态移民、生态补偿、社区发展应由国家和地方财政根据事权和支出责任共同负担；基础设施建设、宣传教育、科学研究等

---

* 武夷山国家公园体制试点区财政体制方案，福建省文件。

方面的资金，在财政支出的前提下，门票与商业活动、社会捐赠、融资贷款等资金来源可作为有益的补充；保护相关的经费与专项基金需做到专款专用，不能随意挪用于其他目的*。

7.4.3　构建高效的资金使用机制

1. 财务管理制度

建立预决算管理制度、会计核算制度、现金管理制度、结算管理制度、基本支出管理制度、项目资金支出管理制度、政府采购管理制度、财务内部控制制度等系列管理制度。

2. 资金台账制度

建立资金台账制度，明细记录国家公园资金收入、支出情况。收入主要包括财政拨款、经营性收入、社会捐赠及融资等。实行收支两条线管理，国家公园门票等预算收入按照国库集中收缴制度规定上缴财政，预算支出实行国库集中支付。单位账户开立按照国家账户管理有关规定执行。

3. 资金报账制度

统一采用资金报账制度，对资金的来源、使用、节余及使用效率、成本控制、利益分配等做出详细计划，如实提供完整的财务账目、凭证、报表和相关资料。有关领导和财务人员要严格把关，杜绝不合理的支出入账，保障资金充分合理的使用。

4. 专项资金管理制度

加强和规范专项资金管理，保障财政资金安全，提高财政资金使用效益，规范使用财政资金。专项资金应当纳入预算进行管理，实行科学民主决策、公开透明运行、绩效考评和责任追究制度。

5. 资金审计和监督

建立健全外部财务监督和内部财务约束相结合的监督机制，把国家公园各项财务活动纳入法制化轨道。内部设立资金使用管理监督部门，负责对资金使用情况的核查、审计和监督工作。通过对预算编制和执行过程中财政法规、政策贯彻情况以及资金运用和管理过程的监督，认真分析考核财务状况、建设成果以及资金变动情况。外部建立第三方监督机制，加强社会投资或捐赠的管理，坚持公开、公正、透明、高效的资金使用原则。加强国家公园资金信息公开，每年向社会公开国家公园的预算计划和年终财务报告。针对社区的补偿性资金也要向居民公开补偿依据和标准。

---

* 中国国家公园体制建设指南，内部资料。

6. 完善法律制度

制定法律法规，完善资金保障机制。在制定国家公园相关法律时，明确界定国家公园资金投入、资金使用，以及资金总量测算方法等。对经费不到位、经费使用不当等情况，制定相应的奖惩办法。

第 8 章　国家公园的法律法规和标准规范

8.1　国家公园等自然保护地的法律法规

国家公园在我国属于新生事物，目前没有相关的法律法规规范其运营管理，只有自然保护区、风景名胜区、森林公园、地质公园等自然保护地已有法律法规规范。因此，为确保国家公园体制改革基本任务的顺利完成，需借鉴国际经验，构建完备的国家公园法律制度。

8.1.1　我国自然保护地法律法规现状

1. 各类自然保护地立法概况

（1）自然保护区

我国自然保护区的法律法规主要为国务院颁布的行政法规、其他相关职能部门颁发的行政规章和地方性法规。我国自然保护区管理的行政法规主要是指《中华人民共和国自然保护区条例》。为了加强自然保护区的建设和管理，1994 年 10 月 9 日，国务院第 67 号令发布了《中华人民共和国自然保护区条例》（以下简称《条例》），并于同年 12 月 1 日起实施。该《条例》共分为 5 章 44 条，从不同的角度对自然保护区管理作了全面规定，是我国有史以来第一项关于自然保护区管理专门性的行政法规。具体内容包括：确定了自然保护区的概念及其法律地位；规范了自然保护区的设立、建设和管理；将自然保护区发展规划纳入国民经济和社会发展规划，保证自然保护区的有序发展；建立综合管理与分工负责的管理体制，规定了环保部门综合管理和林业、农业、国土资源、海洋等行政主管部门分部门管理相结合的管理体制；规范了自然保护区的建立程序；采用“人与生物圈保护区”的管理方式，对自然保护区进行分功能区管理；初步建立了自然保护区经费渠道，逐步增加对自然保护区的投入；规定了有关违法行为的法律责任等。

《森林和野生动物类型自然保护区管理办法》（1985）、《水生动植物自然保护区管理办法》（1997）、《海洋自然保护区管理办法》（1995）、《自然保护区土地管理办法》（1995）、《地质遗迹保护管理规定》（1995）等部门规章也对自然保护区管理进行了相关规定。

除上述行政法规及部门规章外，我国山西、内蒙古、辽宁等 27 个省（区、市）人大或人民政府依据《条例》及其他法规制定了本地区的自然保护区条例或管理办法，以规范本地区的自然保护区建设和管理。这些地方性法规在自然保护区建设、管理中发挥了重要的作用。

(2) 风景名胜区

目前，我国关于风景名胜区保护最基本的法律规范是国务院在2006年颁布的《风景名胜区条例》。此外，国务院颁发的现行有效的规范性文件有《国务院办公厅转发建设部关于加强风景名胜区工作报告的通知》(1992)、《国务院办公厅关于加强风景名胜区保护管理工作的通知》(1995)、《国务院关于加强城乡规划监督管理的通知》(2002)，以及《国务院关于发布第九批国家级风景名胜区名单的通知》(2017)等。

此外，各部门还颁布了部门规范性文件，以更加有效地保护管理风景名胜区。与此同时，地方各级人大常委会和政府也不断加大对风景名胜区保护管理的法规建设，结合本地实际制定了一系列保护管理条例或办法。截至2017年，关于风景名胜区保护管理的现行有效的省级地方性法规共有38部，如《山东省风景名胜区管理条例》(2002)、《福建省风景名胜区条例》(2015)、《浙江省风景名胜区条例》(2014)、《甘肃省风景名胜区条例》(2015)、《湖南韶山风景名胜区条例》(2012)等。市级地方性法规共21部，如《徐州市云龙湖风景名胜区条例》(2015)、《大连市风景名胜区条例》(2011)、《苏州市风景名胜区条例》(2009)、《岳麓山风景名胜区条例》(2007)、《深圳经济特区梧桐山风景名胜区条例》(2009)等。自治州条例和单行条例共10部，如《阿坝藏族羌族自治州风景名胜区条例》(2014)、《湘西土家族苗族自治州猛洞河风景名胜区保护条例》(2007)等。

(3) 其他自然保护地

森林公园：森林公园相关法律法规有国家林业局出台的《森林公园管理办法》(2016)和《国家级森林公园管理办法》(2011)。《森林公园管理办法》(2016)对森林公园的规划、建设和经营管理做了较为详细的规定。《国家级森林公园管理办法》(2011)较之《森林公园管理办法》(2016)规定得更为详细，尤其在国家森林公园内部设施建设、活动开展、法律责任等方面做了全面的规定。地方性法规方面，本溪市人大制定了《本溪环城国家森林公园管理条例》(2010)，安徽、广东、江西等12个省份也都制定了相应的森林公园管理条例。

地质公园：地质公园相关的国际条约主要有《联合国教科文组织国际地球科学与地质公园计划章程》(2015)和《教科文组织世界地质公园操作指南》(2008)。目前我国对地质公园的行政法规主要有《地质遗迹保护管理的规定》(1995)等。

自然文化遗产地：我国世界遗产地相关的法律法规分国际和国内两个层面。就国际性法律文件来看，为了保护世界遗产，联合国教科文组织和国际古迹遗址理事会等国际组织制定了一系列国际法，包括世界遗产国际公约、建议书和其他文件，以及国际宪章、宣言等共59部。我国加入的与遗产地有关的国际公约有两部，分别是《世界遗产公约》(1972)和《关于发生武装冲突时保护文化财产的公约》(1954)。其他相关的规范性文件有《世界遗产公约操作指南》(2016)等。国内层面分为国家法律法规及地方性法规，《世界文化遗产保护管理办法》(2006)是我国第一部，也是目前唯一的一部能普遍适用于我国所有世界文化遗产的专门保护法，具有典型性。该办法确定了我国世界文化遗产保护的主要制度：专家咨询制度、检测巡视制度、保护规划制度、不可移动文物保护制度，以及警示名单制度。《世界自然遗产、自然与文化双遗产申报和保护管理办法》（试行）（2015）主要内容有总则、申报、保护和管理。《住房和城乡建设部关于进一步加强世界遗产保护管理工作的通知》（2010）主要内容有深刻认识保护世界遗产的重要意义、科学推进申报工作、依法开展保护工作、加大宣传力度、加强能力建设。此外，地方政府也制定了相关法规和规章，如《四川省世界遗产保护条例》（2015）、《云南省石林彝族自治县石林喀斯特世界自然遗产地保护条例》（2016）、《云南省三江并流世界自然遗产地保护条例》（2005）、《新疆维吾尔自治区天山自然遗产地保护条例》（2011）、《湖南省武陵源世界自然遗产保护条例》（2011）、《福建省武夷山世界文化和自然遗产保护条例》（2002）、《福建省"福建土楼"世界文化遗产保护条例》（2011）、《甘肃敦煌莫高窟保护条例》（2002）、《陕西省秦始皇陵保护条例》（2010）、《北京市长城保护管理办法》（2003）、《内蒙古自治区元上都遗址保护条例》（2016）等。这些地方性法规的实施基本上实现了我国对世界遗产的专项立法。

2. 我国自然保护地立法存在的问题

（1）现有法律法规相关规定与国家公园功能定位不协调

目前，我国10余类自然保护地分别依据《自然保护区条例》（1994）、《风景名胜区条例》（2006）、《国家级森林公园管理办法》（2011）等法规和规章进行管理，但这些法规和规章均与"国家公园的首要功能是重要自然生态系统的完整性、原真性保护，同时兼具科研、教育、游憩等综合功能"的功能定位不符，对国家公园建设管理起不到指导作用。

（2）法律位阶较低

我国自然保护地法律法规主要有《自然保护区条例》（1994）和《风景名胜区条例》（2006），且均属于行政法规，还有一些《森林公园管理办法》（2016）、《地质遗迹保护管理规定》（1995）、《国家湿地公园管理办法（试行）》（2010）、《海洋特别保护区管理办法》（2005）、《水利风景区管理办法》（2004）等部门规章，法律位阶较低，无法对其他相关法律起到统领作用，当条文的规定与其他法律产生矛盾时应当适用上位法，进一步削弱法规的实效。例如，自然保护区内存在土地、森林、草原、水、矿产等多种自然资源，这些资源都有专门立法进行保护和管理，对自然保护区进行管理时，一方面要符合《自然保护区条例》（1994）的要求，另一方面也要接受其他自然资源方面法律的制约。在实践中，一旦发生纠纷和矛盾，属于行政法规的《自然保护区条例》（1994）由于法律位阶较低，无法与《草原法》（1985）、《森林法》（1985）、《矿产资源法》（1986）、《水法》（2002）以及《野生动物保护法》（1989）等高位阶的法律进行对接和协调，使得自然保护区的管理目标难以实现。其他法律法规主要由有关职能部门颁布的部门规章、地方性法规、宏观性法律组成，如《宪法》（1982）、《环境保护法》（2014）等，并不是针对国家公园的，对国家公园的管理缺乏指导作用。此外，云南省制定出台的《云南省国家公园管理条例》

（2016）属于地方性法规，在位阶、合法性与示范力方面尚存在一定的问题。总体而言，我国国家公园的整体法律体系的位阶较低。

（3）法律法规体系不协调，缺乏整体性

我国现有的法律体系的形成更多的是过去部门利益纠葛的产物。现有的各类自然保护地分别形成了《自然保护区条例》（1994）、《风景名胜区条例》（2006）、《国家级森林公园管理办法》（2011）、《国家湿地公园管理办法》（2010）、《水利风景区管理办法》（2004）等条例及办法，没有在国家层面进行统一的立法，各部门法律内容交叉，缺乏统一的指导思想，法规之间相互冲突，立法模式缺乏整体性。这种现象的主要原因是我国自然保护地自然资源所有权应属国家或集体所有，但在管理过程中，产权主体虚置或被弱化，致使国家权益流失严重。同时，还导致一块保护区域往往由多个部门同时设立多个自然保护地类型，给管理带来混乱局面。

（4）缺少对公众参与和社区发展的保障

虽然在我国的环境立法体系中有关于这种公众参与制度的规定，例如，在《环境保护法》（2014）中规定："一切单位和个人都有保护环境的义务，并有权对污染和破坏环境的单位和个人进行检举和控告"以及"对建设、管理自然保护区以及在有关的科学研究中做出显著成绩的单位和个人，由人民政府给予奖励"。但对于此类的规定都过于抽象，没有具体的实施规定和条件，在实践的过程中很难发挥作用。我国自然保护地内社区居民大多保持自给自足的生活方式，其生产生活过于依赖于自然资源，而自然保护地的建立制约了区域经济的发展，使得社区损失了部分既得利益或发展权利，承担了一定的发展机会成本。目前在我国的自然保护地相关法律中，缺少国家公园管理参与方的利益分配机制，现有的政策法规将社区居民放置于一种孤立的状态，使其缺乏共同建设国家公园的积极性，从而使自然资源也没有得到应有的保护，在一定程度上威胁到自然保护区的生态环境的发展。对于社会公民和团队，由于其在法律上的地位不明确，参与形式单一，同时，相关环境保护激励机制和宣传工作不到位，导致公众缺乏保护自然环境的意识，损害了参与自然保护地建设的积极性。

8.1.2 国际上国家公园立法的借鉴

1. 主要国家国家公园法律体系

国家公园发展已有140多年的历史，并从美国发展到全球近200个国家和地区，其管理理念和运行模式日益完善，形成了功能明确、分类科学、统一管理、产权清晰、保障有力、法律完善的管理体制和规范化运行机制，为我国建立国家公园体制提供了宝贵的经验。

（1）美国的相关法律法规

美国的法律体系自上而下包括五个层次，即宪法（Constitution）、成文法（Statute）、习惯法（Common Law）、行政命令（Executive Order）和部门法规（Regulation）。美国国家公园立法全面，有24部针对国家公园体系的国会立法及62

种规则、标准和执行命令，各个国家公园还均有专门法，形成了较为完整的法律体系。概括而言，美国国家公园的法律体系可以分为以下几个层次：国家公园基本法以及各国家公园的授权法、单行法、部门规章及其他相关联邦法律。

国家公园基本法。1916年美国国会颁布了《国家公园管理局组织法》，它是国家公园体系中最基本、最重要的法律规定。随着美国国家公园体系的不断扩大和国家公园种类的日趋多样化，1970年，美国国会修改了国家公园基本法，修正案指出：从1872年设立黄石国家公园后，国家公园体系不断扩大，包括了美国每一个主要区域的杰出的自然、历史和休闲地区……这些地区虽然特征各异，但是由于目标和资源的内在关系被统一到一个国家公园体系之中，即它们任何一处都是作为一个完整的国家遗产的累积性表达……本修正案的目标是将上述地区扩展到体系之中，而且明确适用于国家公园体系的权限。该修正案同时规定：每一个国家公园单位，不仅要执行各自的授权法和国家公园基本法的要求，同时要执行其他针对国家公园体系的立法。20世纪70年代中期，由于红杉树等国家公园面临来自公园边界外围的资源破坏威胁，为了加强内政部部长保护公园资源的权利，同时也为了保护国家公园体系的完整性，1978年，美国国会再次修改了《国家公园基本法》，指出："授权的行为应该得到解释，应该根据最高公众价值和国家公园体系的完整性实施保护、管理和行政，不应损害建立这些国家公园单位时的价值和目标，除非这种行为得到过或应该得到国会直接和特别的许可"。

授权法。授权性立法文件，是美国国家公园体系中数量最大的法律文件。每一个国家公园体系单位都有其授权性立法文件，这些文件如果不是国会的成文法，就是美国总统令。一般来说，这些授权法包括总统令都会明确规定该国家公园单位的边界、它的重要性以及其他适用于该国家公园单位的内容。由于是为每个国家公园单位独立立法，所以立法内容很有针对性，是管理该国家公园的重要依据，其中最有名且引用最多的授权法是《黄石公园法》。

单行法。美国国家公园的单行法体系主要有《原野法》《原生自然与风景河流法》《国家风景与历史游路法》。《原野法》于1964年通过，是适用于美国整个国家公园体系的成文法之一。《原生自然与风景河流法》于1968年开始实施，其原生自然与风景河流获得命名可以有两种方式：一是国会立法；二是各州提出申请，联邦内政部部长审批。对于原生自然与风景河流而言，最重要的保护措施是规划，由国会立法命名的河流，其管理的主要依据除立法外，还需内政部或农业部部长签署的规划，且任何联邦机构不得批准或资助原生自然与风景河流上的水资源建设项目。《国家风景与历史游路法》于1968年通过，目的是为了促进国家风景游路网络的形成。其后美国国会修订了该法案，将历史游路加入进来。该法一经通过，国会立刻命名了两处风景游路，一处是阿帕拉奇游路，另一处为帕茨菲克科瑞斯特游路，同时还提名了14处进行研究。前者由美国国家公园管理局管理，后者由美国国家林务局管理。根据风景游路的性质，其允许的游憩活动主要是徒步旅行和原始性宿营，与国家原野自然与风景河流类似。风景与历史游路并不要求其土地一定归联邦政府所属，该法鼓励联邦、州和地方政府合作，以建立和保护这些游路，使其免受不当开发的威胁。

部门规章。一般来说，成文法只规定能做什么、不能做什么，不涉及怎么做的问题。这种情况下，国家公园管理局的部门规章将起到相应作用。为有效管理国家公园，美国国家公园管理局根据《国家公园基本法》的授权制定了很多部门规章，这些规章同样具有法律效力。如果一项成文法清晰地指出国家公园管理局的权利与义务，而国家公园管理局的部门规章又很清楚地细化了成文法的相关内容，法院就会认可这些部门规章，同时国家公园管理局就可依据它管理国家公园体系。

其他相关联邦法律。除上述各项法律外，以下联邦法律也对美国国家公园体系的管理产生重要影响，包括《国家环境政策法》《清洁空气法》《清洁水资源法》《濒危物种法》《国家史迹保护法》等，这些法律不仅为国家公园管理局管理公园内部事务提供了依据，而且也是解决公园边界内外纠纷的有力工具。

(2) 其他国家国家公园的法律体系

除美国外，加拿大、德国、澳大利亚、新西兰、南非、法国都制定了明确的国家公园法，俄罗斯、韩国、日本等国家都建立了相关的公园法或环境保护法来保护具有区域典型性和国家重要性的资源。

加拿大：加拿大国家公园的管理主要通过四级政府的立法，即国家级、省级、地区级和市级，其中以国家级和省级为主。加拿大国家公园的法律法规体系较为完善，早在1887年为规范班夫国家公园的管理，便颁布了《落基山公园法》对其实施专门保护。随后，在1911年又出台了《自治领地保护区和公园法》。1930年，加拿大正式颁布《加拿大国家公园法》，后来历经多次修改，最新版于2000年10月20日由国会通过，部分条款当即生效，部分条款于2001年2月19日生效，还有部分条款于2005年10月1日生效。此外，加拿大还制定了《野生动物法》《濒危物种保护法》《狩猎法》《防火法》《放牧法》等诸多法律和《国家公园通用法规》《国家公园建筑物法规》《国家公园别墅建筑法规》《国家公园墓地法规》《国家公园家畜法规》《国家公园钓鱼法规》《国家公园垃圾法规》《国家公园租约和营业执照法规》《国家公园野生动物法规》《国家公园历史遗迹公园通用法规》《国家历史遗迹公园野生动物及家畜管理法规》等多部相关法规，形成了较为完善的国家公园管理法律法规体系，并通过了《加拿大国家公园管理局法》《加拿大遗产部法》等来规范国家公园组织管理机构的运行。各省制定的法律也较为健全，大部分省均制定并颁布了省立公园法案以及保护森林和野生动物及森林防火方面的法律，且规定十分详尽、具体，真正做到有法可依。

德国：德国政府从20世纪70年代就着手进行环境立法工作，逐渐形成了一套完整的环境保护法律法规系统。目前德国联邦和各州的环境法律、法规达8 000多部。就国家公园而言，德国国家公园的法律形成了联邦政府和州政府两级法律体系，也较为完善。在国家层面，联邦政府负责国家公园的统一立法，有关国家公园管理的最重要的法律是1976年颁布实施的《联邦自然保护法》，为各州管理国家公园制定了框架性规定。此外，联邦政府还出台了《联邦森林法》《联邦环境保护法》《联邦狩猎法》《联邦土壤保护法》《德国自然和景观保护法》等诸多相关法律，为国家公园管理提供了坚实的保障体系。在各州层面，依据《联邦自然保护法》，各州根据自己的实际情况制定了自然保护方面的专门法律，即“一区一法”。例如，巴伐利亚州在 1973 年制定了德国第一部有关国家公园建设和管理的法律——《巴伐利亚州自然保护法》。黑森林州为有效保护和管理科勒瓦爱德森国家公园，在 2003 年制定了《科勒瓦爱德森国家公园法令》。每个州的国家公园法律都对各自国家公园的性质、功能、建立目的、管理机构、管理规模等有着具体的说明。

澳大利亚： 澳大利亚 1863 年在塔斯马尼亚通过了第一个保护区法律，接着又先后出台了一系列法律法规为国家公园提供法律保障。如 1891 年，南澳大利亚州公布了国内第一部有关国家公园管理的专项法规《国家公园法》。其后，西澳大利亚州于 1895 年、昆士兰州于 1906 年分别颁布了各自的有关国家公园管理和野生生物保护管理的专项法规等。特别是 20 世纪 50 年代以来，澳大利亚频频出台有关保护自然环境和自然资源的法律法规，包括《环境保护法》（1974）、《国家公园和野生动植物保护法案》（1975）、《澳大利亚遗产委员会法案》（1975）、《鲸类保护法》（1980）、《世界遗产财产保护法》（1983）和《濒危物种保护法》（1982）、《环境保护和生物多样性保护法》（1999）、《环境保护和生物多样性保护条例》（2000）等，逐步建立起了比较健全的国家公园保护管理的法律体系，对自然资源的恢复和发展起到了重要的推动作用，特别是 1999 年颁布的《环境保护和生物多样性保护法》，成为全国生物多样性保护领域的基本法。除了澳大利亚联邦政府颁布的法律外，澳大利亚各州也根据自身情况颁布了多部国家公园方面的法律法规，为国家公园的建立及保护提供了法律依据。例如，塔斯马尼亚州政府颁布了《荒地法》《皇家土地法》。新南威尔士州颁布了《保护委员会法》（1980）、《领地公园与野生动物保护法》（1980）、《科博半岛土著土地与庇护地法》（1981）、《渔业法》（1988）等。昆士兰州有《乡土植物保护法》（1930）、《国家公园与野生生物法》（1975）、《动物保护法》（1962）、《土地法》（1962）、《林业法》（1959）、《昆士兰海洋公园法》（1982）、《渔业法》（1976）、《土著土地法》（1991）、《托雷斯海峡岛屿居民土地法》（1991）、《自然保护法》（1992）等。除积极立法外，澳大利亚还十分重视在法规的实施过程中根据情况的变化和管理工作的需要修改法规，以联邦政府的《国家公园和野生生物保护法》为例，从该法颁布到 1987 年已修改了 12 次，基本上每年都要有所修改，1978 年和 1979 年每年更是修改两次。实践证明，经修改的、与实际情况和保护管理工作需要比较符合的法律，对国家公园和野生生物保护管理工作起到了促进作用。

新西兰： 新西兰非常注重法律法规的完善，截至 2018 年，已建立了包括《国家公园法》《资源管理法》《野生动物控制法》《海洋保护区法》《野生动物法》《自然保护区法》等法律法规在内的较为完善的自然生态保护法律体系。通过法律手段，真正给自然生态保护正名，避免因政府管理观念的不同造成生态保护观念的偏差。为了真正发挥法律的作用，由环保部专门负责法律执行过程中的落实工作，起到监督的作用。同时，广大社区民众共同参与生态保护，真正将“垂直与公众参与管理模式”的管理机制作用发挥到实处。

南非： 南非国家公园的管理有着很多相关和专门法律。SANParks 的所有权利是由《南非共和国宪法》(以下简称《宪法》)第二十四部分规定和授权的。专门法律包括《国家环境管理法》(*National Environmental Management Act*)(又被称为《国家公园环境管理法》)、《保护区域法律》(*Protected Areas Act*, *PAA*)、《国家保护区域政策》(*National Protected Areas Strategy*, *NPES*)、《海洋生物资源法》(*Marine Living Resources Act*, *MLRA*)等，多数公园的管理是被这些法律约束和规定的。同时，还有一些辅助性的法律法规如《生物多样性法令》(*Biodiversity Act*)、《环境保护法令》《湖泊发展法令》《世界遗产公约法令》《国家森林法令》《山地集水区域法令》《保护与可持续利用南非生态资源多样性白皮书》等。此外，南非还存在其他的法律给予辅助，如《公积金管理法》(*Public Finance Management Act*, *PEMA*)。

韩国：起先，韩国国立公园管理的法规是《公园法》。自 1975 年开始，自然保护运动席卷全国，到 1980 年，为有效保护和管理自然公园，《公园法》分成《城市公园法》和《自然公园法》。目前，韩国直接管理国立公园的法规是《自然公园法》。这个法规规定了有关自然公园指定、保护及管理方面的事项，其目的是保护自然生态系统和自然、文化景观，谋求可持续的利用。主要内容包括自然公园保护义务；自然公园的指定、管理；公园委员会的设立；公园的(基本)规划；功能分区的设定；禁止行为；保护和费用征收；国立公园管理工团的相关内容、法规等。除此之外，韩国的相关法规还有《山林文化遗产保护法》《山林法》《建筑法》《道路法》《沼泽地保护法》《自然环境保存法》等，也是其国立公园管理及保护、利用的重要依据。

日本：日本国家法律比较全面，既有专门针对国家公园管理的《自然公园法》，也有相关的法律辅助《自然公园法》的实施。日本的国家公园保护与管理主要基于《自然公园法》，该法案于 1957 年 6 月颁布实施，最新修订时间为 2013 年 6 月 1 日，包括：总则、国立公园与国定公园、都道府县立自然公园、罚则以及附则等内容。其中，国立公园与国定公园部分分别就公园的指定、公园计划、公园事业、保护及利用、生态系统维持与恢复事业、风景地保护协定、公园管理团体、费用以及杂则等做出了详细的规定。为保障《自然公园法》的实施，日本政府还颁布了《自然公园法施行令》《自然公园法施行规则》等配套法规，并于 2013 年 5 月最新出台了《国立公园及国定公园候选地确定方法》《国立公园及国定公园调查要领》等相关文件，同时发布了《国立公园规划制订要领》等重要文件，包括国立公园规划制订要领，国立公园指定书、规划书以及规划变更书等制订要领，国立公园所在地区图与规划图制订要领，以及国立公园规划修改要领，国定公园指定及规划制订，都道府县自然公园指定及规划制订等。与国家公园相关的其他法律、法规还包括：《鸟兽保护及狩猎正当化相关法》及施行令与施行规则、《自然环境保全法》及施行令与施行规则、《自然环境保全基本方针》《自然再生推进法》《濒危野生动植物保护法》及施行令与施行规则、《国内特定物种事业申报相关部委令》《国际特定物种事业申报相关部委令》《特定未来物种生态系统危害防止相关法》及施行令与施行规则。

法国：法国对于国家公园的管理有着相应的法律："关于国家公园，自然海岸公园和地区自然公园的第2006—436号法例”（后文中统一作为国家公园法），此法最初出台于2006年4月14日，由国家自然保护部监制，以加强地方政府对公园的管理，保证公园周边地方居民的生活利益。首先法国的国家公园法阐明了对国家公园的定义，规定了国家公园的创建条件和类型等，包括自然景观及具有文化保护及环境宣传等特殊意义的文化遗产景观，除去创建时规定的核心区域外，周边市镇若有意愿，亦可属于国家公园的一部分，并遵守相应章程。

俄罗斯：《俄罗斯联邦特别自然保护区域法》是特别法，非基本法，也是一部非常重要的实体法。第一章对特别自然保护区（包括国家公园、自然公园、自然遗址公园等）的构成，保护区内各种资源使用的决定权，保护区的建立标准，保护区的分级以及国家公园的分级，保护区由哪些部门进行管理以及管理权力的授权转移等内容进行综述（虽然陈述的对象是特别自然保护区，范围大于国家公园，但是特别自然保护区中包含国家公园，因而同样适用于国家公园）。该法律的第三章是专门针对国家公园的相关法律条款，内容包括国家公园的所属权归谁所有，国家公园的主要任务，建立和扩建国家公园由什么部门决定，国家公园内的区域划分和国家公园具体的管理等内容。该法律是由俄罗斯联邦立法机构颁布，虽然俄联邦下有很多联邦主体，但是这部法律适用于整个俄罗斯联邦；该法律是调整俄罗斯联邦内自然资源法律关系的总纲。

2. 主要国家国家公园立法的启示

（1）明确了国家公园是以保护生态系统和自然文化景观为主

国家公园的概念起源于美国，并逐步发展到全球近200个国家和地区。全球各国借鉴美国国家公园的理念，结合本国特点建立并形成了各自的自然保护地体系，国家公园是其中重要的组成部分。《德国自然和景观保护法》（1987）规定了本国成立自然保护区和国家公园等6种不同类型保护地的原则，并在《联邦自然保护法》（1976）明确了国家公园的主要目标是保护自然生态演替过程，最大限度地保护物种丰富区域内动植物的生存环境。俄罗斯《联邦特别自然保护区域法》（1995）明确了自然保护区、国家公园、自然公园、自然遗迹地等特别自然保护区域是具有环境保护、科学研究、文化、美学、疗养和健身等功能的资源区域，即国家公园等自然保护地的首要管理目标是生态环境保护。《国家环境管理：保护地法》（2003）规定，南非设立的国家公园等12类保护地均是为了保护本国生物多样性代表性区域、自然景观和海景，保护区域生态的完整性。《自然公园法》（1995）规定了韩国建立国立公园的目的是保护代表性的生态系统和自然/文化景观。总体来说，各国均有相应的法律法规对自然保护地体系进行界定，并对国家公园的定义、内涵和功能定位进行了明确表述。

（2）立法位阶高

在国家公园立法方面，无论采取何种管理模式，或使用何种立法模式，很多国家都有专门的法律（Law或Act）位阶高的国家公园法。这些国家在立法中明确规定了国家公园的建设和管理要求，提升了其法律效力。1916年美国国会颁布了《国家公园基本法》，它是国家公园体系中最基本、最重要的法律规定，其立法位次仅低于美国宪法。加拿大的《加拿大国家公园法》（1930）为加拿大的公园保护、建设、管理提供了严格的法律保障，德国的《联邦自然保护法》（1976）为各州管理国家公园制定了框架性规定。

（3）法律体系完整，可操作性强

各国关于国家公园法律法规的内容都非常详尽细致，对公园的分区保护、经费、特许经营、生物多样性保护，甚至管理部门自身的人员任免和薪酬制度等方面都做了详细的规定。美国国家公园立法全面，有24部针对国家公园体系的国会立法及62种规则、标准和执行命令，各个国家公园还均有专门法，形成了较为完整的法律体系。日本在国家公园立法体系方面，已经形成以《自然公园法》为基本法，以《自然环境保护法》及施行令和施行规则、《基本环境法》为核心，以《野生生物保护及狩猎控制法》《濒危野生动植物保存法》《自然恢复促进法》等法律为辅助，并颁布《自然环境保全基本方针》《景观保护条例》《自然环境保护条例》等多项施行令和施行规则，构成较完善的国家公园法律体系。

（4）注重与其他法律法规的协调

各国国家公园法律法规的条款不仅内容详尽细致，而且注重与其他相关法规之间的协调，使各个法规之间形成相互支撑的体系。美国经过140多年的发展，目前已经建立了一套较为完整的国家公园法律体系，并与其他相关法律法规紧密配合。美国国家公园法律体系由基本法（国家公园组织法）、各国家公园授权法、单行法、部门规章、其他相关的联邦法律5部分组成。新西兰非常重视保护地立法，目前已经制定了《国家公园法》《野生动物法》《海洋保护区法》《保护区法》《海洋哺乳动物法》《保护法》《资源管理法》等保护地建设与管理法律法规。其中，国家公园依据《国家公园法》进行管理，其他各类保护地分别按《野生动物法》《保护区法》《海洋保护区法》《海洋哺乳动物法》进行管理。《保护法》的级别高于《国家公园法》《野生动物法》《海洋保护区法》《保护区法》等*。

（5）明确国家公园资源保障

国家公园是一种倾向于纯公共的混合物品，政府提供国家公园所需运营和维护资金责无旁贷，各国国家公园主要法规都对公园的财政经费做了专门的规定。巴西国家公园管理局与其自然保护地的运营费用主要来源于国会年度预算，由隶属于国会的规划和财政部来负责具体的拨款操作。新西兰所有国家公园以及所有受到国家保护的土地、水域和本地物种都受到中央政府部门即国家保护部的管理。每年议会都会从政府预算中经投票拨出大部分用于自然保护地管理及自然保护工作的经费。美国在资金机制上，拥有完备的联邦法律、规则、标准和执行命令保证了国家公园体系作为国家的公益事业在联邦经常性财政支出中的地位，确保了国家公园主要的资金来源。

---

* http：//www.doc.govt.nz/about-us/our-role/legislation/.

(6) 重视公众参与，保障国家公园区域内个人和社区利益

各国的国家公园均有一些法律条文鼓励公众参与国家公园保护和管理的内容，包括对于公园的选址、规划、管理、保护等方面，规定了国家公园区域内个人和社区的权益。英国国家公园土地大部分为私人所有，为了不侵犯公民的权利，英国的公园管理局在施行任何规划决策时都须经过严格的公众参与。新西兰保护部代表新西兰人民管理国家公园，雇用了 1 600 名全日制员工，分布在全国 120 个保护区，国家公园职员向地区机构负责。公众也可参与国家公园的管理，公民可以被提名并任命到保护委员会或新西兰保护局等机构中任职，为政策、保护管理策略与国家公园管理计划的草案提供建议，也可贡献时间、技能与资源，在国家公园中承担各种职能。巴西《自然保护区系统法令》(2000) 规定，执行机构在建立国家公园时要听取当地民众和其他有兴趣人的意见，在公开咨询过程中，应明确地并用可理解的语言向居住在国家公园内及周围的民众说明国家公园建立的有关情况。

8.1.3　国家公园地方探索立法

1. 三江源国家公园条例（试行）

根据《三江源国家公园体制试点方案》的要求，青海探索制定了《三江源国家公园条例（试行）》，指导三江源国家公园体制试点工作。同时，试点方案也要求，在地方立法探索过程中，如果有突破现行法律法规规定的，要按程序报批，取得授权后施行。经青海省立法机构审议通过后，该条例已于 2017 年 8 月 1 日正式施行。

《三江源国家公园条例（试行）》以习近平总书记系列重要讲话为指导，以试点方案为依据，贯彻落实“四个转变”新思路，坚持立足当下、着眼长远、统筹兼顾、破旧立新、宜简不宜繁的原则，总结近年来三江源生态保护经验，既体现管理体制机制改革的要求，又体现山水林草湖一体化保护和管理要求，着力解决“九龙治水”、监管执法碎片化等突出问题。突出并有效保护修复生态，是三江源国家公园体制试点的首要任务，为实现“保护优先”，《三江源国家公园条例（试行）》从国家公园本底调查、保护对象、产权制度、资产负债表、生物多样性保护、文化遗产保护、生态补偿、防灾减灾、检验检疫等方面做了规定，并就管理体制方面，明确“三江源国家公园实行集中统一垂直管理”“国家公园管理机构统一行使国家公园内自然保护区、地质公园、国际国家重要湿地、水利风景区等各类保护地的管理职责”，从体制机制上解决“九龙治水”问题。

《三江源国家公园条例（试行）》在国家公园生态保护建设、基础设施建设、警示标志建设、建设项目审批、建设项目管理、标准体系建设、智慧公园建设等方面做了相应规定，同时还对管理与经营分离、生态体验与环境教育、民生改善、访客管理、形象标识、草原利用、绿色消费、应急和安全管理等做了必要的规定。《三江源国家公园条例（试行）》为鼓励社会参与，规定“国家公园管理机构应当加强对当地居民的教育培训，形成居民主动保护、社会广泛参与、各方积极投入建设国家公园的良好氛围。鼓励和支持当地居民开展生态保护活动，发挥当地居民生态保护主体作用，在村规民约中增加完善有关生态保护的内容”。同时，对鼓励和支持多种形式的社会参与，社会投资与捐赠、志愿者服务、国际合作交流、村民培训、社会监督等也进行了规定。在与现行法律法规衔接方面，部分突破了自然保护区管理方面行政法规、部门规章的规定，在管理部门和处罚责任设定上做出了创设性规定。

此外，三江源国家公园管理局还制定印发了三江源国家公园科研科普、生态管护公益岗位、特许经营、预算管理、项目投资、社会捐赠、志愿者管理、访客管理、国际合作交流、草原生态保护补助奖励政策实施方案等 10 个管理办法，形成了“1＋N”的制度体系。

2. 神农架国家公园管理条例

湖北省为推进神农架国家公园体制试点工作，《神农架国家公园管理条例》由湖北省人大常委会正式颁布。

《神农架国家公园管理条例》规定神农架国家公园管理局由省人民政府垂直管理，委托神农架林区人民政府代管。神农架国家公园管理局行使自然资源保护和管理等职责；神农架林区人民政府行使神农架国家公园内经济社会发展综合协调、公共服务、社会管理和市场监管等职责，协调推进神农架国家公园的保护、建设和管理相关工作。鉴于神农架国家公园内资源保护执法的重要性，为避免多头执法、交叉执法，条例规定神农架国家公园管理局实行资源环境的综合执法。为处理好保护和利用的关系，条例规定神农架国家公园管理局对神农架国家公园内的经营项目实行特许经营。

同时，条例还规定编制神农架国家公园规划应当遵循生态保护规律，严守生态保护红线，注重神农架生态系统特点，与土地利用规划和城乡规划等空间规划相衔接。为了便于分区标界和有效管理，条例规定神农架国家公园按照功能划分为严格保护区、生态保育区、游憩展示区和传统利用区，并对各功能区内建设开发利用等做出了禁止性规定。

此外，根据神农架国家公园资源保护的特点，条例设立了系统性的保护机制，如明确了保护资源类型、建立保护制度，以及在不增设行政许可的前提下，规定神农架国家公园内各类建设项目的许可，许可机关应当事先征求神农架国家公园管理局的意见。条例还按照科研与科普支撑保护的要求，彰显国家公园的社会公益性，设立了科研与科普的工作机制。

3. 武夷山国家公园管理条例

福建省制定了《武夷山国家公园管理条例》，明确了武夷山国家公园包括武夷山国家级自然保护区、武夷山国家风景名胜区和九曲溪上游保护地带。福建省人民政府设立的武夷山国家公园管理机构，负责武夷山国家公园内的自然资源、人文资源和自然环境的保护和管理，编制武夷山国家公园总体规划和专项规划。同时，依据保护对象的敏感度、濒危度、分布特征和文化与自然遗产保护管理的必要性，生态保护及开发现状，结合居民生产、生活与社会发展的需要，实行分区管理、分类保护，将武夷山国家公园划分为特别保护区、严格控制区、生态修复区和传统利用区。

条例还规定武夷山国家公园内不得设立各类开发区、工业园、疗养院，开发或者变相开发房地产，以及其他任何损害或者破坏自然资源、人文资源和生态环境等国家公园保护目标不相符的建设活动。

4. 云南省国家公园法律法规探索

2016年，云南省施行了《云南省国家公园管理条例》，共6章34条，分别为总则、设立与规划、保护与管理、利用与服务、法律责任、附则，对国家公园的定义、国家公园的管理体制、国家公园与其他保护地衔接问题，以及关于国家公园的特许经营等都做出了明确规定。2014年，云南省迪庆藏族自治州制定出台了《香格里拉普达措国家公园保护管理条例》。

8.1.4 关于我国国家公园等自然保护地立法的建议

1. 确立符合我国国情的国家公园理念和立法目的

国家公园的定义及功能定位，是国家公园在管理和运行过程中，制定发展政策、管理目标，实施保护计划、确定价值取向、确立管理体制的重要依据，是确立国家公园体制建设的指导思想，要体现国家公园的多种目标和价值，既要满足当代人的需求，又不对后代人满足其需求构成威胁，实现保护我国重要的、具有代表性的自然生态系统完整性和原真性，为子孙后代留下宝贵自然遗产。既要保护生态环境，维持生物多样性，保证国家生态平衡，禁止不合理开发利用和人类活动干扰，又要在符合国家公园保护目标的前提下允许科学研究、环境教育、游憩体验等活动，实现人与自然和谐相处，促进社会进步、经济发展。因此，确立国家公园理念，能够为我国国家公园立法顺利开展奠定基础。

2. 制定效力位阶较高的统领各类自然保护地的法律

制定出台一部法律效力位阶较高的《国家公园和自然保护地法》，健全国家公园等各类自然保护地法律制度体系，不论是对试点推广，还是对全面建立国家公园制度体系，完善自然保护地管理体制都是重要的保障，都是重要的根本性保障。从国家层面对国家公园等各类自然保护地进行立法，统一全国国家公园、自然保护区、风景名胜区、森林公园、地质公园等自然保护地政策，为国家公园建设、自然保护地体系整合优化提出总体架构。提升法律位阶，改变部门立法分散的窠臼，削弱部门利益纠葛对法律制定的影响，建立统筹协调、分类科学、保护有力的自然保护地体系，切实推进建设统一、规范、高效的国家公园体制。

3. 建立体系完备、可操作性强的自然保护地法律架构

完善国家公园等自然保护地法律法规架构，以《国家公园和自然保护地法》为主干，将《〈国家公园和自然保护地法〉实施条例》和《国家公园条例》，修订后的

《自然保护区条例》和《风景名胜区条例》以及森林公园、地质公园等其他自然保护地部门规章等纳入，并制定国家公园总体规划、功能分区、基础设施建设、社区协调、生态保护补偿、访客管理、特许经营等相关法规和标准规范，以及自然资源调查评估、巡护管理和生物多样性监测等技术规程，构成完整的法律法规体系，确立一个紧紧围绕国家公园等自然保护地的法律文件群。细化法律法规内容，增强法律法规的可操作性，并形成多种法律相互补充、相互制约的平衡型架构。同时，注重《国家公园和自然保护地法》要做好与现有的《宪法》《环境保护法》《森林法》《土地法》《文物保护法》《水法》《野生动物保护法》等相关法律之间的衔接与配合，使各个法律法规之间形成相互支撑的体系，共同服务于国家公园体制的建设（图 8－1）。

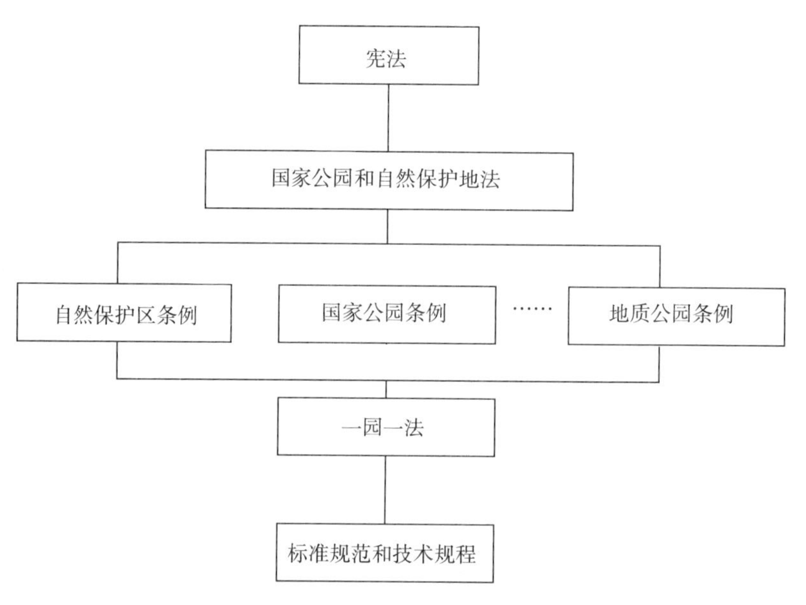

图 8－1　国家公园等自然保护地法律架构

8.2　国家公园等自然保护地的标准规范

标准化是国家公园建设和管理制度化、规范化的基础保障。现行各类自然保护地规范和标准体系不能全面满足国家公园建设和管理需求，部分规范标准之间缺乏系统性、完整性及协调性，甚至存在矛盾和冲突。因此，亟须开展国家公园标准规范研究、制定，形成国家公园标准规范体系，科学、规范国家公园建设管理。

8.2.1　现行各类自然保护地标准规范

我国已建设的各类自然保护地，都制定出台相关标准规范，指导其建设管理，在一定程度上可供制定国家公园相关标准规范参考、借鉴。

1. 自然保护区标准规范体系

目前我国自然保护区已形成了较为完备的标准规范体系，包括自然保护区分类、评审、综合科学考察、生态环境监察、人类活动遥感监测、规范化建设等各个方面。

(1)《自然保护区类型与级别划分原则》（GB/T 14529—93）。为规范自然保护区类型与级别的划分，加强自然保护区的建设，提高自然保护区的管理质量，原国家环境保护局、国家技术监督局根据《中华人民共和国环境保护法》等法律的有关规定，于1993年7月19日发布《自然保护区类型与级别划分原则》。根据该原则，我国自然保护区分三个类别九个类型，在级别划分上，我国自然保护区划分为国家级、省（自治区、直辖市）级、市（自治州）级和县（自治县、旗、县级市）级，其中省级、市级和县级统称为地方级。

(2)《自然保护区管护基础设施建设技术规范》（HJ/T 129—2003）。为了引导、限制、规范自然保护区管护基础设施的建设，加强自然保护区的监督管理，原国家环境保护总局于2003年颁布了《自然保护区管护基础设施建设技术规范》，规定了适用于不同类型、不同级别自然保护区（含保护点和保护站）管护基础设施的道路建设，标桩、标牌、建筑物等基础设施建设的原则和技术要求。还具体规定了科研、监测和宣传教育基础建设等方面的内容。

(3)《自然保护区综合科学考察规程（试行）》（环函〔2010〕139号）。为规范自然保护区综合科学考察活动，查清自然保护区内生物多样性、自然地理环境、社会经济状况和威胁因素，促进自然保护区的有效保护和科学管理，环境保护部于2010年5月4日制定出台了《自然保护区综合科学考察规程（试行）》，适合于所有已建和拟建的自然保护区综合科学考察工作。

(4)《自然保护区生态环境监察指南》（环办〔2011〕86号）。为规范自然保护区的生态环境监察工作，加强对自然保护区的监督管理，加大对涉及自然保护区违法开发建设、资源不合理利用等生态破坏行为的环境执法力度，促进自然保护区生态环境监察工作规范化、高效化，原环境保护部组织编制了《自然保护区生态环境监察指南》，适用于自然保护区环境监察工作。

(5)《自然保护区人类活动遥感监测技术指南（试行）》（环办〔2014〕12号）。为指导、规范环境保护行政主管部门开展自然保护区人类活动的遥感监测与评价工作，提升全国自然保护区综合监管水平，原环境保护部制定了《自然保护区人类活动遥感监测技术指南（试行）》，规定了自然保护区人类活动遥感监测与评价的内容、指标、方法、技术流程等，适用于利用卫星、航空遥感技术对各级自然保护区陆地区域人类活动进行遥感监测与评价工作。

(6)《国家级自然保护区评审标准》（环发〔1999〕67号）。为了保证国家级自然保护区评审工作的顺利进行，确保新建国家级自然保护区的质量，国家环境保护总局于1999年修订颁发了《国家级自然保护区评审标准》，规定了自然保护区的申报与评审，以及各类自然保护区评审指标与赋分等。

此外，为了保证国家级自然保护区评审工作顺利进行，国家环境保护总局于

1999 年修订并颁发了《国家级自然保护区评审委员会组织工作制度》，规定了评审委员会的任务、职责，评审委员会成员条件，组织机构，评审及复审程序，报批程序。为切实做好自然保护区管理工作，促进自然保护区事业健康发展，2010 年国务院办公厅下发了《国务院办公厅关于做好自然保护区管理有关工作的通知》（国办发〔2010〕63 号）。2013 年，国务院关于印发《国家级自然保护区调整管理规定的通知》（国函〔2013〕129 号），对国家级自然保护区的范围调整、功能区调整及更改名称等进行了规范。

2. 风景名胜区标准规范体系

风景名胜区建立了包括分类标准、规划规范、总体规划编制报批管理规定、审查办法等构成的标准规范体系。

（1）《风景名胜区分类标准》（CJJ/T 121—2008）。为促进我国风景名胜区实行分类管理，建设部制定了《风景名胜区分类标准》，按照主要内涵和景观特征，将风景名胜区分为圣地、山岳、河流、湖泊、洞穴、海滨海岛、特殊地貌、园林、壁画石窟、战争、陵寝、名人民俗等 12 类。

（2）《风景名胜区规划规范》（GB 50298—1999）。为了适应风景名胜区利用、管理、发展的需要，优化风景名胜区用地布局，全面发挥风景名胜区的功能和作用，提高规划设计水平和规范化程度，制定出台了《风景名胜区规划规范》，适合于各类风景名胜区的规划。

（3）《国家重点风景名胜区审查办法》（建城〔2004〕9 号）。为了规范国家重点风景名胜区申报审查工作，确保国家重点风景名胜区的质量，原建设部制定了《国家重点风景名胜区审查办法》，规范了国家重点风景名胜区申报程序和流程。

（4）《国家级风景名胜区规划编制审批办法》（住房和城乡建设部令　第 26 号，2015）。针对国家级风景名胜区进行了划分，并进行了总体规划和详细规划，强调了自治区人民政府住房和城乡建设主管部门和直辖市人民政府风景名胜区主管部门，负责组织国家级风景名胜区所在地市、县人民政府和风景名胜区管理机构等开展国家级风景名胜区规划编制工作。

此外，1984 年城乡建设环境保护部发布《城乡建设环境保护部、公安部、国家旅游局关于加强风景名胜区游览安全管理的通知》，1992 年建设部发布《风景名胜区环境卫生管理标准》和《建设部关于贯彻执行国办发〔1992〕50 号文件进一步做好风景名胜区工作的通知》，1993 年发布《风景名胜区建设管理规定》，2015 年发布《国家级风景名胜区管理评估和监督检查办法》《国家级风景名胜区规划编制审批办法》和《住房和城乡建设部关于印发国家级风景名胜区总体规划大纲和编制要求的通知》。2016 年住建部发布了《全国风景名胜区事业发展“十三五”规划》，该规划明确了风景名胜区的具体发展方向和道路。

3. 其他自然保护地标准规范体系

（1）森林公园。国家林业局出台了《国家级森林公园设立、撤销、合并、改变经营范围或者变更隶属关系审批管理办法》(2005)、《国家级森林公园总体规划审批管理办法》(2015)、《国家级森林公园监督检查办法》(2009)、《国家森林公园设计规范》(2014)等，围绕国家级森林公园的设立、撤销、规划审批、监督检查等问题做了程序上的规定，并对国家森林公园的设计制定了国家标准。

(2) 地质公园。原国土资源部发布了一系列与国家地质公园有关的标准。《国家地质公园验收标准》从地质遗迹保护、解说系统建设、科学研究和科普、管理结构和信息化等方面对国家地质公园建设进行评估验收，规范国家地质公园批准命名工作。《国家地质公园建设标准》从地质公园规划与地质遗迹保护、地质公园解说与标识系统、科学研究和科学普及、建设和地质遗迹保护资金、社会经济效益等方面对地质公园建设进行规范管理。

4. 云南省关于国家公园标准体系的探索

云南省在开展国家公园管理模式探索的过程，总结了相关经验，探索制定了一些国家公园建设管理的地方标准，主要包括《国家公园基本条件》(DB53/T 298—2009)、《国家公园资源调查与评估技术规程》(DB53/T 299—2009)、《国家公园总体规划技术规程》(DB53/T 300—2009)、《国家公园建设规范》(DB53/T 301—2009)、《国家公园管理评估规范》(DB53/T 372—2012)等。

8.2.2 构建国家公园标准规范体系

为规范国家公园建设管理，应加快构建国家公园标准规范体系，在准入、规划、自然资源管理、生态保护、资金管理、社会参与、环境教育、评估考核、社区发展、访客管理、基础设施建设等11个方面制定标准或规范，推进国家公园建设管理的科学化、标准化和规范化。同时，注重标准体系的教育培训，加快运用推广，做好跟踪评价，根据实践中存在的问题及时修订和完善，形成符合规范的国家标准(表8-1)。

表8-1　国家公园标准规范体系

类型	具体标准
准入	国家公园准入标准；国家公园设立规范等
规划	国家公园规划规范；国家公园总体规划编制及报批指南；国家公园功能分区技术指南等
自然资源管理	国家公园自然资源调查与评估技术规程；生物多样性监测与保护技术规程；国家公园巡护管理规范等
生态保护	国家公园生态保护与修复技术规程；国家公园生态环境监测技术指南等
资金管理	国家公园资金管理办法；国家公园预算管理办法等
社会参与	国家公园志愿者管理办法；国家公园科研合作管理办法；国家公园国际交流管理办法；国家公园特许经营管理办法等

续表

类型	具体标准
环境教育	国家公园环境教育技术指南；国家公园标识系统管理办法等
评估考核	国家公园保护管理评估规范；国家公园生态保护绩效考核办法等
访客管理	国家公园访客管理办法；国家公园访客承载力评估技术指南等
社区发展	国家公园社区发展技术规程；国家公园社区基础设施建设规范等
基础设施	国家公园基础设施建设技术规程等

第四部分

国家公园运行管理机制

第9章 国家公园的生态系统保护与管理

9.1 国家公园的资源调查与评价

9.1.1 国际上国家公园资源调查与价值评价的关注点

国际上主要国家在国家公园建设时，都需要先对其资源、生态等进行调查与评价。如美国国家公园资源和价值评价主要是由国家公园管理局组织专业领域的专家、学者、科学家一起进行咨询，评估自然、文化和具有欣赏价值的资源，主要包括：①全国意义的自然、文化和欣赏价值的资源，是一种特殊资源类型的范例；②调查评估资源特征及突出的价值和质量；③是否可为游览、公众使用、欣赏或科学研究提供更多机会和场所；④是否保留了很高程度的完整性；⑤面积的适宜性；⑥建设的可行性等。加拿大国家公园的调查与评价主要由加拿大公园管理署调查境内所有原始自然区域，对生物资源和自然地貌类型，受人为景观影响程度进行评价，主要包括以下标准：①存在或潜在的对该区域自然环境威胁的因素；②该区域开发利用程度；③已有国家公园的地理分布状况；④地方的和其他自然保护区的保护目的；⑤为公众提供旅游机会的潜质；⑥原住民对该区域的威胁程度。

9.1.2 我国自然保护地资源调查与评价体系

目前，我国自然保护区、风景名胜区、森林公园等各类自然保护地均建立了较为科学完善的资源调查评价体系。自然保护区总体规划的综合调查是在综合科学考察的基础上进行的补充调查。自然保护区的生态质量评价是对生态系统本身质量的综合性评价，可以采用数量评价、质量评价、赋分评价、综合评价等不同方法（表9－1）。风景名胜区主要对区域内风景资源进行调查与评价，主要包括：①景观价值——欣赏、科学、历史、保健和游憩；②环境水平——生态特征、环境质量、设施状况、监护管理；③利用条件——交通通信、住宿接待、客源市场、运营管理；④规模范围——面积、体量、空间、容量。

表9－1 自然保护区综合调查与生态质量评价内容

	项目	调查、评价内容
资源调查	自然条件	包括地质地貌、水文、气候、土壤、植被等
	自然资源	包括土地、森林、草原、湿地、生物、景观、水体等自然资源

续表

	项目	调查、评价内容
资源调查	生物多样性	包括动植物名录、种群特征与分布，重点保护的动植物名录、种群特征、分布与栖息地或原生地状况，当地特有的动植物名录、种群特征、分布与栖息地或原生地状况等
	环境状况	包括环境质量状况，环境污染源的种类、分布与排放量，环境污染治理状况等
	经营管理	包括保护区的管理体制，组织机构、人员编制与结构，事业费来源与支出，生产经营与自养能力，以及保护、科研、宣传教育、监测状况等
生态质量评价	典型性	选择具有代表性的生物群落类型评价其具有或潜在的全球、全国或区域性意义。对于一个还保留有原生生物群落的地区，应对该地带的生物群落给予特别的注意。如果原生的生态系统遭到破坏，应选择有代表性的次生生态系统
	稀有性	说明所有重点保护对象或某个保护对象，包括物种、群落或某种典型生境、某种自然资源、自然景观的独有性或稀有性，以及这种独有性或稀有性是全球范围还是国家或区域范围的
	脆弱性	说明生境、群落和物种对环境改变或干扰的敏感程度，破坏后恢复的难易程度和要求的特殊管理或保护措施；以及主要保护对象的受威胁程度、物种消失率等
	多样性	从生态系统、物种和遗传多样性方面说明物种丰富度、种群数量和群落类型等属性，以及自然保护区范围内的一定生态序列
	自然性	说明物种、群落和生态系统受人类影响的程度，包括天然生态系统、半天然生态系统或人工生态系统所占的比重，以及分布状况等

2009 年 11 月，云南省质量技术监督局发布了《国家公园资源调查与评价技术规程》，首次对我国国家公园的资源调查与评价标准进行了探索（专栏 9－1）。

专栏 9－1　云南省国家公园资源调查与评价技术规程（DB53/T 299—2009）（节选）

……

12.1　科学与保护价值

评价指标

应采用以下指标进行评价：

——代表性。国家公园内主要的地理资源、生物资源分别在全球、全国或同一生物地理区内具有代表意义；人文资源在全国、区域或同民族文化习俗中具有的代表意义。

——完整性。代表该生物地（理）区最大限度的多样性特点的动植物的栖息地及其生态系统。

——多样性。国家公园内的地理环境（如生境多样性）、生物资源（如遗传多样性、物种多样性、生态系统多样性等）、人文资源（如民族多样性、文化多元性等）的相对多度与丰度。

——稀有性。国家公园内的自然与人文资源中，典型自然生态系统、珍稀濒危特有物种、珍稀地质景观、国家或地方的重点文物保护单位、自然或人文遗产名录等的保护情况。

——自然性。国家公园内自然生境的完好或退化程度、生态系统结构或人文资源保持原生性的程度，以及人为干扰和外来物种引入情况等。

——脆弱性。着重说明特有种、群落、自然遗迹及生境对环境改变或干扰的敏感程度。

9.1.3 国家公园的资源调查与价值评价

国家公园本底资源调查、生态价值评价是国家公园保护和管理的基础，通过国家公园本底资源调查和生态价值评价，能充分掌握国家公园资源本底情况，包括物种的分布、数量、生活习性、蕴含量、重点保护对象的数量、分布、保护级别等；掌握国家公园在本区域乃至全球的保护级别及其重要程度等；掌握国家公园内重要保护对象受外界干扰威胁程度，自身潜在威胁程度，明确保护目标；为实施保护计划、制订保护措施提供科学合理的基础数据，为管理决策提供依据；为开展科学研究、环境教育、生态旅游、外事合作等提供基础资料和研究发展方向。

1. 国家公园资源分类

国家公园资源可分为自然资源、社会资源、文化资源和游憩资源四大类。其中自然资源包括地质、地貌、气候、水文、土壤、动植物等；社会资源包括国家公园范围内土地利用状况、社会经济状况、基础设施等；文化资源包括具有传统、艺术或国家代表性的建筑、遗迹或文化等；游憩资源包括因独特特征而具有游憩潜力的自然或人类资源。

2. 国家公园资源调查

(1) 调查原则

全面系统原则。即对国家公园所属各类资源要全面系统的调查，并制订详细的调查方案，以进行科学高效的分工调查。

客观性原则。应亲临现地进行野外调查、记录、取样、拍照、录像、录音或测量，并对第一手资料进行室内分析，确保调查结果真实可靠。

动态跟踪监测原则。很多物种，例如迁徙鸟类、觅食等活动半径大的兽类及其洄游的鱼类等，要实行动态监测调查，才能掌握全面的资料。

(2) 调查类型和内容

根据国家公园的特点和资源状况，调查类型可相应分为自然资源调查、社会资源调查、文化资源调查和游憩资源调查四大类。

自然资源调查包括国家公园的面积、类型、分布（行政区、坐标范围）、平均海拔，国家公园范围内及附近的地质、地貌、水文、气候、土壤、植被类型及面积、主要优势植物种分布及管理、野生动物类型及分布、主要旗舰物种生境状况等。

社会资源调查包括国家公园范围内及其附近的村镇分布、人口、民族、土地利用类型及权属、产业结构、经济收入、传统资源利用方式，国家公园周边社区的经济、生态文化、教育、卫生状况，基础设施建设、交通、通信及与邻近其他保护区域、旅游地的关系等。

文化资源调查包括具有历史或考古意义的区域，具有代表性的建筑、艺术和文化遗产，传统土地利用区或农业生产区，以及民族民俗、民族语言文字、民间工艺、民间节庆、特色服饰、宗教礼仪等风物调查。

游憩资源调查指国家公园范围内游憩资源的类型、特征、形态、结构、组合以及保存与利用情况，确定旅游资源单体。包括具有审美价值的自然游憩资源，具有人类学、民族学和社会学意义的人文游憩资源。

(3) 调查成果

通过调查采集的数据、资料、图片及计算机分析出的结果，编撰成综合文字成果报告（如国家公园科学考察报告、综合考察报告、物种名录报告等），专项文字成果报告（如国家公园兽类志、鸟类志、重点保护动植物名录、土壤研究、水资源研究等），图鉴（如国家公园位置图、功能分区规划图、植被分布图、重点保护对象分布图、水文地质图、地形图等），以及其他成果（如国家公园重点保护对象幻灯片、地形地貌沙盘、重点保护对象图集等）。

3. 国家公园价值评价

资源评价是国家公园进行规划和管理的前提，并为筛选国家公园、制定相关政策提供参考。

(1) 评价内容

国家公园资源评价包括资源价值评估和游憩潜力评估两大类。

资源价值评估主要对其生态系统服务价值进行货币化衡量，即通过条件价值评估法、支付意愿等方法揭示国家公园的价值存量，并通过货币形式表现。国家公园资源提供的生态系统服务价值包括资源供应、生物多样性维护以及为游憩和旅游活动提供机会等，通过货币价值评估，能直观地描述国家公园的吸引力，为国家公园收支政策的制定提供依据。

游憩潜力评价以满足基于保护前提下的公众游憩福利需求为目标，着眼于资源转换成各类游憩产品或营造游憩环境的可行性，评价国家公园范围内生物多样性、生态完整性、景观质量、资源配置等，发掘国家公园资源开发利用潜力。

（2）评价指标

根据国家公园价值评价内容，可以从国家公园资源的代表性、完整性、多样性、稀有性、自然性、脆弱性、历史性、原真性，以及游憩价值等方面，对国家公园进行综合评价（表9－2）。

表9－2　国家公园资源评价指标

评价指标	评价因子	评价内容
自然和人文资源	代表性	①国家公园内的自然资源在全球、全国或同一生物地理区内具有代表意义；②人文资源在全国、区域或同民族文化习俗中具有的代表意义
	完整性	动植物的栖息地及其生态系统代表着生物多样性的最大限度
	多样性	国家公园内的地理环境（如生境多样性）、生物资源（如遗传多样性、物种多样性、生态系统多样性）、人文资源（如民族多样性、文化多元性）的相对多度与丰度
	稀有性	国家公园内的自然与人文资源的保护情况
	自然性	国家公园内自然生境的完好或退化程度、生态系统结构或人文资源保持原生性的程度，以及人为干扰和外来物种引入情况等
	脆弱性	特有物种、群落、自然遗迹及生境对环境改变或干扰的敏感程度
文化遗产资源	历史性	①与中国历史上重大事件有联系的资源，可通过资源利用让公众产生敬意；②与重要历史人物有密切联系的资源；③能反映中国人民伟大思想或理念的资源；④拥有某种特色和特殊价值的建筑资源；⑤可揭示特定文化或某时期人类活动足迹的具有重大价值的资源
	原真性	遗产的形式与设计、材料与实质、利用与作用、传统与技术、位置与环境、精神与感受要保持相对的真实性，体现遗产传承人类文明、反映自然界演化史
游憩资源	按旅游资源评价标准	该区域内的自然或文化资源特征，以及资源独特组合的整体性具备公众利用、欣赏及开展游憩活动的条件

9.2 国家公园的规划体系

9.2.1 国外国家公园规划体系借鉴

1. 美国

美国国家公园规划始终以强化生态保护、优化资源管理为最根本的任务。美国国家公园管理局通过一系列严谨有序的规划，制订目标计划、行动战略和实施细节，实现对区域生态和资源的有效保护，并在此基础上，实现区域发展的效率最大化。美国国家公园规划体系分为总体管理规划、战略规划、实施规划以及年度工作规划和报告4个层级，规划程序依次从宏观的总体管理规划，到较具体的战略规划、实施规划以及年度工作规划，每个层次的规划都有不同的功能与作用。

(1) 总体管理规划

国家公园总体管理规划是国家公园规划和决策程序中的第一步，由咨询专家、各种学科工作组、联邦和州政府及其民间团体和公众参与共同完成。每一层级单位都需要制定一份有效的总体管理规划文件，为公园未来发展明确发展方向和目标。总体规划高度关注为什么在此建立公园，什么样的管理内容和管理行动应该被实施等。总体管理规划作为一个长期发展过程，是整座公园或整个地区建立的一个共同的目标。总体管理规划根据需要，可以进行修编或重新审议、修订或修改，周期一般为10～15年。

(2) 战略规划

国家公园战略规划根据总体管理规划制定，与其确定的目标、功能等内容保持一致。与总体管理规划相比，战略规划的周期更短期，目标更量化。通过战略规划，可以对公园总体管理规划的适宜性进行持续的评估，并确定是否需要对其进行修改调整或编制更具体的补充规划。战略规划的内容主要包括国家公园的功能说明、长期发展目标、年度发展目标、影响目标实现的外部因素、建立和调整目标的计划、实施评估计划和评估时间表等。

(3) 实施规划

国家公园的实施规划根据公园的总体管理规划和战略规划制定，主要为进一步确定国家公园发展的具体行动和项目。实施计划一般需要确定项目的规模和投资预算，同时呈现所需的特殊技术、原则、设备、时间和资金渠道等。实施规划依据总体管理规划和战略规划而编制。总体管理规划和战略规划层次中的决策将更优先、更直接、更具体地在实施规划中体现。而实施规划中一些改变资源状况等的行为也必须与总体管理规划和战略规划保持一致。由于许多涉及环境和资源的问题都需要在实施规划阶段解决，因此环境影响评估是实施规划中十分重要的一个组成部分。所有可能对生态和资源产生影响的决策，都需要通过国家相关政策法案的方案评估方可实施。

(4) 年度工作规划和工作报告

每个国家公园都要编制年度工作规划和年度工作报告。年度工作规划主要包括本财政年度计划的成果和本财政年度内的投入、支出2项内容。考虑到与其他规划决定的衔接，年度工作规划可以不要求公众咨询参与，但必须公布于众。年度工作报告则主要包括上一个财政年度预算执行情况和本财政年度工作规划2个部分，用以反映公园上一财政年的运营情况，同时也作为管理机构制定新一年预算和工作规划的依据（图9－1）。

图9－1 美国国家公园规划体系框架

2. 日本

在日本，国家公园规划是以自然风景区为对象系统进行的，其总的规划程序包括：①指定；②单体公园规划；③建设与管理。日本的国家公园规划通常包括两项规划内容，即保护规划和利用规划。

(1) 保护规划

保护规划依据保护对象的重要程度，在空间分区上把公园分为特别保护区、特别地域（又细分为第1种、第2种、第3种）、普通地域和海中公园地区。在特别地域需要遵循分区的使用规则，同时不得在未经许可区内新建和改建建筑物，土地形状也不得随意变更。在特别地域，第1种保护区是具有仅次于特别保护地区的景观资源，必须极力保护现有景观的地区；第2种保护区的景观资源次于第1种保护区，是可以进行适当的农林渔业活动的地区；第3种保护区的景观资源次于第2种保护区，是一般不控制农渔业活动的地区。海中公园地区具有热带鱼类、海藻、珊瑚等代表性的海洋资源，以及海涂、岩礁地形和海鸟活动区域。普通区域是特别地域、海中公园地区以外的需要实施风景保护措施的区域，主要是发挥其对特别地域、海中公园地区和国立公园以外地区的缓冲、隔离作用。在普通地域如果有建设事由，需要预先提出申请。而在特别保护区，禁止一切可能对自然环境造成干扰或影响的行为和活动。可以说，特别保护区是受到特别保护的区域。保护规划从1934年国家公园诞生之初就开始实施，而特别保护区的设置却是在之后的1953年开始实施的。

(2) 利用规划

利用规划是从公园整体出发，对园区所需要的道路、宾馆、滑雪场、停车场等设施进行合理配置。在1931年国家公园制度建立之初规定规划的实施由公园管理机构自主完成，但在以后的公园建设过程中，公园管理机构对道路和宾馆的建设不能由管理机构自身来管控，导致公园建设出现一定程度的混乱。利用规划的重要工作对象是集中服务区，而集中服务区是为公园使用者提供包括住宿、餐饮、购物以及换乘交通等在内的多种便利条件的重要场所。因此，利用规划中最重要的就是对国家公园集中服务区的规划。

3. 新西兰

1987年新西兰的《保护法》列有协调管理的总体流程和各层次的政策和方案，指导保护地管理。《一般性政策》的法律地位最高，其次是地区《保护管理战略》，最后是包含国家公园管理计划在内的地方《保护管理计划》。

《保护管理战略》是新西兰保护部如何管理某一地区内的土地、植物、鸟类、野生动物、海洋哺乳动物和历史文化场地的规划。规划期通常为10年以上。《保护管理策略》确定管理内容、原因，以及特许活动的确定标准，但不规定管理方式和时间。管理方式和时间留待安排年度、跨年度人员和经费时确定。《保护管理战略》的编制旨在整合较大地理范围内保护地/区群的保护管理活动。新西兰现有12册《保护管理规划》，规划范围涵盖了新西兰及其附属岛屿。

新西兰的《保护管理计划》仅适用于特定保护地，较《保护管理战略》中对相关特定保护地的具体政策、目标和规定的描述更为具体。国家公园管理计划是《保护管理计划》的一种，每个国家公园均须编制，每10年评估一次。国家公园管理计划可将国家公园分区为不允许公众进入的特别保护区，无任何人为设施的原野区，或允许较大规模开发的设施区。事实上，新西兰国家公园中几乎没有特别保护区和原野区。设施区只有在负面影响最小，且园外不具备开发条件的情况下才允许划建。与《保护管理战略》和《保护管理计划》不同，国家公园管理计划的审批部门是新西兰保护局而不是保护部。目前国家公园类的保护管理计划约有15份。与国家公园不同，新西兰法律往往不要求其他类型的保护地编制保护管理计划。

9.2.2 国内现行的自然保护地规划体系及存在问题

1. 自然保护地规划体系概述

（1）自然保护区

自然保护区的总体规划包括明确规划期内自然保护区建设和管理要达到的目标；界定自然保护区的范围、确定性质、类型和主要保护对象；在自然保护区内部进行或调整功能区划，进行建设和保护总体布局；制定一定时期内自然保护与生态恢复、科研监测、宣传教育、社区发展与共管共建、基础设施及辅助配套工程和资源可持续利用等方面的行动计划与措施，确定建设内容和重点；确定合理的保护区管理体系，管理机构与人员编制；测算建设项目投资、经营管理的事业费，分析与评估综合效益；提出规划实施的保障措施。自然保护区总规由自然保护区主管部门组织编制，规划编制完成后，由主管部门向上一级人民政府提交规划送审材料，包括规划文本、附表、附图，以及必要的附件。

此外，自然保护区还应制定相应的专项规划，细化总体规划中的项目规划，使其可以落地实施（《自然保护区总体规划技术规程》）。

(2) 风景名胜区

风景名胜区规划是为了适应保护、利用、管理、发展的需要，优化风景区用地布局，全面发挥风景区的功能和作用而制定的；可分为总体规划、详细规划两个阶段，包括基础资料与现状分析，风景资源评价，风景区范围、性质与发展目标，分区、结构与布局，容量、人口及生态原则等基本内容。对于大型而又复杂的风景区，可以增编分区规划和景点规划。一些重点建设地段，也可以增编控制性详细规划或修建性详细规划。风景名胜区总体规划的编制由风景名胜区所在地的县级以上人民政府组织，省、自治区、直辖市内跨行政区的风景名胜区总规，由其共同的上一级人民政府组织编制。风景名胜区总规编制完成后，省、自治区、直辖市人民政府主管部门应当会同有关部门并邀请专家进行评审，提出评审意见，为进一步修改完善规划提供依据。风景名胜区总规经主管部门审查后，报审定该风景名胜区的人民政府审批。

风景名胜区还需制定专项规划，包括保护培育规划、风景游赏规划、典型景观规划、游览设施规划、基础工程规划、居民社会调控规划、经济发展引导规划、土地利用协调规划、分期发展规划。其中，保护培育规划应包括查清保育资源，明确保育的具体对象，划定保育范围，确定保育原则和措施等基本内容。风景游赏规划应包括景观特征分析与景象展示构思；游赏项目组织；风景单元组织；游览组织和游程安排；游人容量调控；风景游赏系统结构分析等基本内容。典型景观规划应依据风景区主体特征景观或有特殊价值的景观来进行，包括典型景观的特征与作用分析；规划的原则与目标；规划内容、项目、设施和组织；典型景观与风景区整体的关系等内容。游览设施规划应包括游人与游览设施现状分析；客源分析预测与游人发展规模的选择；游览设施配备与直接服务人口估算；旅游基地组织与相关基础工程；游览设施系统及其环境分析五部分。基础工程规划应包括交通道路、邮电通信、给水排水和供电能源等内容，根据实际需要，还可以进行防洪、防火、抗灾、环保、环卫等工程规划。居民社会调控规划应包括现状、特征与趋势分析；人口发展规模与分析；经营管理与社会组织；居民点性质、职能、动因特征和分布；用地方向与规划布局；产业和劳力发展规划等内容。经济发展引导规划应包括经济现状调查与分析；经济发展的引导方向；经济结构及其调整；空间布局及其控制；促进经济合理发展的措施等内容。分期发展规划应划分为第一期或近期规划：5年以内；第二期或远期规划：5～20年；第三期或远景规划：大于20年。

风景名胜区规划成果应包括风景区规划文本、规划图纸、规划说明书、基础资料汇编等四个部分（《风景名胜区规划规范》）。

（3）森林公园

森林公园总体规划是为适应森林旅游与森林公园建设的需要而制定的，一般包括森林公园总体布局、环境容量与游客规模、景点与游览路线设计、植物景观工程、保护工程、旅游服务设施工程、基础设施工程等内容组成。规划成果应包括森林公园规划文本、设计说明书、设计图纸和附件四部分组成（《森林公园总体设计规范》）。

（4）地质公园

国家地质公园规划是为加强地质公园建设，有效保护地质遗迹资源，促进地质公园与地方经济的协调发展而指定的。规划的主要重点为：合理划定、明确界定地质公园范围；地质公园园区、功能区；地质遗迹的调查、评价、登录和保护；地质公园的科学解说系统；地质公园的科学研究；科学普及工作；地质公园的信息化建设规划；地质公园的管理体制和人才规划。地质公园规划应提交以下成果：规划文本、规划编制说明、规划图件及编制要求、编制规划图件注意事项、专项研究报告、基础资料汇编五部分。

国家地质公园规划由所在地市或县人民政府组织国家公园地质公园管理机构编制。规划的批准发布主要包括初审、报批、批复和发布等四个环节。

初审：由各省（区、市）国土资源行政主管部门在组织专家论证的基础上，对提交的规划送审稿进行初步审查，并提出修改意见；

报批：有关市、县人民政府和国家地质公园管理机构对规划进行修改后形成报批稿，经省（区、市）国土资源行政主管部门同意后报国土资源部批准；

批复：部组织专家对规划进行审查，根据审查意见做出批准、原则批准或者不予批准的决定；

发布：国家地质公园所在地市或县人民政府发布实施规划（《国家地质公园规划编制技术要求》）。

（5）湿地公园

国家湿地公园总体规划是通过对湿地公园所在地的自然、社会和经济条件的综合研究，确定该湿地公园的范围、规模和性质，科学合理开展功能分区，明确保护与恢复措施，设置必要的科普宣教设施，合理利用湿地资源，科学指导国家湿地公园的建设管理，促进社会经济可持续发展。国家湿地公园总体规划的内容应包括基本规定、总体布局、专项规划、基础工程规划、投资估算及效益评析等。其中专项规划包括保护规划、恢复重建规划、科普宣教规划、科研与监测规划、合理利用规划等部分。湿地公园总体规划成果文件，由摘要、规划文本和规划图纸三部分组成。

国家湿地公园总体规划首先需经省级林业主管部门组织专家评审，并根据专家意见修改后，报送国家级林业主管部门；其次，国家级林业主管部门组织专家进行现场考察并对总体规划送审稿提出修改意见，申报单位应根据专家意见组织对总体规划进行修改和完善；最后，总体规划最终稿报国家级林业主管部门审查备案（《国家湿地公园管理办法》）。

(6) 水利风景区

水利风景区规划是为科学、合理地开发利用和保护水利风景资源，促进人与自然和谐相处而制定的；主要包括资源调查、现状分析与评价，规划原则和范围，规划水平年和目标，规划布局，相应专项规划，风景区容量，投资估算及效益评价，以及规划环境影响评价等内容。其中专项规划是总体规划的细化，包括水资源保护规划、水生态环境保护与修复规划、景观规划、交通与游线组织规划、服务设施规划、配套基础设施规划、土地利用规划、竖向规划、安全保障规划、标识系统与解说规划、水利科技与水文化传播规划、营销与管理规划等内容。总体规划成果应包括文本、图纸和必要的附件等。

依托大中型水利工程的水利风景区和与特殊水利工程（如水源地）伴生的水利风景区，需采取会议形式进行评审。评审人员应由水利、环保、林业、经济、旅游、生态及城建等领域专家组成，评审人员应取得高级以上职称。水利风景区规划在报送审批前应依据水利规划环境影响评价有关要求，提交水利风景区规划环境影响评价文本（《水利风景区规划编制导则》）。

2. 存在的问题

我国各类自然保护地均有各自相应的规划编制技术和要求，对保护地管理和保护工作具有指导意义，但由于我国自然保护地种类繁多，没有科学统一的自然保护地体系，导致其规划体系存在以下问题。

(1) 规划体系不健全

我国各类自然保护地规划的编制主要用于指导自身的发展建设，因此规划处在总体规划层面。由于各类自然保护地管理部门提出的专业诉求不同，其所设定的规划管理目标各不相同。如5A级旅游景区规划要求旅游设施规划到位；森林公园规划要求对生物多样性与生态环境的保护到位；国家地质公园要求对地质景观进行保护、对地质科普教育规划到位；自然保护区则严禁游人进入核心景区；水利风景名胜区则强调水域景观规划和水域环境与水质的保护规划；风景名胜区的规划则强调核心景区保护与游览设施规划。由于目标不同，规划所设定的功能分区的侧重点不同，编制的规划所划定的保护分区和发展方向必然不同，甚至出现了保护与发展难以协调的空间布局乱象。汤旺河国家公园作为我国对国家公园的初步探索，通过专家评审的规划却是《中国汤旺河国家公园总体旅游规划》，而不是执行国家公园全面管理的公园总体发展规划。可见将国家公园等同于旅游区域的思维在各个层面依然存在。我国各类自然保护地规划体系不健全，仅停留在总体规划层面将难以指导自然保护地的整体发展。

(2) 规划法规体系不完备，规划缺乏依据

国家公园规划法规体系是指国家和地方制定的有关国家公园规划的法律、行政法规和技术规范，它能够以法律或者法规的形式确立国家公园规划成果的法律地位，明确国家公园规划编制工作相关的工作程序及技术标准。但国内目前缺乏相应的法律法规，导致国家公园规划无法可依。

(3) 规划层次不清晰，规划难以实施

自然保护地体系是指自然保护地为实现科学决策，在其发展和建设过程中，不同的工作阶段，需要对从宏观到微观，从整体到局部，从发展思路到具体方案实施中的各项问题进行逐次研究，并编制不同层次的规划。目前，除了旅游规划通常在总体规划与详细规划上有些相应的规定外，国内现有的自然保护地规划体系多站在总体规划层面。近几年中国城市规划设计院风景研究所已受住房和城乡建设部的委托研究风景名胜区详细规划，但尚未形成规范文件，规划层次不健全，规划难以实施与管理。

(4) 自然保护地重复命名，规划难以编制

我国的自然保护地均属于不同的管理系统。但在地域上，有些自然保护地是相互交叉与重叠的，甚至多种自然保护地的边界完全重叠造成了“一地多牌”的管理局面。根据各个管理部门要求编制的规划，是难以统一实施的；但是如果将自然保护地的各项规划统一编制，规划将难以编制。如神农架国家级风景名胜区既是自然保护区，又是国家地质公园，同时还是森林公园和5A景区，它的规划执行哪一个规范，又如何编制？因此，反复命名自然保护地，对自然保护地的管理而言，是将问题复杂化而非系统化。

9.2.3 国家公园体制试点关于规划体系的探索

1. 北京长城国家公园体制试点

北京长城国家公园体制试点规划体系包括基础层面、战略层面和具体实施层面3个层面（图9-2）。

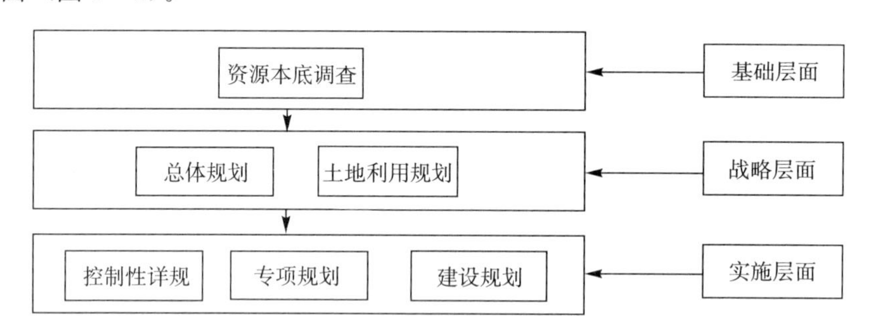

图9-2 规划体系示意

(1) 资源本底调查

从基础层面，对试点区资源进行全面、系统的摸底调查，以资源普查为基础，明确好资源保护和利用的关系，明确资源保护目标、资源保护对象、资源保护制度，引导区域自然与文化资源保护体系的良性发展，体现严格保护、永续利用的原则。

(2) 总体规划

在总体规划中，土地利用规划是最为重要的内容，应当划定禁建区、限建区、已建区，应当把建设用地与其他用地类型区别开，应当把村镇建设用地与游览设施用地区别开，应当明确划定开展游览的区域、进行农业林业生产的区域和生态保护的区域。总体规划的基本内容如下：国家公园范围；核心景区范围；国家公园建设和管理要达到的目标，分级保护区范围及其保护措施和控制规定；保护、游憩和社区发展等方面的规划，提出具体目标；国家公园管理和经营体系规划；规划实施的保障措施。

(3) 详细规划

国家公园应当针对建设用地编制详细规划。国家公园应当依据已经依法批准的总体规划，对具体地块的土地利用和建设提出控制指标，作为相关部门做出建设项目规划许可的依据。编制城市修建性详细规划，应当依据已经依法批准的控制性详细规划，对所在地块的建设提出具体的安排和设计。

在总体规划指导下对总规要求进行深化与完善的景区或区域，统筹协调资源保护、景观展示、功能布局、设施建设、居民调控、规模与容量控制等各方面的要求，并根据现状条件，因地制宜，统筹安排试点区内各项内容，保护景区与环境，突出景区特色，提升景区价值，指导后续的工程设计。基本内容包括：对景区准确定位和功能区划分；从资源保护利用、旅游组织、服务设施布置等方面出发，完善游赏系统和服务接待设施系统；完成景区各类性质用地地块的划分，提出各地块的保护、建设控制要求；明确建设用地的规划设计条件，对下一阶段的规划设计进行引导和控制。

(4) 专项规划

① 针对生态环境保护。制定包括环境保护、生物多样性保护、地质遗迹保护、森林资源保护培育、古树名木保护、基本农田保护、环境影响评估、环境容量控制、水生态修复、水土保持、防灾以及监测等在内的专项规划。对试点区内的核心自然资源，采取封禁、观测、阻隔、检验检疫等预防与治理措施；制订生物多样性资源保护目标，制订国家重点保护野生动植物的保护措施，提出重要的生态系统的保护措施；制订生态恢复目标，提出生态恢复的措施。

② 针对文化遗产保护。制定包括长城人文资源、古道人文资源、铁路人文资源和传统村落人文资源等在内的专项保护规划。对试点区内具有重要意义或特色的人文资源提出相应保护目标和措施，严格控制旅游环境容量，实现可持续发展。

③ 针对风景游赏。制定包括功能区规划、风景游赏规划、典型景观保护规划等。根据长城游览特点，制定如开放段长城游览线路规划和未开放段长城游览线路规划；根据森林公园的游览特点，制定森林体验线路规划以及相应的游览服务设施规划等。

④ 针对居民社会发展。制定包括居民社会发展规划、经济发展引导规划、土地利用协调规划、分期发展规划、规划实施措施等。村民收入主要来自外出打工、家庭型经营和农业收入。通过科学合理的居民社会发展规划，建立环境友好型产业，提高试点区居民的经济效益。

⑤ 针对基础设施。制定旅游服务基础设施和市政基础设施工程等规划。试点区

以现有的各项设施和岔道村、石峡村、南元村等村庄建设为基础，规划建设与国家公园建设相配套的旅游服务设施和市政基础设施，如旅游服务中心、旅游服务点、给排水、供电、水利等设施。

(5) 建设规划

对试点区基础设施现状进行充分的前期调研，分析论证现状存在的问题及解决方案。在满足试点区资源保护规划、总体规划、详细规划和专项规划的基础上，提出试点区各项重大基础设施建设计划的规划思路、指导思想以及所要达到的实施目标。对试点区人口规模、产业发展、交通需求、供水量、环境资源等进行科学预测，合理安排各项重大项目建设任务和建设时序。对建设项目进行年度分期实施排序、估算项目投资，对资金进行平衡分析，提出具有建设性的资金筹措方案。进而确定试点期间基础设施项目的建设规模，形成项目储备库，最后为项目的顺利实施，提出相应的保障措施。

(6) 规划组织实施

① 规划

国家公园体制试点区的总体规划，由北京市人民政府国家公园主管部门组织编制，报北京市人民政府审批。

国家公园体制试点区的详细规划和其他专项规划，由试点区管委会组织编制，报北京市人民政府国家公园主管部门审批。

国家公园试点区的各类规划由试点区管委会组织实施。

② 标准规范

标准规范是由试点区管委会组织相关单位根据国家公园的建设、发展需要，制定的各种管理标准或技术规程等标准化文件。

2. 青海三江源国家公园体制试点

三江源国家公园规划体系包括《三江源国家公园总体规划》，以及生态保护、管理规划、生态体验和环境教育、产业发展和特许经营、社区发展与基础设施建设 5 个专项规划。2018 年 1 月，《三江源国家公园总体规划》已由国家发展改革委批复。总体规划的内容框架如下：

（1）规划的意义、范围、期限、自然地理概况及建设的基本条件；

（2）规划的指导思想、基本原则、愿景和目标；

（3）功能定位、空间布局和管理目标；

（4）体制机制创新；

（5）生态系统保护；

（6）国家公园建设配套支撑体系；

（7）环境影响评价和效益分析；

（8）实施保障。

3. 湖北神农架国家公园体制试点

神农架国家公园规划体系包括《神农架国家公园总体规划》及《神农架国家公

园管理分区规划》《神农架国家公园保护专项规划》等相关的专项规划。目前，《神农架国家公园总体规划》已通过了专家评审，预计报国家发展改革委审批。总体规划的内容框架如下：

(1) 规划的意义；
(2) 规划的范围、指导思想、原则、性质定位、目标和依据；
(3) 功能区划和空间布局；
(4) 资源保护规划；
(5) 科研监测规划；
(6) 科普教育规划；
(7) 旅游发展规划；
(8) 社区发展规划；
(9) 管理体系规划；
(10) 分期建设规划与保障措施。

9.2.4 关于我国国家公园规划体系的建议

1. 确定法律依据

我国现有自然保护地总体规划的法律法规有《自然保护区总体规划技术规程》《风景名胜区规划规范》《国家级森林公园总体规划规范》《国家地质公园规划编制技术要求》《国家湿地公园总体规划导则》等。在国外国家公园的建设中，国家公园规划的制定和实施主要以综合性框架法和专类保护地法为依据。如美国国家公园总体管理规划和实施规划制定的主要法律框架是《国家环境政策法案》和《国家史迹保护法案》，战略规划和年度计划制定的主要法律框架是《政府政绩和结果法案》；《加拿大国家公园法》中规定了加拿大国家公园管理规划的相关事宜；英国《环境法》规定每个国家公园管理局制定管理规划；新西兰国家公园规划受《国家公园法》和《保护法》的法律保护，《国家公园总体政策》为其提供管理指导。

因此，为了确保国家公园建设总体规划的权威性和有效实施，其总体规划应受到相关法律法规的约束和指导。根据本书的第8章，国家公园建设总体规划应受到《国家公园和自然保护地法》保护。同时，《环境保护法》《森林法》《野生动物保护法》《野生植物保护法》《城乡规划法》《土地管理法》等法律也起到约束作用。

2. 规划体系的层次

国家公园规划体系分为发展规划、总体规划、详细规划、专项规划和年度工作计划等。其中，发展规划应提供全国性的宏观指导框架和长远目标；总体规划是明确国家公园的发展方向和目标；详细规划应根据园内分区的不同利用要求进行编制，应当符合建设总体规划；如有需要，可对国家公园内资源的专项保护或利用编制专项规划，如生态保护专项规划等；年度工作计划是对本年度国家公园管理和财政计划的规划和预算*。

国家公园总体规划，是指导国家公园建设管理的宏观层面的指导性文件，明确国家公园的发展方向和目标，是一段时间内国家公园的发展蓝图。国家公园总体规划的编制，应以保护自然资源和生态系统完整性为首要目标，提出管理方针和政策，并依据资源特征及价值对公园进行分区，突出自然资源的完整性、原生性和地域性特色，合理布局各类设施。总体规划还应遵循保护优先和全民受益原则，为公众提供游憩和教育机会，促进当地社会经济可持续发展。国家公园总体规划应主要为保护管理规划，兼顾建设规划内容。年度工作计划主要包括本财政年度计划的成果和本财政年度内的投入和支出 2 项内容。

3. 规划的编制和审批

国家公园总体规划、详细规划、专项规划应由各国家公园管理机构组织编制，由具备规划编制资质的单位承担编制任务。关于规划编制资质，应单独设立国家公园规划编制资质，并由中央国家公园管理机构进行认证，也可成立专门机构或科研院所。

规划编制前，应先编制规划纲要，明确规划的指导思想、目标、主要内容等。规划纲要编制完成后，各国家公园管理机构应当组织专家，对规划纲要进行现场调查和复核，提出审查意见。规划承担单位应根据审查意见，对规划纲要进行修改完善。

规划编制初期，各国家公园管理机构应组织规划承担单位进行外业综合调查，收集有关资料和文件。对调查收集的资料进行整理、分析后，规划承担单位编制规划文本，绘制必要的规划图件。

规划编制中期，规划草案完成后应广泛征求有关部门、专家和公众的意见，必要时应当进行听证。国家公园总体规划报送审核材料应当包括社会各界的意见以及意见采纳情况和未予采纳的理由。

规划编制完成后，由各国家公园管理机构在组织专家论证的基础上，对提交的规划送审稿进行初步审查，并提出修改意见。规划编制单位对规划进行修改后形成报批稿，经由各国家公园管理机构同意后，由各国家公园管理机构报国家公园管理局，并按程序进行审批。规划批准后，应当由国家公园管理局向社会公布，任何组织和个人有权查阅。经批准的国家公园总体规划不得擅自修改，确需进行修订的，应当报原审批机关批准。

4. 总体规划内容框架和成果

国家公园总体规划应当包括下列内容：

（1）国家公园的范围、性质和主要保护对象；

（2）规划的指导思想、依据、原则、目标和期限；

---

* 中国国家公园体制建设指南，内部资料。

（3）国家公园资源调查和价值评价；

（4）国家公园功能分区和空间布局；

（5）资源保护措施；

（6）专项规划（包括资源保护规划、科研监测规划、科普教育规划、社区发展规划、管理体制规划等）；

（7）分期建设规划及行动计划；

（8）国家公园建设配套支撑体系；

（9）建设投资及保护管理费用测算；

（10）综合效益评估；

（11）实施保障措施。

国家公园总体规划成果应包含：规划文本、规划编制说明、规划图件、专项研究报告、基础资料汇编以及其他必要附件等部分。

9.3　国家公园的功能分区

9.3.1　国外国家公园功能分区特点与启示

1. 国外国家公园管理分区概述

管理分区（management zoning）是国家公园管理分类的技术。为了不使游览活动对国家公园的自然生态系统和自然景观造成改变和破坏，对国家公园范围内的生态空间（土地）一般实行分区制。

美国国家公园一般根据公园的特定资源和资源利用进行分区，但并非每个公园要分区。大多数公园都分为原始自然保护区，无开发，人车都不能进入；特殊自然保护区和文化遗址区，允许少量公众进入，有自行车道、步行道和露营地，无其他接待设施；公园发展区，设有简易的接待设施、餐饮设施、休闲设施、公共交通和游客中心；特别使用区，单独开辟出来做采矿或伐木用的区域。

加拿大国家公园分为严格保护区，不允许公众进入，只有经严格控制下允许的非机动交通工具进入；荒野区，允许非机动交通工具进入，允许对资源保护有利的少量分散的体验性活动，允许原始的露营以及简易的、带有电力设备的住宿设施；自然环境区，允许非机动交通以及严格控制下的少量机动交通进入，允许低密度的游憩活动和小体量的、与周围环境相协调的供游客和操作者使用的住宿设施，以及半原始的露营；户外娱乐区，户外游憩体验的集中区，允许有设施和少量对大自然景观的改变，可使用基本服务类别的露营设备以及小型分散的住宿设施；公园服务区，允许机动交通工具进入，设有游客服务中心和园区管理机构，根据游憩机会安排服务设施。

日本国家公园分为特级保护区、特别地区（Ⅰ类）、特别地区（Ⅱ类）、特别地区（Ⅲ类）、海洋公园区和从属区。特级保护区要求风景不受破坏，有严格的保护措施，有步行道，允许游人进入；特别地区（Ⅰ类）在特级保护区之外，尽可能维持风景完整性，有步行道和居民；特别地区（Ⅱ类）有较多游憩活动，可以建设一些不影响原有自然风貌的休憩场所，有机动车道；特别地区（Ⅲ类）在对风景资源基本无影响的区域，可以集中建设游憩接待设施，建筑风格力求与当地自然环境和风俗民情相协调；海洋公园区和特级保护区规定相同；从属区域主要指当地居民居住区，在管理上较为宽松，但如果发生超过一定规模的设施建设或采矿等行为时，需向国家提出申请（图 9－3）。

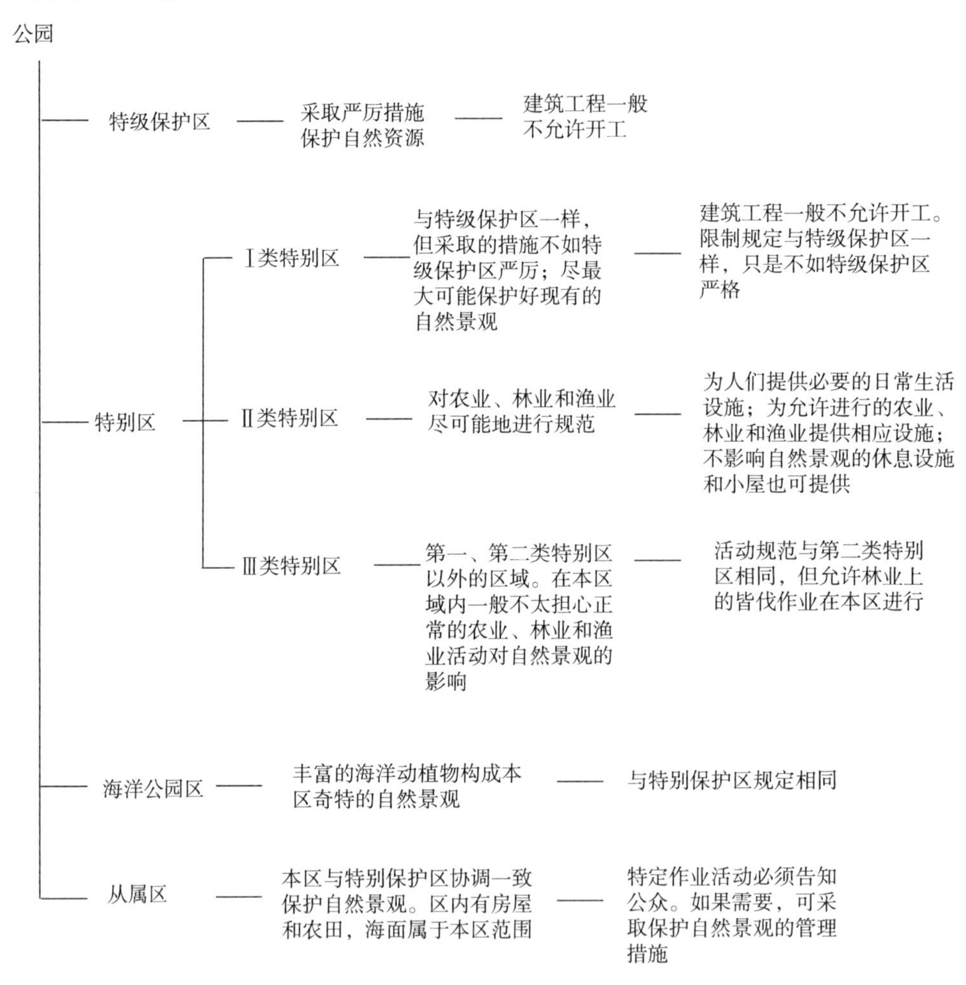

图 9－3　日本对在国家公园内开展活动的规定

韩国国家公园分为自然保存区、自然环境区、居住区和公园服务区。在自然保存区内，允许学术研究，有最基本的公园设施建设，军事、通信、水源保护等最基本设施，以及恢复扩建寺院。

德国国家公园分为核心区、人工辅助恢复区和缓冲区。核心区：严格保护自然动态过程，不进行任何人工经营管理。这个区域在公园建立 30 年后，应当达到公园面积的 75%以上。人工辅助恢复区：该区可以开展临时或短期人为管理，以恢复遭受人为干扰的自然景观，例如，封闭林区道理或者清除外来物种。该区要在30年内逐步过渡到核心区。缓冲区：该区可以开展长期经营活动，例如，作为文化景观周围的缓冲区。该区最多不得超过公园面积的25%。

南非国家公园包括可参观区和特别管理区，可细分为严格保护区、低密度步行访问区、极低密度越野车访问区、低密度越野车访问区、中密度越野车访问区、中密度轿车访问区、休闲区。严格保护区禁止人类进入；低密度步行访问区只允许游客步行，且需预约，每次仅1组人（8人/组）进入，可搭便携式帐篷，严禁遗留任何物品；极地密度越野车访问区可允许自驾4驱越野车进入，需预约，每次仅一组人（12人/组）进入，可搭便携式帐篷，严禁遗留任何物品；低密度越野车访问区可允许自驾4驱越野车进入，区内有帐篷、卫生间和淋浴房、饮用水，但使用设施需预约，最多允许进入24人；中密度越野车访问区允许轿车自驾，机动车数量有限制，区内有小型简易房12～24个床位、生活用品和炊具，最多允许进入24～48人；中密度轿车访问区允许轿车自驾，区内有中等简易房50～120个床位、商店、加油站，最多允许进入48～200人；休闲区允许轿车自驾，区内有大型简易房120～250个床位、餐馆、商店、加油站，最多允许进入200～300人。

新西兰国家公园正式分区有设施区（公园设施、游客接待和服务区）、荒野区（无任何人工设施的纯天然区域）、特别保护区（限制出入，为保护高度濒危物种或地区而设置）和托普尼区（有特殊文化重要性的毛利文化覆盖地区）。

巴西国家公园功能分区包括严禁干扰区、轻度干扰区、利用区、重度利用区、历史文化区、恢复区、特别应用区、冲突区、临时占用区、原住民区、科学试验区。

2. 国外国家公园功能分区的特点与启示

各个国家在进行国家公园等自然保护地的规划和管理时，都会考虑到利用功能分区的方法协调保护和利用之间的矛盾，在功能区的划分上有一些必然遵循的相似之处，具体体现在以下几方面：将保护和利用功能分开进行管理；与同心圆模式类似，各功能区保护性逐渐降低，而利用性逐渐增强；面向公众开放的国家公园都会设有集中的服务设施区。主要国家的国家公园功能分区有相似之处，但也各不相同，管理要求和平均面积也存在一定差异（表9-3），这主要是由于各国经济发展水平和人口分布密度差异，国家公园在协调资源保护与发展方面所起的作用程度以及面临的问题并不相同。如加拿大和美国的国家公园都设有了严格保护区，并将严格保护区和重要保护区作为公园的主体部门，同时设有不同游憩体验的功能区域；日本和韩国的国家公园都没有设立严禁公众进入的严格保护区，将限制性利用区作为公园的主体部门，并且还有专门的居住区，满足当地居民生产、生活需要。

表 9－3 主要国家的国家公园各功能分区管理要求对比

国家		主要功能分区			
		严格保护区	重要保护区	限制性利用区	利用区
管理要求	加拿大	Ⅰ 特别保护区：不允许公众进入。只有经严格控制下允许的非机动交通工具的进入。面积占比为3.25％	Ⅱ 荒野区：允许非机动交通工具的进入，允许对资源保护有利的少量分散的体验性活动。允许原始的露营以及简易的、带有电力设备的住宿设施。面积占比为94.1％	Ⅲ 自然环境区：允许非机动交通以及严格控制下的少量机动交通的进入。允许低密度的游憩活动和小体量的、与周边环境协调的供游客和操作者使用的住宿设施，以及半原始的露营。面积占比为2.16％	Ⅳ 户外娱乐区：户外游憩体验的集中区，允许有设施和少量对大自然景观的改变。可使用基本服务类别的露营设备以及小型分散的住宿设施。面积占比为0.48％ Ⅴ 区：公园服务区：允许机动交通工具进入。设有游客服务中心和园区管理机构。根据游憩机会安排服务设施。面积占比为0.09％
	美国	Ⅰ 原始自然保护区：无开发、人车不能进入。面积占比为95％	Ⅱ 特殊自然保护区/文化遗址区：允许少量公众进入，有自行车道、步行道和露营地，无其他接待设施		Ⅲ 公园发展区：设有简易的接待设施、餐饮设施、休闲设施、公共交通和游客中心 Ⅳ 特别使用区：单独开辟出来做采矿或伐木用的区域
	日本		Ⅰ 特级保护区：维持风景不受破坏，允许游人进入，有步行道和当地居民。面积占比为13％ Ⅱ 特别地区（Ⅰ类）在特级保护区之外，尽可能维持风景完整性，有步行道和居民。面积占比为11.3％	Ⅲ 特别地区（Ⅱ类）：有较多游憩活动，需要调整农业产业结构的地区，有机动车道。面积占比为24.7％	Ⅳ 特别地区（Ⅲ类）：对风景资源基本无影响的区域，集中建设游憩接待设施。面积占比为22.1％ Ⅴ 普通区：为当地居民居住区。面积占比为28.9％

续表

<table>
<tr><th colspan="2" rowspan="2">国家</th><th colspan="4">主要功能分区</th></tr>
<tr><th>严格保护区</th><th>重要保护区</th><th>限制性利用区</th><th>利用区</th></tr>
<tr><td rowspan="2">管理要求</td><td rowspan="2">韩国</td><td colspan="2">Ⅰ 自然保存区：允许学术研究；最基本的公园设施的建设；军事、通信、水源保护等非在此设置不可的最基本设施；恢复、扩建寺院。面积占比为21.6%</td><td></td><td rowspan="2">Ⅲ 居住区：分为自然居住区和密集居住区。居住建筑不污染环境的家庭工业；设有医院、药店、美容院、便利店等为居民提供服务的设施。面积占比为1.3%
Ⅳ 公园服务区：集中的公共设施、商业和住宿区域。面积占比为0.2%</td></tr>
<tr><td></td><td colspan="2">Ⅱ 自然环境区：不集中建设公园设施、以不改变原有土地类型为原则，允许公众进入。面积占比为76.2%</td></tr>
</table>

分区是协调资源保护与开发的有效手段，我国国家公园功能分区应结合中国实际情况和特点，依据公园设立的目标、人地紧张程度和开发利用程度进行合理划分。总体上国家公园分区应呈同心圆模式，由内向外，划分的区域应从相对的严格保护逐渐过渡到有各种不同人类活动的区域，根据国家公园的自然地理特征也有呈带状分布的情况。落实到具体保护地分区时，应根据保护地所属类型、保护和管理工作目标，以及面临的具体问题等考虑适宜的分区模式。分区的目的是保护资源和缓解矛盾，而不能促进矛盾升级。对于原属各类保护地外围的其他用地类型，在周边居民较多的情况下可以设置外围缓冲区允许初级农、牧、水利等需要，注意保护性利用，禁止工矿业、城镇、商用等开发。应加大国家公园内自然资源的本地调查与监测力度。对国家公园内的各项自然资源及生态系统状况进行全面详尽的调查，并进行定期监测，动态掌握保护对象的状态。根据国家公园内保护对象的特点，可以采取静态与动态相结合的功能区划模式，如在不同的季节采取相应的管理对策。

9.3.2　国内各类保护地分区管理现状和存在问题

1. 各类自然保护地分区管理现状

本书课题组对我国现有的自然保护区、风景名胜区、森林公园、地质公园、海洋特别保护区的功能分区进行了梳理，见表9－4。

表 9-4　各类保护地功能分区与管制措施

保护地类型	主要功能	分区名称	划分范围	管制措施	分区依据
自然保护区	保护自然生态系统，维持生物多样性	核心区	自然保护区内保存完好的天然状态的生态系统以及珍稀、濒危动植物的集中分布地，应当划为核心区	禁止任何单位和个人进入。原则上不允许进入从事科学研究活动。因科学研究需要，必须进入核心区从事科学研究观测、调查活动的，应当事先向自然保护区管理机构提交申请和活动计划，并经省级以上人民政府有关自然保护区行政主管部门批准；其中，进入国家级自然保护区核心区的，必须经国务院有关自然保护区行政主管部门批准	1994 年颁布，2006 年修订《中华人民共和国自然保护区条例》是自然保护区功能区划分的基本依据。2008 年国家林业局颁布《自然保护区功能区划技术规程》具有重要指导作用
		缓冲区	核心区外围可以划定一定面积的缓冲区	只准进入从事科学研究观测活动。禁止在自然保护区的缓冲区开展旅游和生产经营活动。因教学科研的目的，需要进入自然保护区的缓冲区从事非破坏性的科学研究、教学实习和标本采集活动的，应当事先向自然保护区管理机构提交申请和活动计划，经自然保护区管理机构批准	
		试验区	缓冲区外围划为试验区	可以进入从事科学试验、教学实习、参观考察、旅游以及驯化、繁殖珍稀、濒危野生动植物等活动。在国家级自然保护区的实验区开展参观、旅游活动的，由自然保护区管理机构提出方案，经省、自治区、直辖市人民政府有关自然保护区行政主管部门审核后，报国务院有关自然保护区行政主管部门批准；在地方级自然保护区的实验区开展参观、旅游活动的，由自然保护区管理机构提出方案，经省、自治区、直辖市人民政府有关自然保护区行政主管部门批准	

续表

保护地类型	主要功能	分区名称	划分范围	管制措施	分区依据
风景名胜区	为人们提供游览、休息或进行科学、文化活动的场所和机会	特级保护区	（风景名胜区规划规范）风景区内的自然保护核心区以及其他不应进入游人的区域。应以自然地形地物为分界线，其外围有较好的缓冲条件	在区内不搞任何建筑设施	风景区规划纲要、风景名胜区总体规划、风景区详细规划三类规划为法定规划。主要以1999年的规范和2006年的条例及相关政府文件作为法定依据
		一级保护区	在一级景点和景物周围划出一定范围与空间作为一级保护区，宜以一级景点的视域范围为主要划分依据	可以安置必需的步行游赏道路和相关设施，严禁建设与风景无关的设施，不得安排旅宿床位，机动交通工具不得进入	
		二级保护区	在景点范围内，以及景区范围之外的非一级景点和景物周围应划入二级保护区	可以安排少量旅宿设施。但必须限制与风景游赏无关的建设，应限制机动交通工具进入	
		三级保护区	在风景区范围内，对以上各级保护区之外的地区划分为三级保护区	应该有序控制各项建设与设施，并应与环境相协调	

续表

保护地类型	主要功能	分区名称	划分范围	管制措施	分区依据
地质公园	保护地质遗迹，提供科普教育基地、观光旅游	特级保护点（区）	特级保护点（区）是指科学价值极高且易于受损的地质遗迹点（区）	特级保护点（区）不允许游客进入，以保护和科研为目的的人员经地质公园管理部门批准后方可进入。点（区）内不得设立与地质遗迹保护无关的建筑设施	《地质遗迹保护管理规定》《国家地质公园规划编制技术要求》（国土资发〔2016〕83号）
		一级保护区	世界级和国家级地质遗迹集中分布的区域。对国际或国内具有极为罕见和重要科学价值的地质遗迹实施一级保护，非经批准不得入内	经设立该级地质遗迹保护区的人民政府地质矿产行政主管部门批准，可组织进行参观、科研或国际交往。可以设置必要的游赏步道和相关设施，但必须与景观环境协调，严格控制游客数量，禁止机动交通工具进入	
		二级保护区	省级地质遗迹集中分布的区域。对大区域范围内具有重要科学价值的地质遗迹实施二级保护	经设立该级地质遗迹保护区的人民政府地质矿产行政主管部门批准，可有组织地进行科研、教学、学术交流及适当的旅游活动。允许设立少量的、与景观环境协调的地质旅游服务设施，不得安排影响地质遗迹景观的建筑。合理控制游客数量	
		三级保护区	指具有科普及游览价值的一般地质遗迹分布区。对具一定价值的地质遗迹实施三级保护	经设立该级地质遗迹保护区的人民政府地质矿产行政主管部门批准，可组织开展旅游活动。可以设立适量的、与景观环境协调的地质旅游服务设施，不得安排楼堂馆所、游乐设施等大规模建筑	

续表

保护地类型	主要功能	分区名称	划分范围	管制措施	分区依据
森林公园	保护森林资源、提供科普教育基地、观光旅游	核心景观区	拥有特别珍贵的森林风景资源，进行严格保护的区域	除了必要的保护、解说、游览、休憩和安全、环卫、景区管护站等设施之外，不得规划建设住宿、餐饮、购物、娱乐等设施	
		一般游憩区	森林风景相对平常，且方便开展旅游活动的区域	可规划少量旅游公路、停车场、宣教设施、景区管护站及小规模的餐饮点、购物亭等	
		管理服务区	为满足森林公园管理和旅游接待服务需要而划定的区域	管理服务区内应当规划入口管理区、游客中心、停车场和一定数量的住宿、餐饮、购物、娱乐等接待服务设施，以及必要的管理和职工生活用房	
		生态保育区	指以生态保护修复为主，基本不进行开发建设、不对游客开发的区域	不允许游客进入，以保护和科研为目的的人员经森林公园管理部门批准后方可进入。点（区）内不得设立与森林资源保护无关的建筑设施	
海洋特别保护区		重点保护区		实行严格的保护制度，禁止实施各种与保护无关的工程建设活动	《海洋特别保护区管理办法》
		适度利用区		在确保海洋生态系统安全的前提下，允许适度利用海洋资源。鼓励实施与保护区保护目标相一致的生态型资源利用活动，发展生态旅游、生态养殖等海洋生态产业	
		生态与资源恢复区		根据科学研究结果，可以采取适当的人工生态整治与修复措施，恢复海洋生态、资源与关键生境	
		预留区		严格控制人为干扰，禁止实施改变区内自然生态条件的生产活动和任何形式的工程建设活动	

我国的自然保护区、风景名胜区、森林公园、地质公园、海洋特别保护区都实行分区管理，但有着不同的功能，资源的可利用程度和保护强度不同，管理目标也不同。如自然保护区功能区的划分主要参考世界生物圈保护区的“三区模式”，核心区、缓冲区和实验区，并对不同的功能区实行有针对性的管理策略。《自然保护区管理条例》明确规定，在自然保护区内禁止进行砍伐、放牧、狩猎、捕捞、采药、开垦、烧荒、开矿、采石、挖沙等活动，法律、行政法规另有规定的除外。在自然保护区组织参观、旅游活动的，必须按照批准的方案进行，并加强管理，进入自然保护区参观、旅游的单位和个人，应当服从自然保护区管理机构的管理。严禁开设与自然保护区保护方向不一致的参观、旅游项目。风景名胜区规划编制中存在着多种分区类型，如功能分区、景区划分、保护区划分，以及几种方法协调并用进行的划分。表 9-4 中是针对风景保护严格程度进行的四级分区。依据《风景名胜区规划规范》，风景保护的分类还包括生态保护区、自然景观保护区、史迹保护区、风景恢复区、风景游览区和发展控制区。针对各分区有相应的管理措施，如生态保护区是指对风景区内有科学研究价值或其他保存价值的生物种群及其环境所划出的一定范围与空间，可以配置必要的研究和安全防护性设施，禁止游人进入，不得搞任何建筑设施，严禁机动交通及其设施进入。《风景名胜区管理暂行条例》规定，风景名胜区的土地，任何单位和个人都不得侵占。在风景名胜区及其外围保护地带内的各项建设，都应当与景观相协调，不得建设破坏景观、污染环境、妨碍游览的设施。在游人集中的游览区内，不得建设宾馆、招待所以及休养、疗养机构。在珍贵景物周围和重要景点上，除必需的保护和附属设施外，不得增建其他工程设施。

2. 各类保护地分区管制存在问题

一是缺少统一的分区标准，分区界限模糊。自然保护区分区规定较为模糊，由于缺少本底资源的全面调查，功能区多是人为定性划分，主观随意性较大。风景名胜区从不同角度进行的功能分区、景区划分和保护区划分，在一定程度上推动了保护地的发展，但分区之间缺乏有效衔接，比较混乱和随意。如在组织景观和游赏特征时进行了景区划分，而在保护区分类中又划出了风景游览区，保护区划与生态分区也有交叉部分。此外，各类保护地的分区与管制要求也存在差异。自然保护区从立法上明确其功能偏重“保护自然环境与自然资源”，而非合理利用自然资源。风景名胜区则更多强调旅游利用以满足大众需求，分区标准和管制要求自然也不尽相同。

二是分区设置未充分考虑实际情况，科学合理性有待提高。首先是对生态系统的完整性重视不足，如自然保护区常划分出多个核心区，且相互独立成片，某种程度上割裂了生态系统的完整性。自然保护区中相对来说包含有较为完整的生态系统，而其他类型保护地都以一种自然资源为主，某种程度上更容易割裂生态系统的山水林田湖草等要素和结构的完整性。其次是缓冲区的设置不合理。有些保护区的核心区外无缓冲区或缓冲区设置不合理，相邻保护区之间缺少协调，在一定程度上影响了自然保护区的管理。最后是分区未充分考虑原住居民，易造成社会矛盾。如自然保护区核心区和缓冲区中包括有居民居住和生产生活区域，没有将保护区内存在的必要人类活动区域划分出来，或者是没有采取合理的方式使核心区和缓冲区的原住居民有序迁出，极易造成保护地同当地居民之间的矛盾，也不便于执法、监督和管理。

三是管理权责分散，缺少统一的资源分区管理体制。一方面是规划不衔接，分区管制难发力。如风景区规划与村镇规划由不同的部门编制和审批，由于《村庄和集镇规划建设管理条例》中规定，除城市规划区内的村庄、集镇外，其他地区村庄、集镇规划的编制和监督实施权在乡级政府，审批权在县级政府，使得一些风景区中不符合风景区规划的建设项目都具有合法的审批手续，景区规划难控制景区内村镇的发展。另一方面，在含有自然保护区、森林公园的风景区中，按国家和林业部门规定，分别编制各自规划，并向相应的主管部门审批，因管理机构不统一和部门利益冲突，常出现属地开发建设。

9.3.3　国家公园体制试点分区管理状况及存在问题

当前10个国家公园体制试点分别对公园进行了分区管理，具体分区及管理措施见表9－5。

表9－5　国家公园试点功能分区管理

国家公园试点	功能分区	范围	管理措施
武夷山国家公园试点	特别保护区	保护天然状态的生态系统、生物进程以及珍稀、濒危动植物的集中分布区域，包括自然保护区的核心区和缓冲区、风景名胜区的一级保护区	特别保护区内的生态系统必须维持自然状态，禁止任何人为活动的干扰和破坏
	严格控制区	保护具有代表性和重要性的自然生态系统、物种和遗迹的区域，包括自然保护区的实验区、风景名胜区的二级保护区	严格控制区内，可以进入从事科学研究、实验监测、教学实习以及驯化、繁殖珍稀、濒危野生动植物等活动，可以安置必要的步行游览道路和低干扰生态旅游设施。严禁开展与自然保护区保护方向不一致的参观旅游项目
	生态修复区	生态修复重点区域，是向公众进行自然生态教育和遗产价值展示的区域，包括风景名胜区的三级保护区和九曲溪上游保护带（不含村庄区域）	严格控制旅游开发和利用强度，允许游客进入，但只能安排少量管理及配套服务设施，禁止建设与生态文明教育及遗产价值展示无关的设施

续表

国家公园试点	功能分区	范围	管理措施
武夷山国家公园试点	传统利用区	原住居民生活和生产的区域	允许原住居民开展适当的生产活动，或者建设公路、停车场、环卫设施等必要的生产生活、经营服务和公共基础设施，其选址、规模和风格等应当与生态环境相协调
南山国家公园试点	严格保护区	原金童山国家级自然保护区的核心区、部分缓冲区和实验区；原南山国家级风景名胜区南山片区的一级保护区、二级保护区；原白云湖国家湿地公园十万古田片区、新增区域的山顶一线区域	(1) 原则上禁止人类活动及机动车进入，因科研或资源保护需要的须先得到试点区管理机构的同意； (2) 禁止建设任何建筑物、构筑物、生产经营设施等； (3) 在《国家公园法》未出台前，执行自然保护区核心区和缓冲区、风景名胜区核心景区、湿地公园的湿地保育区等相关保护要求
	生态保育区	原金童山国家级自然保护区的部分缓冲区和实验区；原南山国家级风景名胜区南山片区的部分三级保护区；新增区域的山腰一线区域	(1) 作为严格保护区的外围缓冲区域，保护级别稍弱于严格保护区； (2) 只允许建设资源保护、科研监测类建筑物、构筑物、设施，现有与保护无关设施应有计划迁出； (3) 动植物资源原则上自然发展，必要区域可适度人工干预
	公园游憩区	原金童山国家级自然保护区的部分实验区；原南山国家级风景名胜区南山片区的部分三级保护区；新增区域的部分区域；公路沿线	(1) 作为大众游憩的主要展示区域，在满足最大环境承载力、不破坏自然资源等条件下，允许机动车进入，适度开展观光娱乐、游憩休闲、餐饮住宿等旅游服务； (2) 旅游服务设施尽量集中建设，尽可能减少利用面积
	传统利用区	原南山镇区、各村居民点所在区域、基本农田区域、牧业利用区域、水电站区域、南山风电区域	(1) 结合国家公园资源保护与游憩发展的目标，引导试点区内居民可持续利用自然资源来生产生活； (2) 控制区内的民居建设及风貌； (3) 通过建立生态补偿机制、社区参与机制等方式强化区内居民资源保护意识，引导其行为； (4) 严格控制牧业规模和风电场的运营，严格管理水电站，在有条件情况下予以退出

续表

国家公园试点	功能分区	范围	管理措施
东北虎豹国家公园试点	核心保护区	维护现有虎豹种群正常繁衍、迁移的关键区域，优先采取严格管控措施的区域	对区域内的生态系统和自然资源实行严格保护，优先清理不符合保护和规划要求的各类设施、工矿企业。除科研监测、栖息地管理活动外，禁止开展林下放牧、林蛙养殖、人参种植、松子和林产品采集等生产经营活动。禁止建设与保护管理无关的人工基础设施，除现有巡护、防火道路外不规划新建任何道路设施，对已有道路实行车辆通行管控。撤除天然林保护、农耕地、牧场等围栏。除必要的栖息地管理外原则上不采取人工造林等修复措施，禁止开展生态旅游、生态体验等活动，保持区域内生态系统的自然状态，维持生态系统的原真性、连通性和完整性
	特别保护区	我国边境国防控制区，以及中国、俄罗斯、朝鲜三国间东北虎、东北豹种群主要连通区域	保护管理机构和边防部队共同管理，以满足国防安全和东北虎豹保护的需求。除科研监测、廊道建设设施修建维护外，禁止建设其他人工基础设施；实施森林、湿地封禁保护，分段改造边境围栏，除必要的栖息地管理外原则上不采取人工措施。除边防、保护管理人员，以及口岸通关、旅游车辆沿线穿过外，其他人员进入需要获得边防和保护机构的共同许可
	恢复扩散区	东北虎、东北豹家域向外扩散的关键区域，也是生态修复、改善栖息地质量和生态廊道的重点区域	允许以自然恢复为主，人工修复为辅，采取近自然的方式修复栖息地，培育次生林，改造人工林；允许对现有巡护道、防火道、瞭望塔进行改造修复，允许利用现有国有林场设施改建管护站等设施。禁止形成人口、居住点增量，禁止散养放牧、养蛙、种参、采集松子等生产经营活动。禁止设置生态旅游、生态体验等活动，保持东北虎豹栖息地稳定，促进东北虎豹种群数量增长

续表

国家公园试点	功能分区	范围	管理措施
东北虎豹国家公园试点	镇域安全保障区	虎豹公园内林场职工、当地现有居民安全居住、生产、生活的主要区域，也是开展与虎豹公园保护管理目标相一致的自然教育、游憩、生态体验服务的主要场所	镇域安全保障区（固定）在法律法规范围内，鼓励支持当地居民利用现有的自然和经济社会条件，以投资入股、合作、劳务等形式从事符合保护要求的传统种植、养殖、加工，以及农事和民俗体验活动；允许开展自然教育活动，以及利用现有设施设置简易营地、驿站；允许修建和维护必要的生产生活设施，开展惠民项目；允许修建居民安置点、农业设施；禁止采矿等规模化、工业化的生产经营活动。在人口密集的乡镇所在地，建设符合保护和规划要求的业务管理、公共服务设施，成为国家公园保护管理的保障基地、培训基地和宣教基地。逐渐建成生态友好、人虎冲突弱化的可持续发展社区。 镇域安全保障区（临时）仅允许当地居民从事符合保护要求的传统种植、养殖，并逐步进行撤村并屯
香格里拉普达措国家公园试点	严格保护区	试点区范围内自然生态系统保存最完整或者核心资源分布最集中、自然环境最脆弱的区域	
	生态保育区	生态保育区是试点区范围内维持较大面积的原生生态系统或者已遭到不同程度破坏而需要自然恢复的区域	
	游憩展示区	游憩展示区是试点区范围内展示自然风光和人文景观的区域。试点区内已建有基础设施和旅游设施、已开发旅游线路的区域，以及部分保护价值较低，但景观价值较高的空间划入游憩展示区	充分利用现有的基础设施，尽量减少新建项目。将位于碧塔海自然保护区的2004年修建的8km防火通道划入游憩展示区，用于教育展示、环保车的通行。此通道穿越了严格保护区，但在使用中仅允许车辆通行，人员不能下车游览，道路两边也采取了边坡植物防护、固定等生态防护措施，以减少对严格保护区的干扰和影响

续表

国家公园试点	功能分区	范围	管理措施
香格里拉普达措国家公园试点	传统利用区	传统利用区是试点区范围内原住居民生产、生活集中的区域	
大熊猫国家公园试点	核心保护区	包括原有自然保护区和缓冲区、风景名胜区的核心景区、森林公园生态保育区、大熊猫分布高密度区、国家一级公益林中的大熊猫适宜栖息地	强化保护和自然恢复为主，禁止生产经营活动，确保生态系统原真性，提高生态系统服务功能
	生态修复区	核心保护区外的大熊猫栖息地、局域种群交流重要廊道	生态修复区以保护和修复为主，是核心栖息地的重要屏障，实施必要的人工干预措施，加快生态退化区域的修复
	科普游憩区	重要生态旅游与环境教育资源、核心保护区与生态修复区之外的生态旅游区域及通道	此区域在强化资源保护管理的同时，留出适度空间满足公众科研、教育和游憩需要
	传统利用区	居民聚居区、居民传统利用的交通通道、成片非栖息地经济林	传统利用区结合当地传统民俗文化以及地域、生态与资源特色，适度发展生态产业，合理控制生产经营活动
北京长城国家公园试点	长城文物保护范围		对于长城文物保护范围的建设项目，严禁增量，逐渐削减存量
	长城周边建设控制地带		结合未来“国家公园总体规划”要求，加强监督管理，对区域内建设强度、建筑高度、色彩、格局、历史风貌、环境安全等做出严格限制

续表

国家公园试点	功能分区	范围	管理措施
三江源国家公园试点	核心保育区	以自然保护区的核心区和缓冲区范围为基线，衔接区域内自然遗产提名地、国际和国家重要湿地核心区域和国家级水产种质资源保护区、国家水利风景区等的核心区边界，以及野生动物关键栖息地进行划定	按照自然遗产提名地的管控标准，严控人类活动，禁止新建与生态保护无关的所有人工设施。施行长期全面禁渔；禁止开展商业性、经营性生产活动；加强区域野生动物（鱼类）种群监测和生态系统定期评价；实施冰川雪山区和高寒沼泽区封禁保护，严禁非科考以外的一切人为活动；实施湿地保护和封禁工程，确保湿地生态系统健康；全面禁止生产性畜牧活动；加强野生动物及其栖息地监测，开展定期评价
	生态保育修复区	核心保育区外生态保护和修复重点区域	该区以强化保护和自然恢复为主，实施必要的人工干预恢复措施，加强退化草地和沙化土地治理、水土流失防治、天然林地保护，实施严格的禁牧、休牧、轮牧，逐步实现草畜平衡
	传统利用区	为核心保育区和生态保育修复区之外的区域，生态状况总体稳定，是当地牧民的传统生活、生产空间，是国家公园与区外的缓冲和承接转移地带	对于生活区域，严格管控乡镇政府所在地及社区、村落的现状建设用地；传统利用区内除生活区域外的其他区域，严格落实草畜平衡政策，适度发展生态畜牧业，合理控制载畜量，保持草畜平衡
祁连山国家公园试点	核心保护区	现有自然保护区的核心区和部分保护恢复较好的缓冲区、森林公园和湿地公园的生态保育区，以及其他区域的冰川雪山、森林灌丛、典型湿地、脆弱草场、雪豹等珍稀濒危物种重要栖息地及关键廊道划入核心保护区	长期保持区域内生态系统的自然状态，维持生态系统的原真性和完整性。严格保护冰川雪山和多年冻土带以维持固体水库功能；严格保护雪豹等野生动物关键栖息地完整性和连通性，确保珍稀濒危野生动物种群恢复

续表

<table>
<tr><th>国家公园试点</th><th colspan="2">功能分区</th><th>范围</th><th>管理措施</th></tr>
<tr><td rowspan="2">祁连山国家公园试点</td><td rowspan="2">控制区</td><td>生态修复区</td><td>近年来，人为干扰严重、生态系统已经不同程度受损的集中分布区，包括核心保护区外实施生态修复和综合治理的重点区域。将现有自然保护地内需要生态修复的区域、其他生态系统脆弱或受损严重需要保护修复的区域、工矿企业退出后需要集中连片修复的区域，以及原住牧民的夏秋牧场划入该区域</td><td>维护生态系统健康稳定，提高涵养水源和生物多样性保护功能。保护雪豹等珍稀野生动物物种，保持野生动物迁徙通道完整性和连通性。以自然修复为主，通过适当的人工干预，加快退化森林草地恢复，提升生态系统承载力，加强退化土地治理，逐步恢复生态系统原有风貌，逐渐减少人类活动干扰</td></tr>
<tr><td>合理利用区</td><td>生态状况总体稳定，是当地牧民的传统生活、生产空间，以及为公众提供亲近自然、体验自然的游憩场所，是国家公园与区外的缓冲和承接转移地带</td><td>维持草畜平衡，推进原住居民生产生活方式转变，减轻经济发展对资源消耗的压力，形成可持续的资源利用和绿色发展模式。开展与管理目标一致的科普、宣教、体验和自然教育活动，为访客提供优质生态公共服务</td></tr>
<tr><td>神农架国家公园试点</td><td colspan="2">严格保护区</td><td>神农架国家公园核心资源最为集中、自然生态系统最为脆弱、最具保护价值的区域。包括神农架川金丝猴及其他珍稀动物的核心活动区及部分潜在活动区、珍稀濒危植物集中分布区、典型植被带或原生群落保存完整区、泥炭藓适宜生境、典型地质遗迹最重要保护地或生态系统极敏感区域（即核心资源保护重要性评价结果的极重要区域）及国家公园范围内相关保护地规划的核心区和缓冲区范围</td><td>禁止在严格保护区内新建任何建筑物、构筑物等设施，原则上禁止人员进入，确因科研监测需要进入的，须征得国家公园管理机构的书面同意，且不得有破坏性行为，以期最大限度地维持自然生态系统和动植物栖息地的完整性和原始性。在严格保护区分界处设立界碑或界桩，并设置相应的警示牌和宣传牌</td></tr>
</table>

续表

国家公园试点	功能分区	范围	管理措施
神农架国家公园试点	生态保育区	生态保育区是自然生态系统保存较为完整、对核心资源起到保护和缓冲作用、延伸被保护资源的潜在发展区域，或是生态系统亟须恢复或完善的区域。国家公园规划范围内川金丝猴及其他珍稀动物的潜在活动区、珍稀濒危植物一般分布区、典型植被带或群落保存较完整区、泥炭藓较适宜生境、地质遗迹较重要保护地或生态系统高度敏感区域（即核心资源保护重要性评价结果的高度重要区域），主要分布在国家公园范围内相关保护地规划的实验区或保育区	生态保育区的生境及植被恢复在遵照自然规律的基础上，允许适度的人工干预，禁止开展多种经营和游憩活动；只允许建设必要的保护、监测及科教设施，严禁住宿、餐饮、娱乐等开发建设行为
	游憩展示区	游憩展示区是集中承担国家公园游憩、展示、科普、教育等功能的区域。主要分布在国家公园范围内相关保护地规划的实验区，包括神农顶景区、大九湖部分区域、官门山景区、龙降坪景区等景区	可开展与国家公园保护目标协调的科普展示、公众宣教、生态游憩等活动，在环境影响评估的基础上，允许必要的科教、解说、游览、安全、环卫等基础设施建设，可适当设置观光、游憩等服务设施。该区域必须执行严格的环境影响评价程序，实施规划审批备案等机制；实施特许经营管理；控制游客总量，售票实行预约制，减少对生态环境的影响；设置专业的导游、标识及解说系统；游客必须遵守公园旅游管理规定，禁止破坏公共服务设施；禁止刻划涂污、随地便溺、乱扔垃圾、大声喧哗等不文明行为

续表

国家公园试点	功能分区	范围	管理措施
神农架国家公园试点	传统利用区	传统利用区是当地居民生产和生活的区域。包括基本农田区域，森林、水资源的有限利用区域。传统利用区由诸多小区域组成	传统利用区以社区参与文化资源展示及生态旅游活动为主，可开展对自然生态系统无明显影响的生产、经营活动。国家公园管理局与社区成立共管委员会，引导社区居民参与国家公园管理，建立新型国家公园居民点体系；鼓励社区居民参与特许经营，从事可持续发展的生产活动；加强居民用水、用火管理，加大环境保护宣传力度；禁止乱砍滥伐，乱捕滥猎，乱采滥挖，毁林开荒；禁止经营性采石开矿、挖沙取土；禁止超标排放废水、废气和倾倒废弃物；禁止擅自引入、投放、种植不符合生态要求的生物物种
钱江源国家公园试点	核心保护区	保存完整的自然生态系统和生物栖息地、空间连续的核心分布区、自然环境脆弱的地域。包括古田山国家级自然保护区核心区和缓冲区、钱江源国家森林公园的特级和一级保护区	禁止新建、改建、扩建任何与防洪、保障供水和保护水源等无关的建设项目。禁止从事可能污染饮用水水体的活动。杜绝任何对亚热带阔叶林生态系统有干扰和破坏的人为活动。严禁任何单位和个人采摘、挖掘、移植、引种、出卖和收购区内珍稀濒危物种。除经批准的科研活动外禁止任何单位和个人进入，也不得开展旅游和生产经营活动
	生态保育区	维持较大的原生生境或已经遭到不同程度破坏而自然恢复的区域，为核心保护区的生态屏障。包括古田山国家级自然保护区的实验区、钱江源国家森林公园二级和三级保护区以及连接两处保护地的有林地	不得建设污染环境，破坏资源或者景观的生产设施；加强对保护区的原生生境和已经遭到不同程度破坏而需要自然恢复的区域的控制和管理，对重点保护植物种质资源视情况开展迁地保护。建设项目污染物排放不得超过国家和地方规定的排放标准

续表

国家公园试点	功能分区	范围	管理措施
钱江源国家公园试点	游憩展示区	开展与国家公园保护目标相协调的游憩活动，展示大自然风光和人文景观的区域。包括古田山庄，齐溪、长虹、田畈居民点集中的区域	控制游客容量，不改变原有自然景观与文化遗产原真性；建设不与自然环境相冲突的自然与文化遗产参观、体验、宣教、解说设施。对于拟开展的基础设施建设，严格执行环境影响评价制度
	传统利用区	试点范围内现有社区生产、生活及开展多种经营的区域。包括长虹、齐溪东部区域	保护古村落及古建筑，在修缮和保护利用古建筑民居时，禁止与周边环境相冲突，在不影响自然资源、文化遗产和主要保护对象的前提下，可开展生态林业、生态农业、传统文化展示等利用活动

从功能区的划分数量而言，北京国家公园体制试点根据主要保护对象（长城）的特点，分为两个功能区；三江源国家公园体制试点分为核心保育区、生态保育修复区和传统利用区三个功能区。除以上两个试点外，其他 7 个国家公园体制试点（武夷山、南山、普达措、大熊猫、东北虎豹、钱江源、神农架）均将国家公园分为四个区域进行管制（祁连山功能分区尚未明确）。

从分区的功能而言，除武夷山国家公园体制试点、北京市国家公园体制试点和三江源国家公园体制试点外，其余 6 个国家公园体制试点均划出了公园游憩区（具体名称或有差异），用以开展科普展示、公众宣教、生态游憩等活动；除北京市国家公园体制试点外，其余 8 个国家公园体制试点均设立了传统利用区，考虑了原住居民的生产生活空间。可见我国的国家公园试点范围内人的干扰和利用程度相对较高，问题和矛盾也多出现于此。如果国家公园按相关要求大多部分划分禁止开发区，那么先于国家公园设置的矿业权或其他开发项目，按照国家公园的管制要求，需要逐渐退出公园区，这些合法权益人的权益会受到损失。此外，国家公园范围内原住居民的资源利用行为会受到限制，包括对土地的利用，尤其是建设用地需符合国家公园规划，农民的权益会受到损失，易产生矛盾。

9.3.4 对我国国家公园分区的建议

分区制是国家公园规划、发展及管理方面最重要的手段之一。国家公园分区制，是将国家公园范围内的陆地和水域按其需要保护的情况和可对游人开放的条件，以资源状况为基础来划分成不同区域。它对游人的活动和对公园管理者的活动都具有指导意义，有助于解决使用和保护之间存在的紧张情况。

结合国家公园设立目标和人地紧张程度，以保护程度和利用程度进行的区域功能划分。综合考虑资源分布、环境特点、土地权属、土地利用、区内居民分布情况以及功能特征、管理需要等，以及全国主体功能区禁止开发区、重点生态功能区、生态保护红线等规划区划，对国家公园进行分区，一般可分为4个功能区，各区名称拟定为：严格保护区、生态保育区、科普游憩区和传统利用区。可根据实际情况，增减功能分区（如有些国家公园可能不用确立传统利用区，有些国家公园可能只有严格保护区和外围缓冲区）。

严格保护区是自然生态系统保存最完整或者核心资源分布最集中、自然环境最脆弱的区域，该区域内的生态系统必须维持自然状态，禁止任何人为活动干扰和破坏。在严格保护区内，禁止建设任何建筑物、构筑物、生产经营设施等。严格禁止任何单位和个人擅自占用和改变用地性质，在《国家公园法》未出台前，执行自然保护区核心区和缓冲区、风景名胜区特级保护区等相关保护要求，严格维持自然生态空间的原真性。

生态保育区作为严格保护区的外围缓冲区域，保护级别稍弱于严格保护区，是国家公园范围内维持较大面积的原生生态系统或者已遭到不同程度破坏而需要自然恢复的区域，可以进入从事科学研究、实验监测、教学实习以及驯化、繁殖珍稀、濒危野生动植物等活动。禁止开展除保护和科研以外的活动，禁止建设除保护、监测设施以外的建筑物、构筑物。现有与保护无关的设施应有计划地迁出。

科普游憩区是展示自然风光和人文景观的区域，作为大众游憩的主要展示区域，在满足最大环境承载力、不破坏自然资源等条件下，允许机动车进入，适度开展观光娱乐、游憩休闲、餐饮住宿等旅游服务。旅游服务设施尽量集中建设，尽可能减少利用面积。严禁开展与保护区保护方向不一致的参观游览项目。

传统利用区是原住居民生产、生活集中的区域。允许原住居民开展适当的生产活动，或者建设公路、停车场、环卫设施等必要的生产生活、经营服务和公共基础设施。对控制区内居民建设及风貌，要强调利用方式是“传统”，绝对不能大搞开发建设。

9.4 国家公园内人类活动管控

根据《关于2016年国家级自然保护区遥感监测有关情况的通报》，为加强对国家级自然保护区的监督管理，原环境保护部对全国所有446个国家级自然保护区组织开展了人类活动遥感监测，全面了解国家级自然保护区2015年人类活动状况及2013—2015年变化情况。遥感监测结果显示，全国所有446个国家级自然保护区中均存在不同程度的人类活动。人类活动总数156 061处，总面积约28 546km^2，占国家级自然保护区总面积的2.95%。人类活动以居民点和农业用地为主，分别占人类活动总数的47%和31%，占总面积的7.7%和81.3%。其他人类活动包括能源设施、工矿用地、采石场、旅游设施、交通设施、养殖场、道路和其他人工设施等，总面积为3 157 km^2。遥感监测发现，2013—2015年，共有297个国家级自然保护区新增人类活动3 780处，面积2 339 km^2。其中有对生态环境影响较大的采石场104处、工矿用地318处、能源设施335处、交通设施39处、旅游设施86处、养殖场 114 处、其他人工设施 1 433 处。特别是核心区和缓冲区新增活动 1 466 处，其中采石场、工矿用地、能源设施、旅游设施和养殖场等 320 处*

由此可见，我国自然保护地的管理和建设面临着巨大的人口压力、资源利用和经济发展的挑战。为更好地保护国家公园生态系统的完整性和原真性，需要从社区居民调控、访客管理、自然资源开发限制三个方面，来管控国家公园内的人类活动。

9.4.1 社区居民调控

1. 国际经验借鉴

经过了 100 多年的发展，世界各国国家公园运动的理念已由过去排斥人类的绝对保护走向相对保护，从消极保护走向积极保护。各国国家公园都逐步开始尊重原住民、当地社区的文化和社会价值，强调社区参与国家公园建设、管理与保护，以及强调国家公园对社区经济的促进作用。立法层面，美国、加拿大、澳大利亚、新西兰等都颁布了“原住民相关法”以保障原住民的土地、居住等权利，其中美国还有针对阿拉斯加地区原住民的专门法，如 1971 年 *Alaska Native Claims Settlement Act*。规划管理层面，各国国家公园的管理目标体现了对社区发展和原住民文化的重视，“社区参与”是制定管理规划的重要环节，“社区参与”也成为新的保护地管理模式**。

2. 关于国家公园内社区居民点调控的建议

(1) 居民社区管理目标

在国家公园总体规划的指导下，通过制定村镇规划，实施社区发展项目，合理配置资源，协调好居民生产生活和资源保护的关系，建立“布局合理、规模适度、减量聚居、环境友好”的新型国家公园居民点体系，将保护与利用相结合，维持生产、环境和就业均衡，最终实现社区生态经济的可持续发展。

(2) 居民点调控措施

严格控制居民点规模。对于国家公园内，尤其是位于严格保护区的居民点，要严格控制村庄规模，明确居民生产生活边界，相关配套设施建设要符合国家公园总体规划和管理要求，并征得国家公园管理机构的同意；重点保护区域内居民逐步实施生态移民搬迁，其他区域内居民根据实际情况，实施生态移民搬迁或实行相对集中居住。

加强建设用地管控。在国家公园内，严格规划建设管控，除不损害生态系统的原住民生活生产设施改造和自然观光、科研教育、旅游外，禁止其他开发建设。在国家公园周边区域，要严格控制各居民点的建设用地规模，严格执行用地审批程序

---

* 中华人民共和国环境保护部官方网站，http://www.zhb.gov.cn/gkml/hbb/bgt/201612/t20161206_368610.htm。

** 中国国家公园体制建设指南，内部资料。

和实施用途管制，社区建设要与国家公园整体保护目标相协调。

彰显社区居民特色。对国家公园内具有传统特色的重要居民点，进行村庄的详细规划设计、建筑外观和内部设施的改造，村落的建筑风格、环境景观和旅游配套设施等方面力求与国家公园相协调，同时保持原有地方特色和价值的村落景观、村落布局、空间形态、建筑形式及赖以生存的自然、文化、社会环境，彰显民居特色。

完善社区生态补偿机制。针对当前国家公园内社区补偿工作存在的政策理念不到位、补偿执行机制不健全、过分注重经济补偿等问题，建立健全森林、草原、湿地、荒漠、海洋、水流、耕地等领域生态保护补偿机制，加大重点生态功能区转移支付力度，健全国家公园生态保护补偿政策。鼓励受益地区与国家公园所在地区通过资金补偿等方式建立横向补偿关系。

9.4.2　访客管理

访客是国家公园服务的直接对象，是购买或享用公园产品的顾客，但在国家公园管理中不应有“顾客就是上帝”的理念。过度的、缺乏管理的访客活动会对国家公园环境造成破坏作用或产生负面影响。由于人是国家公园管理中决定性的因素，在人口压力较大的中国，成百万的访客在比较集中的季节涌入为数不多的公园区，访客的行为方式、访客流量和方向的控制便成为国家公园可持续建设的关键所在。

1. 访客管理框架的国际借鉴

加拿大国家公园局理论层面上在全国范围内普遍引进访客活动管理程序（VAMP，visitor activity management process）模式，以确定公园内适当的访客活动、基础设施和服务项目。公园局强调要把社会科学信息，以及自然与文化信息纳入VAMP模式的访客活动预测方面。为掌握访客活动的真实情况，要建立游客活动信息库，并保证信息库数据及时更新。在管理策略方面，管理机构应用一系列“直接”或“间接”的访客管理策略。直接策略包括限定访客数量、限制访客活动类型和强制实施某项法令。间接策略包括独特地设计访客设施、发布公园信息和启动成本恢复机制。在应对访客的需求方面，国家公园局明确提出，不能全部满足访客提出的所有活动项目请求。每一个国家公园必须严格按照分区方案，根据具体情况提供适当的户外活动机会。

美国林务局20世纪80年代开始应用游憩机会谱（recreational opportunity spectrum，ROS），90年代美国林务局开始使用可接受改变极限（limits of acceptable changes，LAC），以及美国国家公园局的访客影响管理（Visitor Impact Management Model，VIMM）都是美国访客管理思想的探索。美国国家公园管理局颁布的《美国国家公园管理政策》（National Park Service Management policy，2006）认为让美国公民享受到国家公园的资源和价值是建园的基本宗旨之一，管理局应达到的目标是：为公园内能展示非凡自然、文化资源的游憩形式提供机会；听取地方、州、部落和其他联邦机构，私人产业，非政府组织的建议，满足更多元的游憩需求和需要。

此外，澳大利亚在 20 世纪 90 年代后期也开始应用旅游管理优化模型（tourism optimization management model，TOMM），探索有益的访客管理框架，以期使访客体验品质最大化，同时支持区域总体管理目标的实现*。

2. 国内关于访客管理的探索

国内自然保护地的规范、条例、标准等都有涉及访客管理的内容，主要包括访客容量、游憩区划、游憩活动及路线、访客禁止行为、访客监测及安全等。

《国家公园体制试点区域试点实施方案大纲》中明确规定："拟制定的旅游游憩管理机制、门票预约制度与价格机制、游客量控制与行为引导机制、解说教育推广机制"。为此，三江源、武夷山等试点对访客机制进行了初步探索。三江源国家公园在访客承载量研究的基础上，合理确定访客承载数量，制订访客管理目标和年度访客计划，对访客实行限额管理和提前预约制度。建立访客控制引导机制，指引访客按规划路线、指定区域开展相关活动。加强救护、安保、环保等服务队伍和设施的建设，建立灾害和医疗等救助应急体系，确保访客安全。实行专业引导体验，防范采摘野生植物和向野生动物投喂食物，引导访客成为保护者。在法律层面，制定《三江源国家公园访客管理办法》，构建依法有序的国家公园访客管理制度。武夷山国家公园本着价值原则、统筹原则和谱系原则 3 项游憩机会规划原则，综合考虑国家公园价值载体的空间布局、国家公园已有旅游活动分布、社区活动分布、国家公园分区规划及分区管理政策、不同访客类型的多样需求，设计访客体验线路，并制订线路管理措施**。

3. 关于访客管理制度的建议

为实现成功的访客管理，需要制定相应的管理制度和保障。

访客预约制度。对国家公园进行访客容量或游憩承载力测算。建立门票预约机制，合理控制访客数量，提高访客游憩质量。制订访客管理目标和年度访客计划，提高园区运营效率，减少管理成本，避免管理混乱。

访客行为管理与引导机制。对于国家公园各分区，应明确访客的行为限制，以及相应的奖惩方法。加强解说引导，指引访客按规划路线、指定区域开展相关活动。加强宣传教育，有效引导访客理解国家公园生态保护和文化传承的重要性，从单一旅游需求上升为生态伦理教育、生态保护体验。

访客安全及应急机制。加强救护、安保、环保等服务队伍和设施的建设，建立灾害和医疗等救助应急体系，确保访客安全。同时，针对残疾人、儿童、老年人等弱势群体的特殊性，做出相应的访客行为规范，提供适宜他们使用的游憩活动和设施。

---

* 中国国家公园体制建设指南，内部资料。

** 武夷山国家公园与自然保护地群落规划研究，内部资料。

9.4.3 资源限制性利用

国家公园以保护自然生态为主要目的，公园内资源限制性利用以保护所有者合法权益为基础。国家公园内资源利用的矛盾主要集中在土地资源、水电资源、矿产资源等的开发利用，涉及自然资源所有者的合法权益问题。

1. 国际经验借鉴

美国法律对国家公园给予了严格保护，公园设立后严禁新的勘查开采活动。但在1976年之前仍然允许在6个国家公园内进行找矿、采矿。1976年美国国会通过法律停止继续在这6个公园内新设矿业权，对公园里已经存在的合法矿业权予以尊重，但实施了更为严格的管理措施，增加了开采成本，提高了修复标准和要求，逐渐使国家公园内的矿产资源开发利用行为减少、停止。美国国家公园管理局对国家公园内的土地资源予以保护。对于公园界区内存在的非联邦土地，国家公园管理局可以在现有法律和规则框架下进行征收，依据土地交易和审批政策收购土地或其权益，并进行相应补偿，此项权力受到监督，并需经国会同意。如果土地所有权人拒绝国家公园管理局征收其土地，国家公园管理局只能尊重所有权人的意愿，转而与地方政府达成合作协议。国家公园管理局会与联邦机构、部落、州和地方政府、非营利组织及产权人合作，提供适当的保护措施（2006年管理政策）。土地权属问题通常在国家公园申报之前解决，避免申报成功后再产生纠纷*。

2. 国内自然保护地资源限制性利用的初步探索

2017年7月国土资源部印发了《自然保护区内矿业权清理工作方案》，通过对本行政区域各类保护区内矿业权进行调查摸底和分类梳理，对国家级自然保护区内矿业权进行核查，形成清理工作的总结分析报告，详细报告核查清理工作的基本情况、做法和措施、存在的问题和困难等内容，并提出保护区内矿业权分类处置意见。同时对省级及市县级第三轮矿产资源规划进行梳理，禁止勘查区、禁止开采区的设立与自然保护区做好衔接；对本地制定的涉及保护区和矿产资源管理相关的制度文件进行清理规范；对自然保护区内基础性、公益性地质调查项目开展清理工作；对石油公司各类保护区内油气矿业权进行调查摸底和分类梳理；对保护区内的生产矿山资源储量情况进行分类梳理统计。

2017年8月，内蒙古自治区人民政府印发了《内蒙古自然保护区内工矿企业退出方案》，制订了工矿企业全面有序退出机制，包括：开展专项整治，取缔违法违规企业，限期拆除设备、清理场地。全面有序退出，位于自然保护区核心区和缓冲区内的合法工矿企业要与具有管辖权的人民政府签订退出协议，按协议约定时限退出自然保护区，并限制完成生态恢复责任；位于实验区内合法的矿业权，限期退出自

---

* 中国国家公园体制建设指南，内部资料。

然保护区。依法合理补偿，制订工矿企业退出补偿方法，对通过生态修复工程核验的企业予以分期兑付补偿，对未通过修复核验的企业不予补偿。切实按照中央要求开展整改工作，目标用3年左右时间，实现自然保护区内663处工矿企业全面有序退出。

在国家公园体制试点方面，吉林省对东北虎豹试点区承包经营活动进行严格规范，对到期的承包经营项目，一律暂停发包，对没有到期的经营项目，加强日常监管，最大限度降低人为干扰，有效改善了东北虎豹生存活动空间。四川省暂停受理大熊猫国家公园核心保护区、生态修复区内新设探矿权、开矿权等审批，积极探索已设矿业权的有序退出机制，除国家和省已规划的重大基础设施项目外，林业部门暂停受理核心保护区、生态修复区内征占用林地、林木采伐等审批。

3. 关于国家公园限制资源利用的建议

对国家公园自然资源进行合理限制性利用，应以保护权益人合法权益为基础，避免矛盾升级。

对国家公园内自然资源开发情况进行调查。由国家公园管理机构牵头，与各部门协同合作，通过遥感、无人机、实地核查等手段全面调查国家公园内自然资源勘查开发及历史遗留问题等基本情况，并形成总结分析报告。国家公园范围划定时，应及时与各部门进行沟通，避免出现其他部门在国家公园范围界限不清楚的情况下，继续设置自然资源开采权等活动。

全面有序退出国家公园内自然资源开采权。国家公园划定之后，严禁设置水电、矿等自然资源的开采权。在国家公园划定之前存在的，不符合保护和规划要求的各类设施、工矿企业等逐步搬离，探索已设矿业权退出机制。对于中央财政出资的自然资源开采权，全面停止；对于社会商业出资的自然资源开采权，可通过补偿、置换等方式有序退出。对国家公园内的集体所有的自然资源，应在确权登记基础上，厘清自然资源权属关系，以保障权益人合法权益为基础，通过合同等方式设立环境地役权，或者通过流转、租赁、补偿等方式，达到对集体所有的自然资源统一管理的目的。

加强自然资源开采权退出后的生态恢复治理工作。资源开发者应承担恢复国家公园生态环境的责任，对地质、水、草地等环境进行治理恢复和土地复垦。制订相关的激励措施，推进资源开发者主动开展生态修复和环境治理。

研究完善退出分类补偿机制。依法合理补偿，制订各类设施、工矿企业退出补偿方法，对通过生态修复工程核验的企业予以分期兑付补偿，对未通过修复核验的企业不予补偿。退出补偿资金应列入政府预算或相关专项资金中。

9.5 国家公园的生态环境监测与评估

9.5.1 国家公园生态环境监测体系

国家公园生态环境监测是国家公园最基础的工作，是收集了解国家公园内各种相关信息的重要技术手段，监测所收集的数据是制定国家公园管理决策的重要依据。生态环境监测针对国家公园来讲，就是指按照预先设计的时间和空间，采用可以比较的技术和方法，对国家公园内的生物（种群、群落等）、非生物环境（水、土壤、大气等）及人类活动（生产生活）进行连续观测和生态质量评价的过程。

对国家公园进行生态环境监测，首先要根据国家公园规模等要素，确定监测的空间尺度和时间尺度。然后根据国家公园监测的尺度大小和精细程度，选择相应监测类型，从而实现对国家公园进行连续观察，以便及时调整管理策略。

1. 监测尺度

(1) 监测尺度确定的原则

以生态学理论为基础，生物多样性监测尺度的选择主要遵循以下原则：

①基于现有遥感影像数据和发展趋势；

②参照国家公园规模；

③考虑不同类型生态系统国家公园的地貌特征；

④依据遥感对不同类型生态系统的识别能力；

⑤遵循不同类型生态系统的时间分布特征。

(2) 监测空间尺度确定

遵循以上原则，确定国家公园生物多样性监测的空间尺度，建立不同规模和生态系统类型国家公园对应的遥感监测尺度查找表（表9－6）。

表9－6　国家公园遥感监测尺度查找表

国家公园生态系统类型	国家公园规模				
	特大型/（>100万 hm^2）	中大型/（10万～100万 hm^2）	大型/（1万～10万 hm^2）	中型/（1 000～1万 hm^2）	中小型/（<1 000 hm^2）
森林型	中尺度	中尺度	中尺度	小尺度	小尺度
草原、草甸型	大尺度	中尺度	中尺度	中尺度	小尺度
荒漠型	大尺度	中尺度	中尺度	中尺度	小尺度
湿地型	中尺度	中尺度	中尺度	小尺度	小尺度

(3) 监测时间尺度确定

根据研究对象的物理及生物现象的动态变化规律、国家公园的保护管理状况以及遥感数据获取能力，确定不同类型国家公园生物多样性监测周期（表9－7）。

该时间周期表示常规条件下确定的时间尺度，在实际应用过程中，还需要根据国家公园突发灾害事件（如地震、雪灾、洪涝灾害、火灾等）、特殊保护管理需求等情况调整监测的时间频度。

表 9－7　国家公园监测周期

国家公园类型	监测周期	
	保护状况好/年	保护状况差/存在干扰
森林型	5～10	3～5 年
草原、草甸型	3～5	2～3 年
荒漠型	5～10	3～5 年
湿地型	1～2	2 次/年（丰、枯水期）

2. 监测类型

合理的国家公园监测尺度是开展国家公园分析与评价的基础，特别是从国家公园管理的实际出发，根据国家公园受重视程度、管理的时间和范围、经费充足程度等方面，选择切实可行的国家公园监测模式。

根据国家公园监测的尺度大小和精细程度，将国家公园监测模式分为三种类型，即常规监测模式、精细监测模式和宏观监测模式。

常规监测模式是从景观监测尺度理论出发，依据遥感数据及遥感监测手段的具体特征、国家公园本身结构特征、所属生态系统演替规律等条件而得出的监测模式，对应监测尺度，可以满足目前生物多样性监测与评价的要求，是通过综合多方面因素研究推荐的模式。

精细监测模式是相对于常规监测模式下的精细化监测，其监测的精度较常规模式在空间和时间尺度的选择标准上有所提升，一般在受重点关注、管理经费充足、干扰剧烈、突发事件等情况下使用，对应常规监测模式的下一级尺度或在同一尺度下时空分辨率的提升，该模式高于目前生物多样性监测与评价的基本要求，但需要投入更高的数据成本和工作成本。

宏观监测模式是相对于常规监测模式上的粗略化监测，其监测的精度较常规模式在空间和时间尺度的选择标准上有所降低，一般在面积广阔、生态系统稳定、管理经费缺乏等情况下使用，对应常规监测模式的上一级尺度或在同一尺度下时空分辨率的降低，该模式仅满足对宏观生态系统状况进行监测和评价，但具有数据易获取、成本较低的优势。同时，宏观监测模式又可作为常规监测模式的补充，有利于实现国家公园连续性的宏观管理。

3. 监测内容

国家公园的监测内容总体分为价值监测、访客体验监测、解说教育监测和社区发展监测四大类。

价值监测。基于价值分析，针对每一项价值的载体、影响因素、保护管理措施实施制订相应的监测指标，使监测结果能够更好地反映价值保护状态，并指导保护价值。价值监测主要包括地质地貌价值监测、生态系统价值监测、生物多样性价值监测、审美价值监测4个子监测系统。

访客体验监测。针对不同类型的访客体验机会、影响因素制订相应的监测指标，使监测结果能够更好地反映访客体验水平，并指导访客管理。

解说教育监测。针对不同的解说教育方式制订相应的监测指标，使监测结果更快更好地反映解说教育实施水平，指导解说教育开展。

社区发展监测。针对不同的社区分类制订相应的监测指标，更好地反映社区管理状况，指导社区管理*。

9.5.2　国家公园保护成效评估

自然保护地保护成效是指自然保护地对主要保护对象的保护效果，及其在维持生物多样性和保障生态系统服务功能等方面的综合成效。国家公园是自然保护的一种重要形式，是有效解决生态保护和经济发展的一种重要手段。我国国家公园尚处于试点阶段，在生态保护的整体性和有效性方面仍不确定，需要开展定期保护成效评估，以判断国家公园能在多大程度上实现当初预期的保护目标，从而为了解国家公园的管护效果提供科学依据。

1. 国际上国家公园的保护成效评估经验借鉴

为统一规范全球各类自然保护地的评估，1997年，世界自然保护地委员会（The World Commission on Protected Areas，WCPA）依据自然保护地管理过程的基本要素，提出了相关评估框架并列出了基本评价要素（图9－4），包括背景、规划、投入、管理过程、产出和效果6个方面。

很多国家和组织在WCPA评估框架的基础上，基于不同的目标对象及应用层次，构建了具体的自然保护地评估方法和技术。例如由世界自然基金会（World Wide Fund for Nature，WWF）开发的自然保护地管理快速评估和优先性确定（rapid assessment and prioritization of protected area management，RAPPAM）方法，世界银行和WWF共同开发的管理有效性跟踪工具（management effectiveness tracking tool，METT）调查表，联合国教科文组织、IUCN和昆士兰大学联合发布的“增加我们的遗产价值——世界自然遗产地成效的监测与管理”（enhancing our heritage，EOH）等。

2. 国内自然保护地保护成效评估研究现状和问题

（1）保护成效评估研究经验

我国学者在自然保护区保护成效方面进行了相关探索和研究，总结了目前进行保护成效评估应用的技术和分析方法，这些都为进一步推进我国自然保护地保护成效评估提供科学参考。

森林类型自然保护区是我国自然保护区建设中的主体，其保护成效在我国自然

---

* 武夷山国家公园与自然保护地群落规划研究，内部资料。

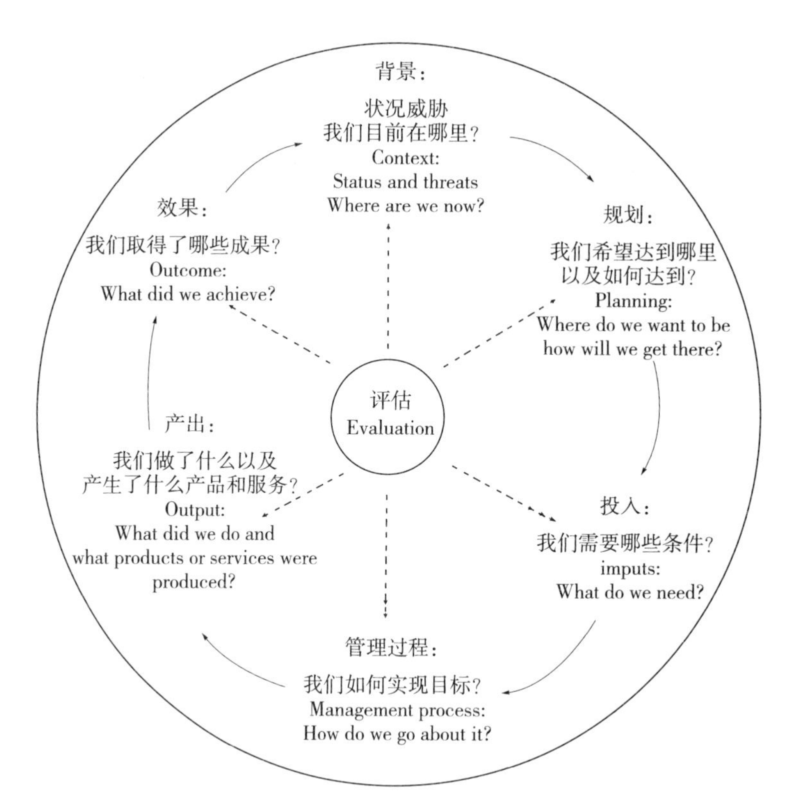

图 9－4　世界自然保护地委员会的自然保护地评估框架

保护区建设和发展中意义重大。其保护成效研究主要针对森林生态系统及其内部栖息地的珍稀濒危野生动植物等变化进行评估。森林类型国家级自然保护区的生态质量评估一直都受到学者的关注。目前主要应用的研究方法为等级加权求和法、层次分析法、模糊评价法、综合熵指数法等。随着 GIS 和 RS 技术的应用，从森林景观格局描述到全面研究保护区景观格局和生态过程的关系逐渐增多。此外，森林类型自然保护区保护价值方面评价也较多。总体来看，我国森林类型自然保护区保护成效方面的定量研究较少，目前较为全面的为 2011 年，李霄宇和崔国发等进行的研究，构建了森林类型自然保护区保护价值评价指标体系，并定量评价了我国 163 处森林类型国家级自然保护区的保护价值。目前虽然相关研究取得一定经验，但大部分研究仅在保护成效方面的探讨和分析上，还很难为自然保护区管理部门提供科学可行的意见和规划建议。

内陆湿地类型自然保护区保护成效主要评估湿地生态系统及其内部栖息地的珍稀濒危野生动植物。目前，初步构建了我国湿地类型自然保护区保护价值评估指标体系。主要评估方法为层次分析法、专家咨询法和四分位法等方法。综合应用地理信息技术，重点考虑保护对象的变化、物种增殖扩繁及功能区调整、人口密度、土地利用及道路交通等方面，分析了我国国家级湿地自然保护区的保护状况，评估了我国湿地类自然保护区的保护成效。这些都促进了各界在整体上了解我国湿地类自然保护区的动态变化、加强社会上对于湿地类自然保护区保护的重视。但由于基础数据等方面仍存在一定争议，再加上湿地易受自然因素影响，其保护成效方面的评价和研究工作仍需进一步完善。

草原草甸类型自然保护区保护成效评估主要针对草地生态系统、草甸生态系统及其珍稀濒危野生动植物。相对于森林、湿地类自然保护区方面的研究，关于草原草甸类自然保护区保护成效方面的研究较少。大部分学者都更关注草原群落演替、草原生态系统服务功能及草原生态系统健康评价等方面。草原与草甸类型自然保护区的保护成效应该体现在草原沙化程度变化、草原群落演替趋势、景观破碎度、物种丰富度、珍稀濒危野生动植物及草原与草甸生态系统服务功能等方面。草原草甸类型自然保护区多分布在我国西北部生态系统脆弱性地带，其在我国自然生态环境保护方面发挥重要作用，建议加强草原草甸类自然保护区方面的研究工作，加强该类型自然保护区的保护和管理。

荒漠类型自然保护区保护成效研究仍集中在荒漠生态系统健康及脆弱性评价、荒漠生态系统服务功能及价值研究和荒漠生态系统监测与评估等方面。对荒漠类型自然保护区进行保护成效方面的研究不多。随着人口膨胀和各种生产经营活动增加，加上过度放牧、草地沙化、水源短缺、降水量少等因素影响，应提升对荒漠生态系统保护的认识，加强荒漠类型自然保护区保护成效的研究。

野生动物类型自然保护区保护成效评估核心应为野生动物保护状况。目前研究多集中在野生动物的种类、种群数量、种群生产力、分布格局以及栖息地适宜性等方面。主要应用的评估方法为：集成分析法、专家咨询法和示范评估法，同时提出了关于野生动物保护成效评估的可能途径和方法。由于受长期基础资料不足的限制，关于野生动物类自然保护区保护成效定量评估不足，建议相关自然保护区加强野生动物的调查和监测等工作。

野生植物类型自然保护区是以野生植物物种种群及其自然生境为主要保护对象的自然保护区。最早提出野生植物濒危类型分类与分级体系的机构是IUCN。有学者总结了野生植物保护有效性评价主要涉及两个方面：一是野生植物濒危分类与分级评级体系，二是野生植物保护区有效性评价体系。野生植物类型自然保护区保护成效评估是基于保护对象进行的。开展野生植物类型自然保护区保护成效评估，对保护野生植物资源、提高自然保护区保护效率发挥重要作用。

自然遗迹类型自然保护区主要包括地质遗迹类型自然保护区和古生物遗迹类型自然保护区。目前应用较多的评估方法为德尔菲法和层次分析法，相关学者构建了地质遗迹资源综合评价指标体系。原国土资源部发布了《中国国家地质公园建设技术要求和工作指南（试行）》，该指南的发布进一步规范了地质公园的建设和管理。郝俊卿等以洛川黄土地质遗迹资源为例，根据地质遗迹的现存程度、保护管理和环境保护三个方面来评价地质资源的保护性。总体来看，这些评价体系划分都较为宽泛，更多的关注点也是落在对地质遗迹资源的价值的评价和保护区的管理有效性评价方面。因此进一步探究讨论，并制订较为具体完善的自然遗迹类保护区保护成效评价指标体系，具有迫切需要和深远意义。

（2）存在的问题

我国在自然保护地保护成效研究方面起步较晚，但目前科学研究较多。现今研究工作主要集中在森林类、湿地类、野生动物类、草地类等保护成效评估，并且尝试从不同角度进行指标体系的构建。但目前关于保护成效的评估仍存在以下问题：

缺少统一的评估标准和技术规范。我国自然保护地数量多、面积大，其保护成效涉及的方面也很多。目前我国很多学者也开展了相关的研究，取得了一定进展，但从自然保护地保护成效评估进一步发展的角度来看，亟须完成保护成效评估的标准化和规范化。统一的评估标准和技术规范可增加对待保护成效评估的严肃性，有效整合和引导社会资源，促进自然保护地保护成效水平的提高。

指标动态分析不足。评估指标是保护成效评估的基础，在设计评估指标体系的过程中应加强对主要保护对象变化动态指标的设计和分析，这样既可以充分体现保护成效评估对自然保护地主要保护对象动态变化的关注，也能促使自然保护地主要保护对象的长期变化分析。目前研究指标动态分析不足主要体现在自然保护地主要保护对象的动态变化指标数量不足、深度不够，关于各个动态变化指标的关联性说明不足等方面。

科研监测等基础工作不足。自然保护地科研监测是开展保护成效评估的基础，通过对自然保护地生态系统、生物多样性、国家重点保护野生动植物的监测，掌握自然保护地生态系统的重要参数和动态信息，揭示关键物种、生物群落动态变化规律和生态过程的变化机制，为自然保护制订更加科学有效的保护管理措施提供科学依据。目前，我国自然保护地都没有建立完善的科研监测系统，或仅有单个或部分科研监测内容。

定量分析不够。目前我国专家以及相关管理部门设计了不同类型的保护地管理评估指标，并已进行了自然保护地相关评估研究，但这些评估过分依赖专家的主观判断，缺少定量分析。

与保护地管理目标衔接不够。自然保护地的保护成效并不是脱离自然保护地管理工作孤立存在的。相反，保护地保护成效评估来源于管理，服务于管理。这主要是因为保护成效评估的是自然保护地主要保护对象的动态变化，主要保护对象是自然保护地管理工作的核心内容之一，通过对主要保护对象的成效评估，可以促使保护地在管理工作过程中进行相应的调整，从而更为全面地提升自然保护地科学管理水平。

3. 国家公园的保护成效评估

(1) 保护成效评估对象

国家公园设立的首要目的就是实现生物多样性的就地保护，维持和提升生态系统和物种的保护效果。因此，国家公园保护成效研究也主要以生态系统和物种作为评估对象。

由本书的第 3 章可知，国家公园要保护全国各类具有代表性和典型性的生态系统，包括森林、湿地、草地、荒漠、海洋等。

以物种为评估对象，主要反映国家公园对特定物种或某一类群及其栖息地的保护效果，亦可反映国家公园对整体物种多样性保护目标的实现情况。

(2) 保护成效评估机构

国家公园保护成效不应由国家公园管理机构自身或其附属机构来进行评估，应当交由“国家公园监管部门”，或是与国家公园无直接利益相关的第三方非政府机构来进行，以保证评估结果的可信度和公正性。

(3) 保护成效评估方法

确定保护成效评估的空间尺度。国家公园保护成效评估包括国家公园系统层面和单个国家公园尺度，根据评估的内容和要求，选择相应的评估尺度。

研究保护成效评估方法。结合本底调查资料和长期监测数据，研究国家公园保护成效评估方法，并对各种方法技术进行比较，选择最为可靠的分析方法来进行评估。

选用适宜的保护成效评估指标。对不同的国家公园来说，在保护对象、功能、主要威胁以及采取的保护措施等方面不尽相同，因此需要围绕单个国家公园在实际工作中的需求，构建科学合理的保护成效评估指标体系，并结合各项指标长期监测数据的动态变化分析，以实现对自然保护地保护成效的系统评估。

(4) 保护成效评估成果应用

建立保护成效评估制度，对国家公园建设、管理和保护进行科学评估。评估结果可用于指导保护管理，支撑考核问责制度、领导干部自然资源资产离任审计和生态环境损害责任追究制度。

第10章 国家公园的环境教育

20世纪以来，国际环境会议的相继召开拉开了环境教育的序幕，也将其推向了发展的高潮。1948年，廉姆·贝尔·斯泰在巴黎会议上首次应用“环境教育”一词。1957年，“环境教育”首次以专业词汇的形式出现在布伦南的文章中。1970年，“环境教育”第一次被写入法律《美国环境教育法》中。1972年，“斯德哥尔摩会议”上，将“环境教育”官方名称确定。此后各国陆续以培育和支持环境教育项目，与营利性和非营利性组织合作开发、出版和刊发非商业性环境教育材料等形式大力开展和推进环境教育。

中国首次提出环境教育设想是在1973年第一次全国环保会议，它是我国环境教育的里程碑。1996年7月第四次全国环境保护工作会议又提出“保护环境就是保护生产力，环境意识和环境质量如何是衡量一个国家和民族文明程度的重要标志”的思想。之后原国家环保总局、中宣部、教育部联合发布了《全国环境教育宣传行动纲要》，《纲要》指出：“环境教育是提高全民族思想道德素质和科学文化素质的基本手段之一，要面向21世纪，逐步完善中国的环境教育体系，进一步提高全民族的环境意识”。

10.1 开展国家公园环境教育的必要性

从实现途径来看，环境教育大体可以分为正规环境教育和非正规环境教育。正规环境教育是指学校里面进行的环境教育，它通过正式的教学计划，在课堂上对学生进行系统的环境知识和实践教育，包括向学生灌输环境保护知识、形成正确的价值观、解决环境问题的技能等。非正规环境教育是指除了学校教育以外其他机构和组织所进行的环境教育。与正规环境教育相比，非正规环境教育实施的对象范围较广泛，实现途径也多种多样。非正规环境教育强调“通过环境的教育”，结合各种有效的教育手段，如广播、电视、广告、宣传册，以及到各国家公园等自然环境中旅行、实地考察等，通过自身经历，强化环境教育。**而国家公园正是非正规环境教育的一种重要实施途径**。

国家公园的环境教育是通过教育活动普及生态知识，使公众对国家公园生态环境的现状、生态问题产生的原因、解决生态问题的对策等有更多的认识和了解，唤醒人们的生态意识，从而吸引地方居民和其他各方面力量，共同解决国家公园生态问题，促进生态系统的良性循环，保证地方生态经济的可持续发展。由本书的第2章可知，我国国家公园的首要功能是保护重要自然生态系统的完整性、原真性，同时兼具科研、教育、游憩等综合功能。因此，提供教育是国家公园的基本功能之一，国家公园的环境教育系统应是国家公园规划、建设、管理的重要内容。

10.2　国外国家公园环境教育的经验借鉴

很多国外国家公园都有着丰富的解说教育经验，如美国国家公园署除了在六大部门之中专门设解说服务和户外教育，还设有专门的解说培训部门，Harpers Ferry Center（位于西弗尼亚）对2万多国家公园的解说雇员进行定期在线和面授培训，并针对各个国家公园编写不同的环境教育与解说规划。每个公园还设有解说和教育部门并配有专职人员。加拿大公园管理局的环境解说与教育中心分布在各个公园内，公园必须设有解说部门并配有专职人员，提供解说员培训与认证、设施规划与维护。加拿大国家解说协会有6 000多名专业会员，提供解说规划、解说培训等专业认证。此外，英国、德国、日本、澳大利亚等国家的环境教育与解说协会同样历史悠久、具有权威性。

10.2.1　美国

美国国家公园管理局教育计划旨在丰富生活并加强学习，培养人们对公园与其他特殊区域的鉴赏，从而协助保护美国遗产。为实现这一目标，国家公园管理局将根据以下原则制订解说与教育项目：

- 国家公园管理局项目以空间为基础。项目将国家公园与其他地区作为动态的教室，公众可在其中与真实的空间、景观、历史性结构以及其他有形资源互动，帮助他们了解其意义、概念、背景故事与关系。
- 国家公园管理局以学习者为中心。通过能提供多种多样的学习方式，鼓励个人探索并启迪思想的一系列终身学习机会，体现这些项目对个人自由与兴趣的尊重。
- 国家公园管理局项目可广泛参与。项目提供学习机会，反映并包含不同的文化背景、年龄、语言、能力与需求。项目通过多种途径实施，包括远程学习，从而增加公众与资源接触并学习的机会。
- 国家公园管理局项目基于完善的学术基础、内容方法与听众分析。由最新的自然与文化遗产研究提供资料，并与当代教育研究结合，为有效的解说与教育方式提供学术基础。
- 国家公园管理局项目帮助人们了解并参与我们的公民民主社会。项目强调在美国国家公园与其他特殊空间中所体现的体验、课程、知识与观点，并提供终身的参与公民对话的机会。
- 国家公园管理局项目结合持续的评估，不断完善项目并提升效果。项目定期评估与改进，确保项目符合其目标与受众需要。
- 国家公园管理局项目是合作式的。在强化国家公园管理局的使命并在合适的情况下，通过与其他机构与单位建立合作关系，从而制订项目，实现共同目标。

表 10-1 美国国家公园管理局开展的部分教育项目

对象	项目名称	项目内容
针对青少年（小于18岁）	让每个孩子都在公园中（Every Kid in Park）	项目针对4年级学生。研究表明年龄在9～11岁的孩子开始了解周围的世界，他们乐于接受新思想，他们很可能将自然和历史联系在一起。国家公园管理局每年向四年级学生提供通行证，借此让每个孩子去探索他们的国家。4年级学生可在监护人（父母、家人、老师）的陪同和带领下，一整年免费参观美国所有的国家公园。4年级的教师可以下载相关的活动指南，作为带领学生游览国家公园的教学材料。每一份活动指南相当于一份教学设计，内容包括学习目标、核心技能、材料、练习等。此外，如若需要乘坐火车还可享受适当的折扣
	青少年保护组织（Youth Conservation Corps）	主要对象为15～18岁青少年。积极参与国家公园自然、文化和历史遗迹等资源的保护工作。从众多国家公园提供的有偿工作中进行选择，在工作中尽情玩耍和学习
	青少年解说员（Scout Ranger）	主要对象为7～18岁青少年。项目激发青少年的国家公园意识，让他们探索国家公园，从中学习如何保护自然和文化资源的。在活动中，他们将会获得证书或补丁。该项目包括教育活动和志愿服务活动。若是要获得资格证书，青少年必须在一个或多个国家公园参加至少5个小时的教育活动训练。资格组织的教育活动项目有：解说旅游、高级解说员计划、环境教育计划、任何其他官方NPS教育计划。若是要获得补丁，必须在一个或多个国家公园参加至少10个小时的志愿服务活动。只要是由国家公园确定的、适当的、有组织的，旨在帮助和提高公园自然文化资源的志愿服务活动都有效
	女童子军计划（Girl Scout Ranger Program）	主要对象是5～18岁青少年。该项目有美国女童子军组织和国家公园管理局合作开展。女童子军可以参加国家公园的志愿服务工作，了解和保护公园的资源，也可以通过与国家公园工作人员的合作开发一些活动项目
针对年轻人（大于18岁）	实习（The Historically Black Colleges and Universities Internship Program，HBCUI）	HBCUI是由国家公园管理局和绿化青年基金会合作开展的项目。该项目旨在将活动参与者与非裔美国人的历史和文化连接起来，让参与者在了解国家公园管理局公共土地管理工作的同时，理解和欣赏非裔美国人为美国发展进步所做出的努力和贡献

续表

对象	项目名称	项目内容
针对年轻人（大于18岁）	公共土地兵团（Public Land Corps）	主要对象为 16～25 岁青年人。通过参与学习环境事件和国家公园的相关知识，参与户外活动，帮助恢复、保护、修复国家公园
	拉丁美洲遗产实习项目（Latino Heritage Internship Program）	主要对象为 18～35 岁成年人。拉丁美洲遗产实习计划是为国家公园服务，由美洲环境和西班牙裔访问基金联合管理。其目的是培养年轻人在管理文化和自然资源的同时，增强意识，促进国家公园和拉丁裔社区文化资源的利用
	学生和应届毕业生的路（Pathways for Students and Recent Graduates）	该项目旨在为学生和应届毕业生提供清晰的在联邦政府实习和就业的途径。该项目包括三个服务计划，分别是实习计划、应届毕业生计划和一个新的总统管理研究院计划（PMF 计划）
	国家公园商业计划和咨询实习（National Park Business Plan and Consulting Internship）	国家公园商业计划和咨询实习是一个暑期项目，是许多学习商务、公共政策、环境管理和与之相关领域的优秀研究生的最佳选择。在为期 11 周的实习过程中，两对实习生在全国各地的公园和地区办事处工作，在那里他们领导战略项目，对美国重要资源的良性发展有着长期的影响
	历史保护训练实习（Historic Preservation Training Internship）	该项目为本科生和研究生提供在国家公园服务总部、外地办事处和公园以及其他联邦机构管理文化资源的实习机会。在实习期间，学生将理解历史保护项目以及联邦政府对历史遗产的保护和管理
	历史遗址和建筑物文献实习（Historic Sites and Structures Documentation Internship）	该项目力求在全国记录历史以及建筑、景观结构和技术重要性的学生中挑选合格的学生。任务包括现场工作、方法制备、解释性画图，并针对印刷品和照片中的 HABS/HAER/HALS 收藏撰写历史研究报告
	莎莉克雷斯汤普金斯奖学金（Sally Kress Tompkins Fellowship）	莎莉克雷斯汤普金斯奖学金要求主修建筑历史或相关专业的研究生在暑假参与为期 12 周的 HABS 历史计划。学生将对美国重要的国家建筑进行研究，并准备撰写该建筑历史，作为 HABS 的永久收藏。学生的研究兴趣和目标将会告知 HABS 员工（HABS 美国历史性建筑调查）

续表

对象	项目名称	项目内容
针对年轻人（大于18岁）	海事文献实习（Maritime Documentation Internship）	海事文献实习允许学习建筑或历史或者对海洋保护感兴趣的学生或应届毕业生以暑期实习生的身份参加HAER海事文献计划。被选中的学生要么作为一个历史学家准备研究历史报告，要么作为一个建筑师准备测量图纸
	Mosaics科学实习计划（The Mosaics in Science Internship Program）	Mosaics科学实习计划为年轻人提供在国家公园实地开展基础科学工作的经历
	国家公园服务学院（The National Park Service Academy）	国家公园服务学院是一个创新的项目，旨在向不同的学生介绍国家公园管理局的职业
	城市考古队（Urban Archaeology Corps）	城市考古队向15～26岁的年轻人提供考古学习任务，以此来了解城市国家公园
青年伙伴		从部队离开的青年人更有社区和环保的意识。无数的青年人正在不断地努力让他们的社区和公共土地变得越来越好。兵团是青年全面发展的计划，它通过服务策略，向青年提供职业培训、学术规划、领导技能和额外的支持，以改善社区和环境

另外，美国的LNT（Leave No Trace）游客教育项目也是美国国家公园教育项目的重要组成部分（专栏10-1），该项目在美国林业局、美国联邦土地管理局、非营利教育组织以及户外娱乐产业之间形成了一种伙伴关系。它的任务是通过培训、出版物、录像和网络，发展国家范围内对低影响教育系统的认识，对娱乐资源的管理者及大众传达户外运动的教育信息和相关技术。其主要工作是通过教育、研究和参与，鼓励负责任的户外娱乐。

专栏10-1　美国LNT游客教育项目

LNT的主要内容包括以下七个方面：

事先规划和准备。具体为了解准备参观的区域，诸如游览小径、水质情况、露营区、天气情况、规章制度及其他相关信息。准备适当的设备，衣物和设备的色彩应与周围环境相协调。

在耐用表面上进行露营和旅行。主要包括岩石、沙地、裸露的土壤、雪地和具有草本地被的表面。

正确处理废弃物。建议不要掩埋垃圾，打包带走所有的废弃物，并把其他游客遗留下来的垃圾一并带出景区。

不干扰自然。不干扰和移动历史景点或考古地点的文物。

把营火的影响减到最小。建议在营火圈内生营火，以减轻对景观的影响。捡拾地面上的枯枝作为薪柴，避免砍伐树木。注意风向及用火安全，离开时，确认营火已经完全熄灭。

尊重野生动物。尊重野生动物的需要，不干扰它们的领地。

考虑其他游客。尊重其他游客的权利，降低噪声，保持安静；在允许携带宠物的荒野区域，控制好宠物的行为，管理好宠物。

LNT 教育项目依靠的是态度和认知，而非规章制度，通过游客自愿配合的管理概念比管理机构的强制措施更能得到公众的支持。

10.2.2 加拿大

加拿大公园通过一些项目，为孩子们和年轻人提供更加有趣和创新的方式，以接触加拿大的自然和文化。主要教育项目见表 10－2。

表 10－2 加拿大国家公园主要教育项目

项目名称	项目内容
帕卡，我们的学龄前吉祥物	帕卡是加拿大公园的吉祥物——一只充满好奇并且友好的河狸。它是加拿大公园的大使。 帕卡邀请小孩子们和他们的家人来到加拿大公园。在这里他们将会看到并且做到，探索到并学到东西。 帕卡俱乐部的活动针对学龄前的孩子们。这些活动会在加拿大公园参加的公共活动的现场，并且很快会传到网络上
我的公园通行证	“我的公园通行证”项目是针对 8 年级或者初中二年级的学生。通过把他们和加拿大的国家公园、历史遗迹和海洋保护区的网络联系起来，给他们提供探索并且学习加拿大丰富的历史和令人惊叹的自然的机会。这个计划将会给 8 年级或者初中二年级的学生提供当他们和他们的班级或者家人一起来的时候免费进入加拿大公园的机会，时限一年。“我的公园通行证”项目的合作方有加拿大公园、加拿大野生动物协会、加拿大地理教育、加拿大历史和加拿大自然。 “我的公园通行证”项目中一个重要的组成部分是由加拿大最酷学校旅行比赛通过网络计划和竞争伙伴提供的。任何 8 年级或者初中二年级的班级都可以参加并且赢得大奖。大奖中包含为期四天的加拿大公园访问的所有费用支付

续表

项目名称	项目内容
探险家	你的孩子是不是好奇、聪明又活泼？他们是不是喜欢挑战？那么他们很适合成为加拿大公园探险家。 在到达国家公园、国家历史遗迹和国家海洋保护区后你的孩子将会得到一个探险家的小册子，它会指引孩子们发现独特的地方。 如果他们接受挑战，他们将会被视为官方探险家而且将会被赠予特别的收藏纪念品
青年大使	加拿大公园青年大使的项目，是一个十年计划。在2011年为了纪念第一个皇家旅行的剑桥公爵和公爵夫人，同时也为了纪念加拿大公园的100周年，宣布了这个计划作为特别的礼物。这个计划每年聘请两位充满活力的加拿大年轻人去鼓励其他青年，鼓舞他们去学习并且体验加拿大的标志性场所
冰上的学生们	我们很高兴地宣布北方的学生和原住民学生们将会得到一个新的机会，去参加“冰上的学生”项目，并且这个项目同样会提供一个在北方的国家公园或者北方的历史遗迹中工作的机会。这是针对18～25岁的学生的。这个新的就业和教育机会将会帮助你增长知识，提高技巧和拓宽视野，帮助你成为一个北极的大使和一个有环保责任心的公民

除了相关的教育项目，加拿大国家公园管理局还为学生提供带薪实习的机会，以帮助提高他们的就业能力。通过在国家公园工作，学生有机会了解国家公园，在发展和提高自身就业能力的同时，通过研究和其他活动获得在联邦政府工作的宝贵经验。国家公园管理局通过以下计划雇佣学生：

- 联邦学生工作经验计划（Federal Student Work Experience Program）
- 加拿大青年工作者（Young Canada Works）
- 合作计划（Co-operative Programs）
- 研究联盟计划（Research Affiliate Program）

具体项目内容或要求见表10－3。

表10－3　加拿大国家公园学生实习项目

计划名称	计划内容或要求
联邦学生工作经验计划（Federal Student Work Experience Program）	该计划为公认的研究机构的全日制中专或大专学生提供从事他们研究领域的工作，以发展他们的技能。 学生需符合以下条件：注册有研究机构学籍的全日制学生；下一学期重返全日制研究；所在省份的最小工作年龄
加拿大青年工作者（Young Canada Works Program）	作为联邦青年就业战略的一部分，YCW是仅有的主动出资的计划。YCW是一个夏季带薪就业的计划。在加拿大国家公园，YCW计划强调通过不同的职位和活动发展学生的技能，从而提升他们的就业能力。该项目主要针对16～30岁的青年人

续表

计划名称	计划内容或要求
合作教育计划 (Co-operative Education Programs)	加拿大公园为参与合作课程的学生提供合作的工作。为学生提供带薪实习，同时继续他们的教育，同时学生必须在他们认可的教育机构注册。 这个计划的目的是为您提供一个学生工作机会： • 在一个具体的工作中运用你的学术知识 • 提供了解未来职业的机会 • 为毕业后的就业培养技能

10.2.3 英国

英国利用国家公园这一资源来开展环境教育，每一个公园内均设有几个环境教育中心，向游客宣传环境教育，展示各类照片与实物。英国最大的野外环境教育机构 FSC（Field Sindies Council），在所有国家公园内设有环境教育培训基地，基地设有专门从事环境教育的人员及良好的培训设备。各类人员（主要是中小学生）可以在基地内活动 1 天到 7 天。在活动期间，FSC 利用当地的资源、自编的教材对旅游者进行环境教育，来提高公众的环境意识。此外，FSC 还在世界各地（主要是欧洲和亚洲）开展环境教育的培训及有关项目活动。

英国国家公园针对不同年龄段分别设置了不同教育项目设计。具体内容见表 10－4。

表 10－4 英国国家公园不同年龄段教育项目设计

项目名称	项目针对的对象	项目的主要内容	项目开展的国家公园
旅游影响调查和冲突排查	关键阶段 3	让学生观察旅游对一个地区的影响。培养观察能力数据统计和团队合作	任何地点
海特的案例研究	关键阶段 2—3	通过在 Haytor in Dartmoor 公园调查，有助于学生探讨如何管理游客国家公园管理局。 它帮助学生了解景点的性质、游客的性质、对周围环境的影响、他们对经济的重要性，以及如何链接到旅游业的可持续发展	在国家公园内开展活动或在教室内借助网络开展
在洛蒙德湖农村土地使用问题	关键阶段 2—3	活动目标： 旨在利用洛蒙德湖及其周边农村为例说明游憩压力对一个受保护的区域的影响	在国家公园内开展活动

续表

项目名称	项目针对的对象	项目的主要内容	项目开展的国家公园
蜜罐中的果酱	关键阶段 3	探索一个受欢迎景点的吸引力，它的历史和它是如何随着时间的推移而变化的。在雪墩山国家公园贝兹考德景区 基于野外地图调查记录其特点和使用问卷去调查游客对国家公园的影响	在国家公园内开展活动
邓斯特的旅游业	关键阶段 2—3	研究旅游对中世纪村落有什么影响。学生将了解到是什么吸引游客到邓斯特，以及这对交通和当地经济有什么影响	在国家公园内开展活动
气候变化倡议的荒地指标项目	中学	让中学生参与真实世界的气候科学。学生可参加不同的实验设计，观察随时间变化的沼泽，同时探索科学方法，观察天气、气候的变化、碳和水的循环、植物野生动物和人类环境之间的关系	在国家公园内开展活动
混合研讨会和山地探索户外活动	小学	通过在坎布里亚郡野生动物学习以及一些户外活动培养合作能力和解决问题能力	在国家公园内开展活动
DIY 一天	小学	通过参观展览和探索小径、狩猎等活动，了解更多关于国家公园的信息。加入冒险游乐场、商店和横穿墙壁活动，可以免费享受一整天愉快的学习活动	在国家公园内开展活动
学习核心	小学	通过网页链接快速了解国家公园	在国家公园内开展活动
树梢的跋涉和树梢网	中学和青少年俱乐部	• 一系列学习课程 • 湖区国家公园的展览、电影和问答 • 理想的户外学习环境 • 冒险游乐场 • 乘船旅行，水上运动会，高绳课程的挑战 • 定向运动课程和创新	在国家公园内开展活动
夏日的水上运动和骑行	中学和青少年俱乐部	可以在租用皮划艇，加拿大独木舟和划艇，以及自行车进行活动	在国家公园内开展活动
团队挑战和解决问题	中学和青少年俱乐部	为学生提供挑战和解决问题提供适合的场地	在国家公园内开展活动

续表

项目名称	项目针对的对象	项目的主要内容	项目开展的国家公园
美妙的野生动物	青少年俱乐部	我们与 Cumbria 野生动物信托基金会合作。我们有学习室和场地。 主题包括： • 野生动物野生动物园 • 树的秘密 • 哺乳动物 • 夜间生物	在国家公园内开展活动

10.2.4 日本

为推进自然公园地区的美化清扫工作，日本将每年 8 月的第一个星期日定为“自然公园清扫日”，届时各地方团体将进行义务清扫工作。为了保护自然、认识自然，每年 7 月 21 日到 8 月 20 日的一个月内，在全国各地都要举行以“亲近自然”为主题的“自然公园大会”，国立公园和国定公园为活动会场，由相应的都道府县自然公园管理部门和国立公园协会共同举办，以典礼为中心，开展自然观察会、郊游、野营大会、学习班、美化清扫、展示会、演讲会等丰富多彩的野外活动。

学生公园护林员是环境省与文部科学省于 1999 年启动的一项合作活动，组织公园当地的中小学生，在自然保护官与护林员的指导下，不定期地开展一些相对简单的调查及自然公园保护与管理工作。

Project Wild 环境教育项目是在学校或野外通过野生生物探讨学习自然环境，是培养“能够自发保护自然的人才”的项目。Project Wild 项目不仅仅是让人们理解自然，更是希望通过这个项目让大家行动起来，培养能够自发保护自然、保护环境的人才，是一项以野生生物为主题的活动，通过野生生物来学习自然环境、保护环境，目的在于让大家与野生生物共存，保护地球。此项目起源于美国，后由日本的教育人士、环保人士共同协力展开。

为实现 2020 年访日游客数达到 4 000 万人次，政府导入了“为了日本的明天”的观光计划。“饱览国立公园项目”作为此次观光计划 10 个项目中的一个，选择了具有代表性的 8 所国立公园，策划了“国立公园 Step up Program 2020”。这 8 所公园分别是：阿寒国立公园、十和田八幡平国立公园、日光国立公园、伊势志摩国立公园、大山隐岐国立公园、阿苏国立公园、雾岛锦江湾国立公园、庆良间诸岛国立公园。该项目通过日本的国立公园，让公众不仅能够接触到优美的自然风景，还能够接触自然孕育的文化、传统，参与到当地人的生活中。

10.2.5 德国

德国很重视对青少年一代进行环境保护的教育，其国家公园也不例外，将环境教育视为最重要的工作之一。公园设施建设以青少年的科普教育为主旋律，设立了专门的宣传教育中心、基地，有专门的工作人员来开展此项工作，如巴伐利亚森林国家公园的环境教育基地，构思和设计都很巧妙，建设了不同主题的营地（包括草馆、树屋、水馆等），并邀请世界各地青少年来到这里建设自己国家的小屋，这些小屋和营地平时用于学生的环境教育和体验，周末和节假日还租赁给来国家公园旅游的游客住宿，实现了有效的利用。同时，德国国家公园还积极与周边的社区、学校等联系，设计和实施了一些本土性的环境教育活动，对提高青少年的环境意识产生了重要意义。贝希特斯加登国家公园管理处为了吸引儿童，同时为了让他们了解国家公园及相关动物，给他们准备了一本童话书，该童话名字为《一朵会发光的神奇蘑菇》。

此外，对于一般的游人，德国国家公园也通过设立专门的博物馆、模型展馆、解说、实物展示、公园手册宣传等形式来传递环保知识，以提高其环保意识。具体教育项目见表 10－5。

表 10－5 德国国家公园开展的教育项目

项目名称	目标人群	开展组织	具体工作
少年游侠 (Junior Ranger)	7～12 岁的少年儿童	1. 下萨克森瓦登海国家公园 2. 汉堡瓦登海国家公园 3. 石勒苏益格—荷尔斯泰因瓦登海国家公园 4. 西波美拉尼亚潟湖地区国家公园 5. 亚斯蒙德国家公园 6. 米利茨国家公园 7. 下奥得河河谷国家公园 8. 哈尔茨国家公园 9. 艾弗尔国家公园 10. 凯勒森林埃德湖国家公园 11. 萨克森瑞士国家公园 12. 海尼希国家公园 13. 巴伐利亚森林国家公园 14. 贝希特斯加登国家公园 15. 黑森林国家公园	组织青少年进行远足等活动
国家公园教育工作者培训 (Fortbildung für Lehrkräfte, Erzieher und Erzieherinnen imNationalpark)	想将国家公园主题融合在自己的教育工作中的教育工作者	洪斯吕克乔木林国家公园	对教育工作者进行国家公园相关培训，并与国家公园管理局进行环境教育方面的经验交流

续表

项目名称	目标人群	开展组织	具体工作
为自然义不容辞——公园志愿者（Ehrensache Natur—Freiwillige in Parks）	不限年龄、国籍的个人或者团体	1. 巴伐利亚森林国家公园 2. 下奥得河河谷国家公园 3. 汉堡瓦登海国家公园 4. 米利茨国家公园 5. 哈尔茨国家公园 6. 下萨克森瓦登海国家公园 7. 石勒苏益格—荷尔斯泰因瓦登海国家公园 8. 海尼希国家公园 9. 萨克森瑞士国家公园	以个人或者团体（学校、公司）形式在自然保护区进行生态保护、自然观察等活动
志愿生态年（Freiwilliges Ökologisches Jahr）	18～26 岁，在高中毕业后打算在进行职业培训或进入大学学习前进行间隔年的青少年	1. 海尼希国家公园 2. 下萨克森瓦登海国家公园 3. 汉堡瓦登海国家公园 4. 巴伐利亚森林国家公园 5. 黑森林国家公园 6. 艾弗尔国家公园 7. 贝希特斯加登国家公园 8. 萨克森瑞士国家公园 9. 西波美拉尼亚潟湖地区国家公园 10. 米利茨国家公园	使将来有志于从事生态环境等相关工作的青少年增加相关知识和经验，对这一专业领域进行一个大体的了解，参与者可自行选择具体方向，具体包括： • 环境教育 • 环境政策、种植生态学、技术性环境保护 • 生态农业及动物看护 • 景观看护管理及林业 • 物种记录分类 （http://www.ijgd.de/dienste-in-deutschland/freiwilliges-oekologisches-jahr-foej/einsatz-felder.html）
国家公园学校（National Park-Schulen）	学校或教育机构	1. 巴伐利亚森林国家公园 2. 石勒苏益格—荷尔斯泰因瓦登海国家公园 3. 艾弗尔国家公园	与周边学校和教育机构展开合作，进行有关国家公园及生态环境的宣传教育

续表

项目名称	目标人群	开展组织	具体工作
青少年森林俱乐部（Jugendwaldheim）	青少年人群	1. 艾弗尔国家公园 2. 巴伐利亚森林国家公园 3. 哈尔茨国家公园 4. 米利茨国家公园	多家德国国家公园都设立的教育设施，为青少年提供短期住宿及活动场所，在此期间在国家公园内亲近自然，观察生物多样性，获得环境教育的机会
国家公园教育中心（National Park-Bildungszentrum）	面向大众	1. 哈尔茨国家公园 2. 艾弗尔国家公园 3. 贝希特斯加登国家公园 4. 汉堡瓦登海国家公园 5. 下萨克森瓦登海国家公园 6. 石勒苏益格—荷尔斯泰因瓦登海国家公园 7. 巴伐利亚森林国家公园	几所国家公园为环境教育专门设立的设施，以此为基地开展各项宣传教育活动

10.2.6 新西兰

青少年是现在和未来环境的维护者和保护者，因此，新西兰保护部的环境教育活动致力于培养新西兰青少年的知识、技能和价值观，让他们成为自信的、充满活力的学习者。其教育策略支持教育部的任务，即建立一个引领世界的教育体系，用知识、技能和价值观丰富所有的新西兰人，让他们成为21世纪成功的公民。环境教育项目或者工程采用建构方法（A Structured Approach）来学习和培养精神的、情感的和身体的能力，以帮助青少年作为重要的、见多识广的、有责任感的公民参与到环境保护。这些教育活动各不相同，但是在增强意识、交流、解说和志愿服务方面又彼此互补和重叠。保护部设置的活动可分为三类，分别是户外活动、花园活动和儿童活动，部分活动项目见表10－6。

表10－6　新西兰国家公园活动项目

项目名称	项目内容
与儿童手册一起探索自然	该手册为儿童在自己花园或者更远的地方探索自然提供了切实可行的想法和活动
喂养 takahē（一种鸟类）	与解说员一起喂养 takahē
栖息地游戏	世界上的生物正处在危险中，而你可以拯救他们。下载栖息地，参观位于惠灵顿的自然地，然后开始收集虚拟栖息地脚印

续表

项目名称	项目内容
罗德尼隐藏的宝藏	参与该项目区参观隐藏在罗德尼地区的宝藏
让你的猫变得环保	参与一个小测验，看看你的猫咪有多环保，并阅读一些提高你分数的技巧
捡拾垃圾	如果你再追求新鲜的空气，并热心于清洁环境，那么戴上手套参与到“垃圾洗劫”中，看看你能移动多少垃圾
与自然约会	和自然约会是一个免费的使用指南，可以帮助所有的家庭在外度过一段美好的时光
吸引鸟儿到你的花园	学习如何规划和种植植被，让你的花园能够吸引当地的鸟类
成为杂草战争中的一名勇士	帮助停止新西兰的野草生长。成为杂草战争中的勇士将会获得 KIWI 保护奖牌

除了保护活动，新西兰保护部还设计制作了针对不同年龄青少年的教育资源，并开展了相应的教育活动。保护部认为环保教育为学校提供了一个与当地社区相互连接，接触自然的宝贵机会。其教育资源融和了环境教育的三个维度，分别是关于环境的教育（培养知识与技能）、在环境中开展教育（联系自然和现实）、为环境而教育（采取行动恢复和保护生态系统）。教师可以在保护部的网站随时下载相应的文字、图片资料。

此外，保护部还向公众开设培训课程，鼓励社区居民参与到保护活动中来。公众可以选择完成一个免费的网络课程或者参加一个基于野外实践的面对面课程。如果是全日制的学生，还可以在暑假到保护部实习，获得工作经验。网络课程有“介绍自然遗产”“野外技能”“介绍 LEAVE NO TRACE”“鸟类鉴别”等。

10.2.7　澳大利亚

澳大利亚在国家公园管理和野生生物保护管理工作中，把宣传教育作为重要方面。联邦政府及各州、地区政府的自然保护管理机构都投入了大量财力、物力用于宣传教育上。这些宣传教育工作可分为三个方面：一是与正规化教育相结合，出版有关自然保护方面的书籍、资料，举办各种报告会、讨论会等。二是特别的宣传教育项目，例如，在国家公园和自然保护区内为中、小学生举办野外生物课堂，编印有关材料，讲解国家公园和野生动物的知识等。三是普遍的宣传教育，印制各种形式的知识性、趣味性的普遍宣传教育资料，免费发放。例如，澳大利亚国家公园和野生生物管理每年投入约 25 万澳元（约合 65 万元人民币）用于宣传教育，自建局以来共编印宣传教育资料 9 类 173 种。各州、地区的有关管理机构也都印制大量的各类型的宣传教育品，宣传有关国家公园和野生生物的基本知识、科学价值、保护意义及有关的法律规定。这些资料普及知识、普及法律，使公众了解和自觉遵守国家公园管理和野生生物保护管理的各项规定*。

10.3 我国自然保护地环境教育体系现状及存在的问题

我国自然保护地的环境教育研究起步晚、数量少，一般只在旅游规划研究的专著中有部分原理与方法的说明，研究深度不足、研究体系不完善。此外，我国的自然保护地管理者、公众甚至专家、学者对环境教育的价值都缺乏必要的认识，这严重制约了环境教育的发展。现有的生态旅游环境教育解说系统专业化程度也普遍较低，有些内容甚至缺乏科学性。

总体来说，我国自然保护地环境解说与教育现状存在以下问题：①机构和公众对环境解说与教育缺乏认识和重视；②缺乏基于深入研究的环境解说规划，内容简单，缺乏系统性；③环境解说形式极其单调；④只有简单的解说，缺乏环境教育活动组织。造成这些问题的原因也可大致分为两方面：①旅游价值观缺乏变迁、更新；②体制僵化粗放，缺乏实施环境解说与教育的能力。

10.4 我国国家公园及试点关于环境教育体系的探索

10.4.1 中国台湾地区国家公园环境教育体系

我国台湾地区各国家公园管理处主动深入校园，举办学童环境教育活动逾320场次，并运用国家公园自然生态环境题材，开发设计环境教育教案及学习单，提供各级学校教学使用。同时，与园区周边学校合作出版生态套书。台湾地区各国家公园的教育项目各不一样。例如，玉山国家公园多年来借校园倡导服务，通过让学校申请、发文，或者与解说课的工作人员联系、讨论，针对学童提供或设计了一些主题和教案，让学童了解国家公园的存在价值，理解国家公园自然保育精神和维持生物多样性的理念。2012年，玉山国家公园出版了《品玉山鸟乐——136种野鸟鸣声》图鉴书籍，设计《听～鸟儿在唱歌》两套教案，设计的对象为国小四年级、五年级，适合于校园或邻近公园进行，以鸟类美妙鸣声为线索设计的活动，希望处处可见的鸟儿能成为国家公园保育推广工作的亲善大使。垦丁国家公园每年都会计划各个月份的环境教育活动，并设计精美的海报。太鲁阁国家公园管理处也会针对不同的年龄设计不同的解说教育项目（表10－7）**。

---

* 国家公园宣传教育能力体系研究报告，内部资料。

** 国家公园宣传教育能力体系研究报告，内部资料。

表 10－7　玉山国家公园环境教育场域活动

课程名称	授课对象/要求	课程内容
“猴你在一起”环境教育课程方案	课程时间需 2 小时。授课对象为国小 3～4 年级学童，开课人数 20～30 人为限	近年来，台湾猕猴伤人事件屡登新闻版面，无论是台湾猕猴破坏农作物或是攻击登山游客等，使得多数社会大众对台湾猕猴带有负面观感，其实台湾猕猴属台湾特有种，分布于低海拔到 3000m 以下的地区，在玉山国家公园新中横公路石山路段，可以常态性地见到的台湾猕猴，是玉山国家公园重要生态旅游的资产，也是台湾地区特殊值得保育的野生动物。 本课程系以认识台湾猕猴为开头，了解台湾猕猴的行为及生态环境，再带以讨论人猴之间相处之道，期望社会大众能认识台湾猕猴，并善加爱护保育
“塔塔加的咏叹调”环境教育课程方案	课程时间需 4 小时。授课对象为一般大众，开课人数 20～40 人为限	本课程系以高山生态系为主轴，以“塔塔加”出发，用寓教于乐轻松学习的方式，并联结一般民众的经验，旨在使民众欣赏高山生态系之美、尊重原住民文化，并以谦卑的态度学习大自然、生物多样性、生态平衡、森林永续经营、外来入侵种及对生命的尊重，以达知山、亲山、乐山、爱山的目的
“熊爱玉山”环境教育课程方案	课程时间需 2 小时。授课对象为国小 3～6 年级学童，开课人数 20～30 人为限	本课程系借由探讨濒危的台湾黑熊相关环境议题，让学生了解生物多样与生态保育的重要性，让学生发自内心重视环境议题，并知道还有其他各种生物栖息于这片土地上，珍惜爱护大自然，学习与环境及其他生物和谐的生活，最终于日常生活中落实爱护自然的行为，以及做好生态保育的工作
“登山教育”环境教育课程方案	课程时间需 2 小时。授课对象为一般大众，开课人数 20～40 人为限	本课程系针对一般成人大众，以可及性高的山为设计考量，让亲近山林不只是踏青玩耍，更让山林成为一所学校，从行前准备与规划到实际走入山林，体会人与自己、人与人、人与土地，人与历史、人与神的关系。未来可以本课程内容为基础，延伸扩充，让有心挑战难度更高的登山者，亦有可资依循的登山教材

10.4.2　国家公园体制试点对环境教育的探索

武夷山国家公园体制试点基于国家公园价值，采用多种手段和技术，从解说教育目标、原则、主题、方式等四个方面规划武夷山国家公园解说教育系统，以满足不同访客的需求，宣传国家公园的生态和文化价值。

武夷山国家公园体制试点解说教育总目标包括帮助访客从整体上了解武夷山国家公园；为访客提供有意义的、值得回忆的经历；帮助访客理解国家公园内的生态环境状况和资源保护措施；帮助访客深入理解国家公园的文化价值和历史信息。武夷山国家公园的解说包括地质地貌价值、生态系统价值、生物多样性价值、朱子理学价值、茶文化价值、审美价值等6个价值，对应丹霞地貌、生态系统类型、动植物、朱熹思想、茶历史、茶制作和体验、自然和文化美学等44个解说主体。解说教育方式也多种多样，包括人员解说、自导式解说和展示陈列等*。

10.5 关于国家公园开展环境教育的建议

借鉴国际经验，结合我国国家公园关于环境教育体系的探索，从开展国家公园环境教育制度保障、人财物投入、规划体系构建，以及理论研究等方面，对我国国家公园开展环境教育活动提出以下建议。

10.5.1 确定法律依据，建立国家公园环境教育的制度保障

制定国家公园环境教育相关法律法规，对环境教育的组织构建、经费保障、人才培养、合作机制、监督管理、执行标准、配套支援等方面做出具体规定，明晰责任和权利，使得国家公园环境教育工作有法可依、有规可循。同时强调环境教育在国家公园管理保护工作中的重要性。出台相应的技术性指南，指导国家公园环境教育的日常管理工作。应重点建立志愿者解说制度。

10.5.2 加强投入力度，保证国家公园环境教育的持续发展

国家公园环境教育必须获得与其重要性相匹配的资金和人员投入。国家公园管理机构应当将环境教育经费专门列支，并保持与国家公园中央投入资金总额同步的增长，国家公园管理机构还可以酌情设立奖励专项。在国家公园管理机构中应设置专门部门或由专人负责国家公园的环境教育相关工作，明确规定部门职责和业务范围。建立环境教育的多方参与机制，完善合作伙伴关系，相关的合作方包括各级政府机构、社区居民、大中小学校、科研机构、非政府组织、媒体等。

10.5.3 完善规划体系，推动国家公园环境教育的落地实施

编制科学的环境教育规划，对环境教育的目标、主题和内容、方式等方面进行深入系统地阐述。建立环境教育的效果评估和反馈调整机制。

10.5.4 深化研究工作，加强国家公园环境教育的理论研究

吸收借鉴国外的成熟理论，加强多学科研究，推进国家公园环境教育的理论研究，并加强关注环境教育相关的概念界定、理论方法和规划设计应用。相关理论研究要在借鉴国外理论的基础上结合我国国家公园的具体情况进行创新。加强对环境教育的重视和宣传，帮助访客深入理解国家公园的资源和价值，培育守护意识，提升国家公园资源的保护和访客体验**。

---

* 武夷山国家公园与自然保护地群落规划研究，内部资料。

** 中国国家公园体制建设指南，内部资料。

第 11 章　国家公园的社区共管机制

11.1　国家公园建设与社区发展的关系

11.1.1　社区生产经营影响国家公园生态保护

1. 社区生产经营对国家公园保护对象产生一定的不良影响

正如本书的第 3 章所述，根据保护动植物的分布划定的国家公园区域内必定会包含一些街道或乡镇、村庄，其土地利用方式也包含了农田、养殖场、工矿用地（发电、造纸、盐业）、道路、居民地、商业用地等。在人口密集、人类生产生活活动强烈的区域，国家公园内及周边社区的社区活动对国家公园的主要保护对象胁迫强度高，且这种矛盾协调困难。如武夷山国家公园范围内的社区为农村地区，农村的生活垃圾及污水处理设施不健全，污水直排入河流、垃圾转运周期长等对局部环境造成一定的污染问题。社区的产业结构以茶产业为主，部分茶农受利益驱使而毁林种茶破坏了森林生态系统的完整性、影响生物多样性、造成水土流失。部分茶农使用化肥来实现茶叶增产，尤其是位于九曲溪沿岸的茶园，对流域的水质会形成面源污染。随着社区的人口增长和茶叶生产空间扩张，社区对自然环境潜在影响将扩大。而在地域辽阔、人口密度较低、自然生存环境较差的西部地区或偏远地区，国家公园内及周边社区的生产经营活动也同样威胁着国家公园的主要保护对象的生存环境，慢慢侵蚀着国家公园的保护用地。如三江源国家公园海拔高、气候条件相对恶劣，地域相对偏远，但四县共有牧业人口 12.8 万，贫困人口 3.9 万。且近年来随着交通状况的改善，国家公园的旅游业发展越来越好，进入国家公园的旅游人数与日俱增。社区居民的农牧业以及近年来开展的旅游活动正威胁着国家公园的保护成效。

2. 管理措施难以有效提升国家公园管理成效

我国的国家公园正处于初步探索阶段，各国家公园试点管理机构遵循《试点实施方案》，根据生态系统的重要性和国家公园的特点划分功能区，但国家公园内及周边社区的各项活动对国家公园造成的干扰目前难以得到有效控制。国家公园内捕捞、采矿、开荒、水产养殖、采沙等活动屡禁不止，也影响到了国家公园管理成效。如环保部卫星环境应用中心高分遥感监测数据发现，2016 年 5 月—2017 年 3 月，国家已批复的一些国家公园试点，仍发现新增开发建设活动，包括采石场、拦水坝、其他人工设施以及开发建设活动有扩大趋势。

11.1.2 国家公园社区居民生产生活受到限制和影响

1. 国家公园多分布在贫困县，社区居民生活贫困

根据本书的第3章，我国的国家公园大多分布在边远、偏僻和比较封闭的地区，这些地区气候条件差、自然地理条件复杂、野生动植物种类繁多，生态系统服务功能突出，且多远离区域经济社会中心，基础设施较差、交通不便、生活成本高，农牧业传统社区群众生活贫困。特别是西部地区，国家公园面积大，少数民族分布多，贫困人口集中。如三江源国家公园所在地区经济社会欠发达，居民以藏族为主。地方财政以中央财政转移支付为主。四县城镇居民年人均可支配收入25 099元，农牧民年人均纯收入5 876元。四县均为国家扶贫开发工作重点县，社会发育程度低，经济结构单一，传统畜牧业仍为该地区的主体产业，扶贫攻坚任务十分繁重。基础设施历史欠账多，公共服务能力落后。这些都将在一定程度上影响三江源国家公园生态保护与民生改善协调推进，影响国家公园功能发挥。

其贫困的主要原因一是社区居民收入来源单一、增收渠道窄；二是生计资本薄弱，缺乏再生产的能力；三是国家公园的保护政策限制了社区居民对国家公园内资源的开发利用，社区居民的生产生活与国家公园管理目标存在不一致的情况。

2. 保护措施或结果对社区居民具有不利影响

国家公园中的人类活动对国家公园保护管理产生不良影响的同时，国家公园的保护管理工作也一定程度上阻碍了社区居民的生产发展及生活水平提高。这种情况主要体现在四方面：一是以森林生态系统为主的国家公园，因被划分为国家公园后，摘采食用菌、药材、编织材料、薪材等林下经济受到了严格限制，社区居民的生活资料及收入来源断链，也有一些林区原来是生产性林区，因国家公园管理的限伐措施，使社区无法获取木材收益。二是国家公园的主要保护对象啄食、践踏农作物，影响社区农业收成。如云南黑颈鹤啄食农户的马铃薯和燕麦种子，据统计，农户有30%的种子被鸟吃掉。北京郊区由于自然保护较好，鸟类增加，郊区246万亩的果园每年被鸟吃掉的水果达4万～8万t。湖北孝感市上万头野猪每年损毁农作物达3 000余亩。三是受保护的珍稀野生动物袭击家畜及社区居民的情况时有发生。近10年云南西双版纳州发生的野生动物肇事事件1万多起，人员伤亡100多人次，经济损失2亿多元，其中大多数为亚洲象所为。秦岭地区大熊猫国家公园附近，与大熊猫伴生的扭角羚近10年发生伤人事件155起，导致22人死亡、184人受伤。其中，2007年扭角羚下山1次导致3人死亡，赔偿了98.7万元，还有一些农作物等财产损失。此外，还有一些野生动物袭击家畜等情况发生，如云南临沧地区出现的孟加拉虎攻击牲畜、致人死亡，内蒙古乌拉梭梭林——蒙古野驴保护区的狼咬死牲畜等事件。四是国家公园内农田周边野生植物生长茂盛，侵入农田或遮蔽农作物阳光，抢占农作物空间等，导致一些农田产量降低，甚至没有收成。

11.2　对国家公园社区共管的理解

11.2.1　国家公园社区共管的必要性

社区共管制度始于西方国家，最早见于加拿大政府在自然保护区管理中用来协调土著居民和国家公园的关系。所谓社区共管，是指共同参与国家公园管理方案的决策、实施和评估的过程，通常指社区同意可持续利用资源，其利用方式与国家公园生态系统保护的总目标不发生矛盾，促进生态系统保护和可持续社区发展的结合。2015 年，发改委同 13 个部门联合印发的《建立国家公园体制试点方案》提出，"妥善处理好试点区与当地居民生产生活的关系"。社区共管作为一种能有效解决发展与保护之间矛盾的管理模式，强调社区的参与性，主张国家公园和社区共同参与自然资源管理，同时以项目为载体促进社区经济发展，从而实现社区资源的可持续利用，为社区参与国家公园资源管理提供一个良好的思路和机会。

11.2.2　社区共管的目标

国家公园社区共管的基本目标是寻求有效途径鼓励社区与国家公园共同可持续利用保护资源，解决社区发展和自然保护的矛盾，促进国家公园保护事业的发展。

11.2.3　社区共管的原则

1. 可持续发展原则

坚持可持续发展原则是保证国家公园生态环境保护和社区居民生活水平提高的关键。社区发展的可持续在于两方面：社区自主发展能力的可持续和社区资源发展的可持续。社区自主发展能力的可持续在于个人、组织和制度的成长和完善，而且是他们自我的完善，以满足可持续发展的需求；社区资源发展的可持续在于社区生产生活方式的改变要符合社区的资源特色和自然规律，以实现发展与环境保护的同步。这就要求在国家公园社区共建共享中要注意区际公平，即做好区域协调，保证不对其他区域生态环境造成影响；代际公平，即保证一切目标、战略和行动计划的制订，不仅要符合当代国民的利益，还要给子孙后代留下一个继续发展的优越生态环境；人际公平，即是要关注旅游资源保护与开发对各阶层人群的影响。

2. 循序渐进原则

强化社区自治功能，是国家公园社区共建共享的关键和目标。由于国家公园周边社区大多数属于贫困区，社区居民的自觉参与度还有待提高，社区的自治能力还有待进一步增强，社区工作者队伍整体素质不高、政府财力物力保障不够有力及社区外部条件的制约等因素都还有待进一步克服与改善。而这些因素的存在，很大程度上与经济社会的发展分不开，克服与改善需要经过一个长期而渐进的过程。因此，国家公园社区共建共享必须坚持渐进方式，由表及里，由浅入深，抓住重点，逐步深化提高，积极稳妥、扎实、深入地向前推进，使社区居民系统地提高共建共享的意识，强化社区的自治能力。

3. 政府主导与尊重社区自治相结合原则

社区民主自治是社区共建共享的方向。要把社区范围内公益事业决策管理权、居民活动组织权、监督权等归还给社区居委会，增强社区居委会管理社区公共事务、解决社区问题的能力。要充分发挥社区居民代表会议、社区居民参议委员会等自治组织的作用，依法保障居民参与社区民主自治的权利，维护居民的合法权益和共同利益。同时，社区自治又是政府主导下的自治行为，政府的主导作用必不可少。政府的主导作用主要应体现在制定社区发展规划和思路、协调扶持人力财力物力上的保障，这是实现国家公园社区共建共享的前提*。

11.3 国外国家公园社区共管的经验借鉴

1872 年世界上第一个国家公园在美国成立，此后国外的国家公园也经历了和当地社区从对抗到合作的过程。总体上看，国外国家公园的社区参与和合作是其整个国家社区参与机制的一个组成部分。国家公园与社区在空间上的紧密性，使得社区民众成为与国家公园接触最频繁、联系最紧密的对象。一百多年来，国外在国家公园社区管理中积累了丰富的经验。

11.3.1 深化社区参与层次

社区参与机制与决策层次和项目性质十分相关。按照决策的类型和在决策中参与决策人员的层次和影响力，社区参与可分为基本方针（Normative）、战略规划（Strategic）和具体操作规划（Operational）三个层次。

在战略规划层面，很多国家在国家公园规划体系中都把合作（合作不仅指社区，还包括其他机构组织）列入管理目标中。例如美国国家公园管理局战略规划的第三个目标就是在合作关系下保护资源并提供游想机会；加拿大国家公园管理局的合作规划的第五个战略目标就是要使公园内的社区得到有效的管理并成为可持续发展的典范；澳大利亚国家公园的管理目标之一就是和公园范围内的社区、当地政府议会及其他机构合作从而相互配合实施环境规划和资源管理。

在具体操作层面，国外的国家公园的社区参与方式包括公众听证会、咨询委员会、社区调查、社区会议、环境影响估价、顾问委员等，参与内容包括参与管理与就业、经济发展、社区旅游开发、教育、协商与咨询、协约法规等。具体案例见表 11－1。

---

* 中国国家公园与当地社区共建共享研究报告，内部资料。

表11－1　国外国家公园的社区参与相关案例

参与管理与就业	村里的野生生物保护人员经培训自愿担负起反对滥捕的巡逻任务，极大地弥补了专职野生生物保护人员人数的不足。 ——赞比亚南卢安瓜国家公园
	海达（Haida）族就业与训练政策于1993年7月30日签署。该政策的第一个主要目标就是，到2001年，公园的工作人员中必须要有50%的海达人。到2003年，每一职级的受雇人员均必须有50%为海达人。 ——加拿大海达遗产地
	“加拿大公园署原住民雇用策略”强调建立专门计划、工具、支持网络以及工作成绩指标的重要性，并宣布原住民的招募、训练、晋升及留任等。加拿大公园署的“加拿大国家公园与国家史迹青年工作计划”是一项全国性的计划，提供学生暑期工作机会。 ——加拿大国家公园署
经济发展	由地方最高行政长官亲自担任主席的野生生物管理部门保证每年将收入的35%拿出给创造这些收入的村寨社区。野生生物的保护区收入的一部分将用于村寨社区发展社区设施和服务，诸如建立诊所、学校和饮用水供应系统。 ——赞比亚南卢安瓜国家公园
	确定许多由地方委员会协调、依靠市民特别工作组来实施、旨在满足社区发展需要的“分支项目”，例如改良水源，发展农业的多种经营。 ——墨西哥得卡斯玛雅文化遗迹
	有关单位将提供1.6亿加币，在该地设置一个海洋保育园区以及一个位于陆地的国家公园，并且成立一个促进地方经济发展的基金与森林替代户。该笔经费中，有一部分相当可观的金额，是用来补偿该地区林产的商业利益。 对于已经取得伐木权的劳动者，联邦政府提供了与原木等值的补偿。对于当地的非原住民社区，政府则挹注资金在非以自然资源的榨取为基础的经济发展上。 ——加拿大海达地产地
	由18位投资者组成的营利性经济联合体为改良水源、发展农业多种经营等社区发展的项目提供资金，并打算使用本地的建筑材料和建筑风格为生态旅游者兴建一个小型旅馆。 ——墨西哥得卡斯玛雅文化遗迹

续表

社区旅游开发	塞内加尔的定卡萨曼斯地区为有规划按计划发展村寨旅游提供了很好的榜样。该项目旨在为旅游者展示传统的乡村生活，通过旅游者和居民之间的自发交流，消除旅游者常有的关于地方环境和文化的错误的先入之见，并鼓励当地居民形成对自身文化的自豪感。项目计划给村民带来直接的经济利益，包括解决当地青年就业以减少他们向城市移民。 该模式提倡村民使用传统的建筑材料、方法和式样，建造简朴的住宿设施，然后由他们自己所有并经营。这些房屋建在远离旅游线路的河流沿岸，旅游者乘坐传统的独木舟往返。这种住宿设施减少了旅游设施和居民生活在质量上的差别，并降低了投资成本。村民们通过合作社组织对房屋进行管理，并向旅游者提供当地菜肴。 ——塞内加尔的定卡萨曼斯地区
	社区的旅游发展目标包括鼓励与当地生活和狩猎活动相一致的开发项目，尊重因纽特人的传统生活方式；鼓励开发能增加就业机会、减少依赖社会援助的项目；鼓励对旅游者和当地社会发展都有益的文化项目和设施；鼓励当地人在管理旅游企业中拥有所有权、决策权利技术；鼓励社区长期自给；促进跨文化了解，为因纽特人和非因纽特人了解对方提供机会，使当地人学会和非因纽特人相处；增强觉悟意识，使当地人在旅游开发问题上能够做出有信息依据的决策。 ——北极圈
宣传教育	对当地居民进行环境教育，使其认识到保护和保存这些玛雅人历史遗迹和自然资源的重要性。 ——墨西哥得卡斯玛雅文化遗迹
	对渔民开展关于海洋生物及其保护的环境意识教育活动。 ——菲律宾的海洋生物保护
	包括广播、时势通信、海报、社区集会等在内的公众信息和教育计划对于取得共识十分重要。在整个工程中，社区从担忧变为感兴趣和支持，最后变为直接参与。 ——北极圈
协商与咨询	旁格尼尔顿（pangnirtung）村庄委员会由导游、出售全套旅行用品的商人和其他与旅游业有关的人士组成，该委员会在引导社区讨论中发挥了主导作用，委员会还使社区成员、政府机构和其他组织都参与了讨论。 ——北极圈

续表

协商与咨询	联邦条约协商局（Federal Treaty Negotiation Office）的任务是代表加拿大所有人民，同省政府协商，与英属哥伦比亚的原住民一同制定光荣的、持久的和可执行的条约。加拿大目前已有11个国家公园拥有合作管理理事会。这些理事会多数位于北加拿大，因全面性的土地权协议而成形。这些理事会就管理与经营公园向加拿大遗产部长提出建议。有10个理事会的成员半数为当地原住民社区指派，并有半数由遗产部长指派。 ——加拿大国家公园
协约法规	制订了社区自制公约，对于违反公约者明订处罚规则，所订罚则只限于当地村民。外来者如违反公约，其行为明显违背法律者，交由警察机关处理，行为未至违法者，则规劝或强制驱离。 ——台湾阿里山
	委员会由当地政府、企业、社团和宗教团体组成，全国性海洋保护计划的成功归功于各方面的合作，其中当地政府牵头组织，企业提供设备和给养，各地群众提供监督和劳动力。这项涉及面很广的网络工程很大程度上得益于菲律宾由国家、区域、省和市几个层次构成的旅游规划体系。 ——菲律宾的海洋生物保护
	1996年的《雇用均等法》将原住民指定为可因该法令受益的四类对象“身份类别”之一。加拿大公园署作为联邦机关，必须以下列方式施行公平就业措施：确认并消除影响指定对象的就业障碍；制定积极的政策与措施，并为指定对象提供合理的安置；向加拿大遗产部以及加拿大公园署提供建言、策略与建议，以增加原住民族的招募、留任与升职；提供支持性团体，响应并分享工作经验，并依据需要提供顾问；以及提升遗产部内对原住民文化的意识。 ——加拿大国家公园

11.3.2 完善资金保障机制

从社区自身的经济发展来看，基础设施建设、产业的进步更替需要资金投入、技术支持以及市场需求等条件。由于国家公园周边社区经济相对较差，因此，国家公园管理机构应为社区发展提供资金保障。例如，为自然环境的区域保护和管理所需的必要费用，日本实行执行者负担、受益者负担、原因者负担的原则。所谓“执行者负担”，即由区域保护事业执行者负担该事业执行所需的费用。同时，国家在预算内对执行区域保护事业的都道府县给予执行该保护事业所需费用的一部分的补助。所谓“受益者负担”，即地方公共团体因被国家启用于执行区域保护事业时，由其在受益限度内负担该执行所需费用的一部分；以及因国家或地方公共团体执行区域保护事业而产生显著受益时，该受益者应该在其受益的限度内负担执行该区域保护事业所需费用的一部分。所谓“原因者负担”，即国家或者地方公共团体因某工事或者行为而不得不实施区域保护措施时，该原因工事或者行为的费用负担者应负担全额或者部分所需费用。另外，在国立公园的主要地区还采用了利用者负担的方法。如自然公园美化管理财团（财团、法人，为推进公园的管理而成立的民间组织）把从公园停车场的利用者那里收来的费用作为资金用于修建人行道、美化清扫等。

加拿大国家级自然保护区主要资金来源于加拿大政府的投资。加拿大公园局根据当年的工作计划和多年业务规划来安排年度预算，联邦和省级政府通常把所有的收入都存入统一收入基金，每年提供给单个公园作为运作经费，但是公园的经济收入要上缴给统一收入基金，这样避免了收入水平不同的公园贫富不均，也避免了资金被不同管理部门瓜分。在加拿大的管理制度中，国家公园管理机制的企业化运作成为一种新的模式，公园管理实体由政府机构转变为“公司＋政府”，这意味着公园管理机构归政府所有，但是其功能更像公司。

11.3.3 完善的生态补偿制度

从世界范围来看，在一些发达国家国家公园管理中建立了较为完善的生态补偿机制，涉及森林、水资源等相关内容。例如，日本对于国家公园内所实行的一定行为的许可制，规定了损失补偿制度。具体规定是：对在国立、国定公园特别保护区、特别地区以及海中公园内，在自然环境保护区的特别地区、野生动植物保护区、海中公园内，须经环境厅长官或者都道府县知事许可方可进行的行为，当行为人因未得到许可而遭受损失时，经该当事人向环境厅长官提出申请，可以得到国家给予的补偿。

11.3.4 实行特许经营制度

国家公园通过立法确立特许经营制度，公园的餐饮、住宿、交通、度假村等旅游服务项目，由公园有关管理机构依照相关法律、法规和规划采用招标等公平竞争的方式特许给不同的经营者，以便使特许经营者在不违背保护目标的前提下提供旅游服务。特许经营许可证由国家公园管理部门负责核定和发放，公园管理机构应当与经营者签订合同，依法确定各自的权利与义务，经营者需要缴纳特许经营费和公园内资源有偿使用费，上缴财政后再按一定比例返还，实现收支两条线。新西兰国家公园就以合同形式，将公园内的一部分农业、旅游餐饮、住宿等特许给社区，与外来旅游公司一起，共同为游客提供高质量的旅游体验和自然教育。

1965年美国国会通过《特许经营法》，要求在国家公园体系内对那些向游客提供各类经营性服务的设施实行“特许承租”（concession）管理制度，即公园的餐饮、住宿等旅游服务设施向社会公开招标，经营上与国家公园无关，只需缴纳特许经营费，而国家公园专注于自然保护区的保护和管理，本身不能从事任何营利性的商业活动，绝对不允许国家公园管理局下达经济创收指标，严格限制门票等费用的征收。对于有门票收入的公园，门票收入全部上缴财政，再由财政按一定比例返还，实现收支两条线。特许经营制度使得管理和经营的角色相分离，避免了重经济效益、轻资源保护的弊端。1998年，通过了《改善国家公园管理局特许经营管理法》，规定了特许经营权转让的原则、方针、程序，取代了《国家公园管理局特许事业决议法案》，并规定从 1999 年起，所有的特许经营收入存入美国财政部的一个特别账户，每个公园在这一账户下有一个次级账户，每个公园特许经营收入的 80%存入这一次级账户，由公园改善游客服务或为一些优先或紧急项目提供资金，其余 20%由 NPS 在整个国家公园内调剂使用。近些年来，随着社会捐赠机制的成熟以及对保护区资源的关注，社会捐赠资金显著增多，大大减轻了联邦政府的财政负担。

11.3.5　明确土地权属

发达国家实行的国家公园社区共建共享模式很大程度上是基于土地所有权的一种尊重主权和人权的和平方式。加拿大政府通常采取征收、购买、租赁或接受捐赠等方式获得土地权利。其中，购买自然保护土地管理权是解决土地权属问题的一种有效方式。自 1984 年以来，环境部设立了专门款项，用于购买或租赁土地。国家公园或保护区机构通过与地主订立协议并支付一定费用，在其土地上实行保护措施。只要不违反协议中保护自然资源的规定，土地权属人仍然可以在自己的土地上开展正常活动，本质上并不改变土地所有权和使用权的所属关系。

新西兰的土地大多为私人所有。新西兰的《土地法》和《国家公园法案》规定，当政府有关部门认为，某块土地应当作为保护区时，政府可以以女王的名义购买或租赁该土地；当保护部与保护委员会和有关地方政府协商后，认为某块地适宜作为国家公园时，如果涉及的土地是私有的，则部长可以以女王的名义来购买或者租赁这块地及其附属的房地产。政府购买的做法是政府根据市价向居民购买土地，然后由政府独立管理或与当地人共同管理；联合保护经营是政府与当地人达成协议，虽不购买，但那块土地不能进行毁坏性开发建设，只能进行保护和适当的旅游开发，这属于公众直接参与保护区管理。此外，公众还可通过对保护区管理层和游客进行监督的方式间接参与管理或自觉参与保护区的日常维护*。

11.4　我国自然保护地社区共管现状与问题

11.4.1　我国自然保护地社区共建共享发展现状

自 1956 年我国在广东省肇庆市鼎湖山、海南省尖峰岭、云南省西双版纳、福建省武夷山、吉林省长白山等地建立了第一批自然保护区，我国已经建立起涵盖包括自然保护区、风景名胜区和森林公园等在内的自然保护地体系。各类陆域自然保护地总面积约占陆地国土面积的 18%，已超过世界 14%的平均水平。这些自然保护地很多处于较为偏僻的地区，交通状况差，社会经济发展较为滞后，但却拥有丰富、珍贵的旅游资源，这也恰好适应当下生态旅游发展的要求。经过几十年的发展，社区共建共享成为我国自然保护地管理中的重要内容，在相关利益者的协作下，社区

---

* 中国国家公园与当地社区共建共享研究报告，内部资料。

共建共享取得显著成果，并呈现以下特征：

1. 社区共建共享资金支持力度不断加大

资金对任何地区的经济发展都起着重要作用。近年来，随着我国对贫困地区扶持力度的加大，自然保护地社区共建共享资金问题一定程度上得到缓解。2015 年，国务院扶贫开发领导小组决定在未来五年内投资 6 000 亿元异地扶贫搬迁 1 000 万人，这意味着中西部很多自然保护地周边社区的建设将获得一定程度的资金支持。但是绝大部分地区由于地理位置偏远、自然条件差、基础设施落后，可开发资源不足导致投入产出比较低，吸引不到外部资金。

2. 社区参与自然保护地管理热情较高，且多以经济参与为主

近年来，随着社区居民知识水平的提升和自我能力的建设，越来越多社区居民参与到自然保护地的管理和发展中，这是社区共建共享的高级化表现。不同自然保护地由于所处的地理环境不同、社会文化背景不同，形成了不同的参与方式，但是经济参与是最主要的方式，包括：作为土地的所有者仅以出租土地的方式实现参与，以被雇佣者的身份参与，为相关企业务工；以个体身份向生态旅游者提供部分服务，如餐饮、导游、交通和住宿；以社区的名义，利用社区自身的地域优势与外来企业形成合资、合作关系；排除外来势力，社区完全独立地经营生态旅游企业或生态旅游项目。社区居民通过对各种经营形式、经济活动的介入给当地社区带来经济收益，提高了社区居民的收入。

3. 社区参与自然保护地管理处在组织参与阶段

根据参与程度，将社区参与自然保护地管理分为四个阶段：个别参与、组织参与、大众参与和全面参与。从目前中国自然保护地管理情况来看，政府在社区共建共享方面处于主导地位，通过设立相应机构、制定相应规章制度来规范社区生产生活、经营管理。这一方面保证了我国自然保护地各项法律法规的高效执行；另一方面，政府处于主导地位，有利于预防市场自发行为带来的环境破坏后果，防止“公地悲剧”。

4. 社区共建共享模式多元化

在我国自然保护地社区共建共享过程中，形成了多种模式，包括：①自然保护地＋地方政府及相关主管部门＋自然保护地内及（或）周边社区；②自然保护地＋地方政府及相关主管部门＋自然保护地内及周边社区＋非政府组织；③自然保护地＋地方政府及相关主管部门＋自然保护地内及周边社区＋公司；④自然保护地、社区成立股份有限公司。其中，第一种模式在自然保护地社区共建共享中使用较为广泛，其他三类相对较少。第一、第二种模式，自然保护地收获保护效益，社区收获经济效益。第三种模式中，社区、公司获取经济效益。第四种模式中，考虑了自然保护地在共建共享中的经济效益。第一、第二种模式，社区项目范围基本锁定在保护部

门，资金不足、影响小、缺乏主动，尤其缺少企业、公司等社会力量参与，难以形成输血式的效果。第三种模式吸纳非传统部门参与，争取经济力量的介入与支持，既有弥补投入不足、补充和衬托政府保护工作的作用，又是扩大影响、增强项目自身动力的有效途径，是社区共建共享的有益探索。在第四种模式中，自然保护地与社区建立更紧密的合作关系——成立公司，并在共建共享中考虑自然保护地的经济效益，是一种新的探索。

11.4.2　存在的问题

1. 自然保护地与社区争夺自然资源矛盾突出

以自然保护区为例，其人口压力大、交通不便、基础设施落后、信息闭塞、经济发展水平较低，住房条件、卫生保健和衣物等普遍不足，加上不允许使用自然保护区内的自然资源，居民基本生存难以保障，和自然保护区争夺资源的现象非常普遍，冲突也在所难免。据统计，我国有超过 1/3 的国家级贫困县内有近 1/4 的自然保护区，经济发展水平较不发达的西部地区包括 108 个国家级自然保护区，占国家自然保护区总面积的 9.14%，其中 80%以上的自然保护区内部及周边存在社区。然而，为了达到保护效果，自然保护区对周边社区采取了严格限制自然资源利用的措施，包括限制农业活动、放牧、非木林产品的采集、砍柴、茅草和饲料的收集等。另外，自然保护区内野生动物对社区作物和家畜的破坏也是生态保护的社会性和经济损失的个体性之间矛盾的普遍表现。尽管社区会采取一些应对策略，如种植不易被野生动物取食的作物，修建围栏，或者在农田和森林边缘之间保留足够的空隙，但对于以农作物种植和家畜饲养为主要收入来源的居民而言，损失依然难以弥补。

2. 管理体制不完善

由于没有国家层面的统一管理机构，中国的自然保护地基本采用的是“各主管部门+属地管理”的方式，面临着国情特殊、现行自然保护地多头管理、保护压力大和地方利益至上等问题。我国许多自然保护地较为普遍的管理体制是业务由上级主管部门管理、行政由县级以上地方政府管理，实行业务与行政分离的管理体制。在这种管理权和经营权分离的体制下开展社区共建工作，必将会出现管理权限、利益分配等方面的矛盾，很容易造成地方利益与生态保护发生冲突，从而无法实现自然保护地与社区的和谐发展。

3. 技术扶持缺乏可持续性

根据当地实际的自然生态环境，实施开展相应的生态项目建设，发展社区经济，成为自然保护地社区共建共享中促进社区经济发展的主要手段。在共建共享初期对社区居民进行培训教育和技术指导，使社区居民掌握了一定的知识和技能。然而，随着市场经济的发展、科技的进步，社区居民缺乏经济管理和项目管理的经验，无法及时更新技术和品种，社区共建共享主体对农产品的经营指导又不够，技术扶持的阶段性导致社区经济发展无法走可持续性的道路，甚至可能会再度发展到过度利用资源的境地。

4. 社区人口压力大，受教育程度较低给社区共建共享带来一定难度

尽管我国大多数自然保护地都位于人类活动相对较少的地区，但人口对于自然保护地的压力还是十分明显的。与发达国家自然保护地内基本没有居民的状况相比，我国自然保护地的社区呈现出人口数量多、人口密度大的特点，而且社区居民受教育程度普遍偏低。以太白山自然保护区为例，社区村民中文盲占 28%，初中及其以下者占 90%以上，文盲、半文盲比例大。由于文化水平低，重经验，轻科学，对新技术、新信息持怀疑态度，导致一些行之有效的科技成果和生产技术难以得到及时应用。

5. 补偿机制不健全

在自然保护地的发展和建设过程中，野生动物误入社区破坏庄稼和袭击社区居民的事件时有发生，这对社区居民的人身和财产安全造成了巨大的损失，影响了社区居民的切身利益。虽然我国《野生动物保护法》就此做出了相关规定，但在许多自然保护地没有得到很好的贯彻实施。如何补偿社区居民所受到的损失、以什么形式进行补偿，成为自然保护地和当地社区居民争执的焦点。补偿机制健全与否，直接影响社区居民对共管工作的支持与否，是自然保护地社区共建共享工作不容忽视的重要问题*。

11.5 国家公园体制试点对社区共管的探索

11.5.1 青海三江源国家公园生态管护公益岗位

三江源国家公园按照中央精准脱贫工作要求和《试点方案》部署，把握牧民群众脱贫致富与国家公园生态保护的关系，创新生态管护公益岗位机制，在原有 2 554 个林地、湿地单一生态管护岗位基础上，制订了综合生态管护公益岗位设置实施方案。按照精准脱贫的原则，先从园区建档立卡贫困户入手，新设生态管护公益岗位 7 421 个，目前共有 9 975 名生态管护员持证上岗，按月发放报酬，年终进行考核，实行动态管理。

强化细化生态管护公益岗位规范管理，制定《三江源国家公园生态管护员管理办法》，制订细化评估方案，开展综合评估工作，利用信息化技术，逐步实现“一岗一图一表一考核”。加大培训力度，提高“山水林草湖”一体化管护能力，着手研究落实“一户一岗”政策，完善考核奖惩和动态管理机制。

推进山水林草湖组织化管护、网格化巡查，组建了乡镇管护站、村级管护队和

---

* 中国国家公园与当地社区共建共享研究报告，内部资料。

管护小分队，组织开展马队和摩托车队远距离巡查管护。利用原来配发的流动帐篷及多媒体收视系统，构建远距离“点成线、网成面”的管护体系，使牧民逐步由草原利用者转变为生态管护者，促进社区发展与生态环境和谐共生（图 11－1）。

图 11－1　三江源国家公园生态管护公益岗位

照片来源：照片由三江源国家公园管理局提供

11.5.2　福建武夷山国家公园社区共管机制探索

武夷山国家公园体制试点从社区参与和社区产业引导两方面构建了武夷山国家公园社区共管机制。

1. 社区参与机制

在武夷山国家公园管理法规中明确社区参与国家公园特许经营和保护管理的主体资格。加强社区的就业培训，培养社区的主人翁意识，国家公园的日常管护工作等优先社区居民就业，特许经营项目在同等竞争条件下优先考虑国家公园内的社区居民。通过制度优化和体制改革，鼓励社区参与的积极性，拓展社区参与方式，保障社区居民参与的深度。

引导国家公园内的社区居民通过合资经营、合作经营、股份制等方式与国家公园相关机构之间建立合作关系，以资产、资金、技术、人员投入为联结纽带。资金充足的居民可采取入股或承包特许经营项目的模式；对拥有技术或资源的居民采取技术或资源入股的模式，按劳分红。此外，国家公园内的住宿接待、交通等特许经营项目优先社区居民就业。国家公园管理机构要与社区签订特许经营合同，针对社区参与的不同特许经营项目明确不同的运营条件，规避项目运营期间产生的特殊问题。

建立社区共管委员会，制定《社区共管公约》和《社区共管委员会章程》，协调开展国家公园生物多样性保护和社区经济发展工作。积极引导国家公园的社区居民参与保护规划的制定和实施全过程，访客管理和生态公益岗位优先国家公园内的社区居民就业。建设一套社区理解和接受的自然资源管理制度，签订《社区共管协议》，引导社区在相关政策要求与科学指导下与国家公园管理机构共同保护自然和文化资源。建立社区参与管理的保障机制，包括社区协商机制、信息畅通机制、利益分配机制、奖励机制和社区保障法规等。

2. 社区产业引导机制

武夷山国家公园对社区产业的发展要求是不与国家公园的价值保护相冲突，调整第一产业、限制发展第二产业、积极引导发展第三产业。设置奖惩机制，鼓励加工业外迁和创新产业发展。产业引导类型包括林下经济产业、生态农业、访客服务等*。

11.6 关于国家公园社区共管的建议

借鉴国际经验，结合我国自然保护地社区共管的现状及存在的问题，从社区参与机制、社区产业转型以及社区生态补偿3个方面，提出对我国国家公园的社区共管的建议。

11.6.1 建立社区参与机制

社区居民经营管理机制。引导社区居民通过资金入股、技术入股、人员投入、资产投入等方式参与国家公园的经营管理。国家公园的日常管护工作、特许经营活动等优先社区居民就业。国家公园管理机构与社区签订相关经营合同，以规避项目运营期间产生的特殊问题。

社区居民参与保护机制。明确社区居民的参与主体资格，培养社区的主人翁意识。加强宣传教育，提升社区居民的资源保护意识。建立沟通协商机制，涉及国家公园建设、经营、资源管理、社区管理和利益分配等重大事宜，应充分征求利益相关方的意见。制订社区参与保护的相关制度，明确社区的权利、责任、义务、收益或补偿，明确社区共管自然资源的相关程序。积极争取国内各级政府机构、科研学术机构和热心环境保护事业的国际组织为社区参与资源保护提供技术指导和支持。

---

* 武夷山国家公园与自然保护地群落规划研究，内部资料。

11.6.2　引导社区产业转型

统筹社区产业协调发展。根据当地资源优势、发展现状和政策导向，通过政策及资金支持，引导发展绿色低碳产业。调整第一产业，鼓励发展生态农业、生态林业和生态牧业等；限制发展第二产业，严格限制加工业等产业，制定加工业外迁鼓励和补偿政策；积极引导发展第三产业，引导居民参与国家公园的保护管理和特许经营。

建立就业引导培训机制。成立就业培训管理机构，整合和利用区域内现有的职业培训资源，搭建就业平台。结合国家公园管理目标和就业目标，制订相应的管理制度和职责服务规范。与养殖、种植专业机构合作，向社区居民及时提供技术、资金等信息，创造就业机会，改善就业环境。完善培训体系，进一步提高社区居民的知识文化水平和就业能力。发展多种培训方式，建立国家公园社区就业与培训师资库，并不断吸纳新鲜成员补充师资力量。制订培训就业监督规范，对培训项目、设施、培训时间、资金使用、培训内容等进行定期检查和监督，确保国家公园就业培训能切实提升社区居民的就业能力。

制订发展资金保障机制。政府应提供相应的产业转型和培训的资金支持，制定激励社区居民参加就业培训的社会政策。充分发挥集体经济组织作用，利用征地补偿费作为发展基金，自主经营和开发村级留用地，大力发展传统生态农业或生态旅游服务业，实现土地补偿费的保值和增值。积极争取非政府组织资金支持，通过项目合作、服务支持等方式获得更多资金支持。

11.6.3　健全社区补偿机制

完善生态补偿机制。梳理整合现有的生态补偿资金和渠道，建立中央财政专项资金，用以国家公园生态补偿。制定生态补偿法律法规，明确生态补偿的原则、对象、标准和方式，规范生态补偿资金的使用和管理。建立生态补偿资金监督机制。

建立利益分配机制。国家公园特许经营制度应优先向社区倾斜，国家公园资源保护、环卫等工作优先向社区提供机会。鼓励社区通过多劳多得从国家公园的管理、经营和游客服务等工作中获益。社区参与国家公园的资源管理、游客服务等工作需符合国家公园相关规划、管理计划和政策法规，不得在政策框架之外开展独立于国家公园管理制度的经营活动。

制订保护奖惩机制。设立社区奖补基金等，对积极参与并在保护管理、特许经营中做出贡献的社区或个人给予适当的奖励并授予荣誉证书。

第12章　国家公园的公众参与机制

国家公园的公众参与（public participation 或 public involvement）是指社会公众、社会组织、单位或个人作为主体，在其权利义务范围内，通过一定的程序或途径参与国家公园规划、设立、管理以及资源管理制度的制订等具体活动，并使该项活动和政策既符合公众的切身利益，又有利于国家公园的发展。

与公众参与相关的术语还包括利益相关方（stakeholder），公民共建（civic engagement），公共协商（public consultation），公众评论（public comment），公众利益（public interests），公共团体（public body）等。

国家公园管理保护工作是一个复杂的系统工程，所包含的国家公园规划和设立、国家公园管理和保护补偿等具体活动都涉及当地政府、社区、游客、宗教信徒等多个利益相关体。与国际国家公园发展趋势一致，我国各级政府也应是国家公园的主导力量，如果国家公园设立过程中的权属问题没有得到足够的重视，国家公园利益相关方的利益没有得到足够的考量，那被排斥在国家公园之外的各利益相关方将无法了解自身在自然保护中的权利和义务，而且原有的经济活动和经济收益都受到影响，国家公园和相关利益者的矛盾和冲突就无法避免。因此，协调不同利益群体的关系，促进公众参与保护工作，共同探索保护和发展的新途径，对于国家公园的有效保护具有重要意义。

12.1　国外国家公园公众参与的借鉴

12.1.1　美国

美国的许多法律都要求，联邦机构在做重大决策时要有公众参与。其中，最知名的当数美国的《国家环境政策法》，其要求包括国家公园管理局在内的联邦机构，在规划尚处在征求意见的早期阶段就应积极地联络公众；在整个规划过程中，要以快讯和简报的形式不定期地向公众通报最新进展；在规划初稿完成征求备选方案时和规划定稿时均需正式征求公众意见。地方政府可以以“合作机构”的身份参与规划过程，其意见在规划中会受到额外的关注。

除了法律规定的公众参与，管理局会经常寻求各界公众的参与，如访客、周边及邻近城镇社区、社区的公共利益组织、私有土地所有者或其他关心公园事务的公众等。国家公园园长除了管理自己的员工，其主要工作就是定期与公园所在社区的居民进行交流，并借助电子和纸质媒介等亲民手段，与公众进行间接或直接的交流。

12.1.2　新西兰

新西兰的法律规定：法定战略和包括国家公园计划在内的规划需公开征询意见。保护部在编制战略和规划时，会咨询其他政府机构、地区和地方政府、毛利人、社区团体和行业协会的意见。战略或规划初稿需征求公众意见。公众提交的反馈意见应予以考虑。意见提出者可在保护部和保护委员会召集的战略或规划所涉及区域的公众听证会上陈述自己的意见。

12.1.3　南非

促进利益相关者参与并增进彼此关系是南非国家公园管理局的法定职责。管理局为利益相关者参与国家公园决策积极创造条件。南非国家公园管理局认为利益相关者参与是一个持续的过程，能增进利益相关者之间的沟通和互动，可加强利益相关者对问题的全面了解，有助于就他们特别关注和重视的问题给出更好的解决之策。然而，国家公园管理局也强调参与者要本着负责任的态度给出建设性意见，并尊重其他人的意见。参与程度随社会地理环境以及问题复杂性而异。

公园论坛是实现利益相关者参与的首选方式，大多数国家公园都设有公园论坛，旨在让利益相关者参与对公园及周边社区有影响的事务。公园论坛无决策权，但其成员可参与并将影响公园管理计划的编制。论坛每年至少举办四次会议，定期分享信息。所有国家公园都设有公园论坛，仅理查德德斯维德国家公园除外，其设有共享管委会。凡是对国家公园直接或间接感兴趣或有利益关系的人，都可算作是国家公园的利益相关者，均具有参与公园论坛的资格。公园附近的社区、活跃在公园或附近社区的非政府组织、特殊利益群体，如观鸟者、自然资源保护者、商业合作伙伴、邻近的私人土地所有者以及周边城镇地方政府代表是公园论坛最常见的利益相关者。公园论坛成员是主要社区关注公园的民意代表，因而在编制公园管理计划时发挥着主要的作用。

南非国家公园管理局还编制了整套的利益相关者参与指南，供该局官员和利益相关者根据当地具体情况，明确各自角色、职责和参与部分。例如：

- 利益相关者参与需明确陈述参与目的和选定的参与部分；
- 清楚地沟通好利益相关者的参与程度和决策参与程度；
- 参与时，利益相关者需事先做出承诺，愿本着正直、相互尊重、公开透明和包容原则参与，尽可能找出最好的解决方案；
- 参与过程的设计也很重要，应该在时间允许的情况下为所有的利益相关者提供参与机会；
- 及时并充分地披露信息对建立信任很重要；
- 同样重要的是，要对利益相关者的意见建议予以反馈，说明如何在最终决策中加以体现的。

此外，南非国家公园管理局特别重视弱势社区、重点社区或者在公园内拥有合法权益的社区参加。如“大象回家发展信托”，该信托最初是阿多公园与当地社区发生冲突后建立的公园/社区论坛，后来发展为手工艺者在公园入口处出售手工艺品的“艺术和手工品项目”，再后来，周边八个社区有代表加入了该组织，民意代表性更强，该组织正式发展为社区发展信托。该信托与南非国家公园管理局签订了伙伴协议，同意公园新建营地收益按一定比例划拨给该信托，用于社区项目。该信托论坛定期召集开会，就惠益利益相关者展开讨论并制订计划。

12.1.4 巴西

巴西的法律规定，保护地创建时必须进行公众咨询，需邀请地方社区和任何有兴趣的公民参与相关讨论，提出相应的工作改进意见。公众咨询通常采用公开会议形式，但所有相关材料均可在网上查询。此外，公众咨询结束后，还会留出一定的时间专门征集电子邮件或信件反馈意见。传统利用保护区和可持续发展保护区的创建，是由感兴趣的社区倡议创建的。《巴西保护地体系法》要求，所有的保护地都必须成立某种形式的委员会，协助管理保护地。传统利用保护区和可持续发展保护区的委员会可参与决策，但其他类保护地设立的委员会则只负责提供咨询。该类委员会的领导由奇科·蒙德斯生物多样性保护研究院的职员出任。

巴西的国家环境委员会是巴西保护地体系的咨询和决策推进力量。该委员的主席由环境部长出任，委员由联邦、州和市级政府代表（包括环境、科研、教育、文化、旅游、建筑、考古、原住民和农业改革等机构）、商界和民间团体（包括科研领域、环保非政府组织、保护地内及周边居民、原住民社区、保护地内的土地所有者、保护地所在区域的私营部门及公司员工，以及流域委员会的代表）的代表组成，其中 22 名委员具表决权。各保护地委员会的人员组成可因各自的具体情况及地方利益而不同，但应尽可能做到对政府和社会组织一视同仁。委员会成员义务出任，任期为两年，可连任一次。

委员会会议对外公开，召集会议时会公开会议日程。委员会的主要职责为：

- 监测保护地管理计划的制订、执行和审查；
- 力求将保护地工作纳入周边地区的发展规划中，给出指导建议和行动建议，协调、整合和优化保护地与周边地区的关系；
- 协助协调保护地与各社会阶层的利益关系；
- 评估保护地管理机构根据各自的保护目标制订的预算和年度财务报告；
- 对缓冲区、生态斑块或廊道内任何可对保护产生潜在影响的工程或活动给出管理建议。

管理计划指导着保护地的管理，编制期间必须征询社区的意见，并在最终定稿、批准和发布之前正式向社区通报，征询意见。

志愿者服务也是社会参与形式之一。巴西保护地的志愿者服务虽未得到充分的发展，但已经出台了法定标准，规范保护地志愿者工作。志愿者的支持非常重要，特别是为保护地访客提供服务。许多保护地访客激增，多数情况下保护地管理机构唯一能做的就是招募志愿者，以解“燃眉之急”。保护地的林火管理也是志愿者支持的重要工作内容。

需要注意的是，全程参与保护地的创立和后期管理并非易事，常常会碰到许多难题。若政府管理机构能有效运行且工作人员专业尽责，公众参与会相对容易些。情形复杂多变时就容易出现问题，最终协调的结果并不总是最符合保护地的利益。就志愿者服务来说，奇科·蒙德斯生物多样性保护研究院的预算严重不足，一旦志愿者开始承担正式员工的工作时，就会出现问题。

12.1.5　德国

在德国，国家公园是重要的环境教育场所。作为政府努力目标，德国政府希望每名在校的中小学生都能参加“国家公园体验周”活动，住在国家公园的青年旅舍、简易宾馆或野外营地中，零距离感受国家公园。为此，各国家公园与周边学校、从事自然保护的非政府组织和当地协会合作，开展“国家公园学校”这一项目。此外，国家公园还携手从事自然保护的非政府组织和地方协会，开设了众多面向教师和家庭的项目、引导性参观、展览和讨论会等各类活动。

各国家公园都设有“少年园警项目”“志愿者项目”及适合残障人士参加的一些活动。少年园警项目是欧盟各成员国共同发起的一个旨在关爱“祖国花朵”的项目。凡是国家公园所在地区年满 7～12 岁的儿童，都有机会受邀前往国家公园，在园警的带领下，参加一次为期 5 天的环境教育之旅。少年园警随后即成为支持国家公园的协会成员，当他们年满 15 或 16 岁时，可选择成为一名国家公园义务园警。

国家公园与当地招待所、酒店、农户、公交运营机构建立了名为“国家公园合作伙伴”的合作机制。

国家公园的任何政策性决策均需全面征求当地和相关省份公众的意见。政府召集会议或借助电子和纸质媒体，向公众介绍国家公园拟议活动的情况，包括：木材工业的作业场所、国家公园的旅游开发、国家公园如何惠益当地民众以及狩猎、捕鱼等国家公园内法定许可或禁止的众多活动等。民意征询的目的自然是确保国家公园免受人为干扰，自然过程可维持自然演变。讨论过程中，当地民众需由支持和反对国家公园的两方人士参与。国家公园建立之后，国家公园管理机构需持续与当地众多利益相关者保持沟通。游客对国家公园自然美景、对当地民众、民宿条件和国家公园提供的各类服务的赞誉和肯定，就是对国家公园管理者的最大认可。同样，国家公园管理机构也与县级理事会的成员保护良好的沟通。有这样的合作为基础，国家公园所在地区才能建立起免费的游客公共交通系统，进行统一的国家公园品牌市场营销推广。

12.1.6　俄罗斯

《联邦自然保护地法》规定：公民、环保志愿协会和非营利环保组织均有权协助俄联邦政府、公共机构、地方政府划建、保护和利用自然保护地，其提交给政府和公共机构的有关建议应予以考虑。

当前，民众和当地社区以不同的方式参与自然保护地的管理。各自然保护地根据自身特点、特色和能力，考虑适合不同民众个人或团体（如青年人、资深环保者和妇女等）的参与活动，决定最有效的民众和社区互动方式。互动形式包括：由当地居民和自然保护地代表共同组成的社区委员会、咨询委员会、公众环境服务俱乐部、自然保护地之友协会、资深环保人士协会、妇女协会、地区协会、与保护地互动的当地社区协会、当地人参与的项目监事会、有当地社区人员参与的科学技术委员会和其他保护地管理机构、保护地代表参与地方自治政府和志愿者组织等。其中《联邦自然保护地法》并未列明社区委员会此类共管模式，但在2003年10月6日第131号联邦法《关于俄罗斯联邦地方自治的一般原则》规定：自治区的居民可自主解决其居住地所在地区的地方性事务。居住地所在地区可指定居民点、城区或独立的城区。社区委员会是预防和解决保护地与当地社区（尤其是保护地内社区）冲突不可或缺的力量。

12.2 国家公园公众参与的主体和形式

国家公园公众参与的主体包括社区、企业、NGO/社会组织、专家、游客、其他个体、媒体等。

参与的形式包括志愿者机制、科研合作机制、协议保护制度、社会监督制度、人才培养制度。

12.2.1 志愿者机制

志愿者是一个没国界的名称，指一个群体或组织在不为任何物质报酬的情况下，以促进公共利益为工作导向，提供多元的服务，发挥人道的功能，将人民的需求传递给政府，监督政府政策，并提供政策分析与专业技能，建构早期的预警机制，协助监督与执行国际协定*。我国台湾地区在法律中对志愿服务的定义是：民众出于自由意志，非基于个人义务或法律责任，秉诚心以知识、体能、劳力、经验、技术、时间等贡献社会，不以获取报酬为目的，以提高公共事务效能及增进社会公益所为之各项辅助性服务。

国家公园作为一项新兴的事业，从长远来讲，国家公园管理体系的建设和完善需要开放的环境和系统，因此必然也需要志愿者的广泛参与。志愿者组织在国家公园发展中的作用体现在：同社区居民的交流，增加不同群体间的相互理解；通过志愿者经历增加对国家公园的理解；能够深入了解国家公园建设管理需求，将具有创新的构想适时传递给政府，运用舆论或游说等行动促成政府寻求改善措施。

1. 国外国家公园志愿者服务经验借鉴

1864年，加利福尼亚州建立了美国加州第一个国家公园——约塞米蒂国家公园，那些保护和支持公园的公民成为国家公园志愿者组织形成的推动者。1871年，一些在约塞米蒂峡谷附近生活和工作的人，把个体对大自然的理解和领悟与他人分享，是美国早期志愿者服务的雏形。1916年国家公园管理局成立之后，有效调整教育措施以引起游客潜在兴趣和愿望，公园游客连年持续增长，公园解说逐渐兴起。

---

* 联合国网：http：//www. un. org/More Info/ngolink/calendar. htm.

20 世纪 60 年代，随着环境意识的增强，环境解说开始流行，1969 年美国国会通过《公园志愿者法》，鼓励普通民众参与国家公园部分管理实务，要求志愿者服务期间做到：①保护公园资源和公园价值；②提高公园的市民服务；③加强公园与公众的关系；④让市民有更多机会了解公园，提升游园体验，从而保护国家公园资源与环境。立法的支持、国家志愿者文化的宣传以及个人服务意识的提高，使越来越多不受雇于美国国家公园管理局的美国公民，作为补充服务人员为国家公园做贡献。1985 年，美国国家公园强化教育功能，引入公园志愿者（volunteer in park，VIP）项目，加强了教育软、硬件设施建设及志愿者人员参与机制建设，最初的目的是为国家公园服务体系提供服务资源，通过它来接受和利用志愿者的帮助，使公园服务机构和志愿者在项目中均能收益。自 VIP 项目开展以来，每年有超过 12 万名的志愿者为美国国家公园奉献 400 多万小时的服务。并且，从 1990 年起，志愿者的数量以每年 2%的速度增长。他们来自美国的各个州、世界的不同国家和地区，为进入国家公园的游客和人类的后代保护和保存美国的自然和文化遗产。以 2005 年为例，美国国家公园服务体系共发展了 365 个不同的志愿者项目，13.7 万名公园志愿者在公园各种服务领域内工作的时间达 520 万小时，创造的总价值共有 9 126 万元，而用于志愿者的花费仅为 320 多万元。其中服务者的工作类别、服务时间占比、项目费用类别和各项费用百分比如图 12－1和 12－2 所示。

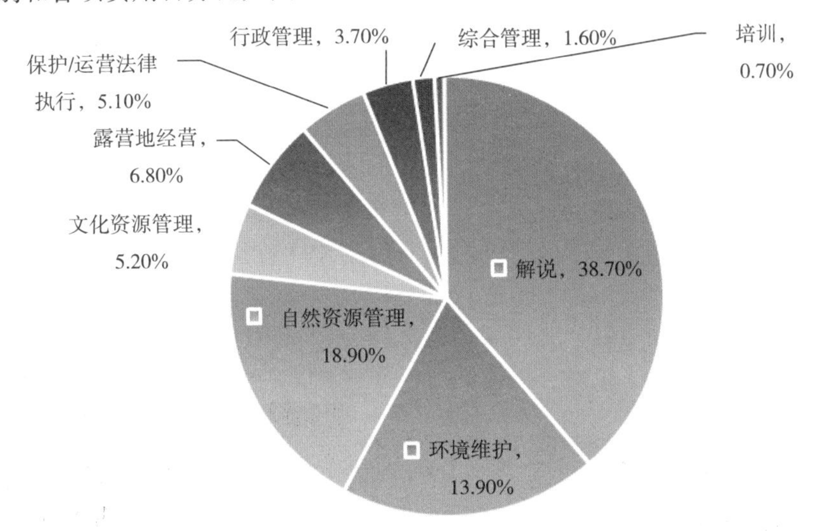

图 12－1　2005 年公园志愿者项目服务分类

德国志愿者在国家公园管理和保护中非常活跃，可以与专业环保人士一起工作，负责实际保护工作，如动植物调查、公共关系协调、翻译网站和解说等。以德国密里茨国家公园为例（图 12－3），密里茨国家公园从 2005 年开展招募 9～14 岁的青少年作为国家公园初级管理员。初级管理员随同国家公园管理局工作人员一起工作，积极参与了解国家公园管理及具体工作，通过这一过程了解自然，热爱国家公园和家乡，也为其进行早期职业规划提供机会。初级管理员计划是由世界自然基金会等非政府机构组织协调的，目的是让尽可能多的孩子熟悉并成为初级管理员。此外，

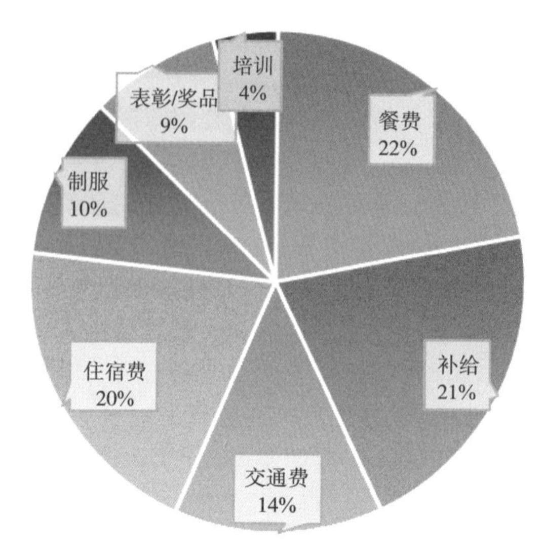

图 12-2　2005 年公园志愿者项目费用分类

密里茨国家公园管理局还设立了一类志愿岗位，主要工作在森林青年中心，招募对公共关系和环境教育感兴趣的 16～26 岁的青年参加，通常是每年 9 月开始，一直工作到次年 8 月，整一年的时间。他们为学校组织教育活动提供计划、具体执行和相关材料，组织和实施一些特定的主题活动和管理森林青年中心。一年的自然和环境保护工作经验，为青年志愿者未来的工作奠定了很好的基础。青年志愿者所需的费用由社会保险来提供。密里茨国家公园管理局也设置了实习生角色，实习生是可以全程参与国家公园管理局的所有工作。无薪实习生可以在不同时期根据工作选择适当的支持，实习生可以承担公共关系和环境教育领域的工作，实习期通常为三个月或六个月。德国商业银行及非政府组织也会邀请学生在国家公园实习，费用由商业银行提供。最后，密里茨国家公园也与各类研究员和科学家进行合作，结合密里茨国家公园的发展和行动规划，开展相关科学研究。科研机构和大学研究生与国家公园管理局签订相关协议，可对感兴趣的项目开展相关研究。

图 12-3　各类志愿者参与密里茨国家公园管理

照片来源：密里茨国家公园官方网站

除此之外，在罗马尼亚，志愿者也积极服务于国家公园的各项事务。创建于1990 年的皮亚特拉·克拉尤鲁伊国家公园是罗马尼亚最壮观的山岭之一，由一层层的中生代石灰岩形成。公园管理处每年维修园中的路径、重新标记路线、安置柱子和新链条等。由于志愿者理念的普及，经常由本地区非政府组织的志愿者参与完成这些工作。在澳大利亚，自从澳大利亚环境保护基金会于 20 世纪 60 年代成立以来，志愿者的足迹已经遍及澳大利亚的各个角落。

2. 国内保护地关于志愿者的探索

我国的自然保护区经常会招募志愿者，参加保护区的建设工作。如青海可可西里国家级自然保护区作为目前国内最大的“无人区”自然保护区，2002 年至今，接受了来自全国各省、市、自治区的媒体工作者、教师、学生、医生、法律工作者、僧侣、环保人士、企业家等参与可可西里环保志愿者活动，他们在可可西里参加生态保护宣传，帮助工作人员学习科学文化知识，为保护区工作建言献策，回到原籍后开展影展、演讲等多种形式的宣传活动，为改善可可西里工作条件奔走呼吁，有效推动了保护区的保护工作*（图 12－4）。普达措国家公园体制试点探索志愿者管理模式较早，在旅游中能够成功引进国外志愿者的参与模式，不但形成了良好的社会效应，而且对于志愿者本身的成长也具有重要的环境教育和实践锻炼意义。此外，我国有一些景区在节假日也招募志愿者，以维持秩序和环境，如泰山、婺源等。志愿者也会参与景区大型活动的组织，如中国黄山国际登山大会等。但总体上，我国大陆地区自然保护地的志愿者工作尚未形成体系，虽有一些保护区管理局公开在全国招募志愿者，然而其组织制度尚不完善，向公众普及环保意识、推广志愿精神等方面的效果不显著。

台湾地区自 1984 年至今陆续成立了垦丁、玉山、阳明山、太鲁阁、雪霸、金门、台江以及东沙环礁等 8 处国家公园，为民众提供自然资源保育、环境教育、资源调查研究以及游憩、教育、娱乐等服务。因人员编制不足，国家公园在服务时往往力不从心，为此各国家公园管理处纷纷采用志工制度加以补充，陆续招募民间志愿服务人员，有效运用社会人力资源参与到国家公园保育推广业务中，以提升服务质量及行政效能。国家公园志工的服务项目包括保育研究、环境教育、解说服务、环境设施及步道维护、外语翻译、服务台咨询、协办活动、资料编纂登录、档案整理等。以 2012 年为例，2012 年台湾地区国家公园共有 2 033 位志工，总服务时长 206 635 h。按每天 8 h 的工作时长计算，相当于 103 名公务员免费为国家公园满勤服务 1 年。志工作为社会辅助力量，除了减轻国家公园员工的服务压力，还代表着一部分自愿参与自然资源和环境保护的先发性社会群体，他们在唤起自然保护意识和宣传环境教育中起到了导引和示范作用。

---

* 可可西里国家级自然保护区官网，http：//kekexiligov. lofter. com/.

图 12－4　可可西里自然保护区志愿者活动

照片来源：三江源国家公园管理局提供

3. 推行国家公园志愿者服务机制

借鉴国内外有益经验和探索，建议我国建立国家公园志愿者服务机制，广泛吸引社会各界志愿者，特别是青少年志愿者积极参与国家公园志愿服务工作。建立志愿者招募、管理、培训、参与、保障、奖励制度，规范志愿者的管理，健康有序推动志愿者服务活动。通过志愿参与活动提升社会各界尤其是参与者的生态环保意识，扩大国家公园的影响力，形成全民参与国家公园建设管理的模式。

招募。国家公园管理机构根据工作需要和发展要求，可通过媒体、网络等媒介定期公布年度志愿者招募计划，确定年度招募的志愿者类型、资质条件、规模、时限、主要活动计划安排等，有序录用达到一定条件的申请者。

教育培训。对招募到的志愿者根据志愿者意愿、条件和志愿安排计划，有针对性地开展环境教育、生态保护、野外生存技能、安全保障、法律法规等方面的专业培训，确保志愿者活动顺利开展。

志愿者活动。遵从志愿者意愿，合理有序安排志愿者活动。志愿者可以参与国家公园的宣传教育、管理巡护、野生动植物调查监测、环卫、大自然生命体验、综合服务等具体工作。

保障机制。国家公园管理机构要成立专门的管理机构，负责开展志愿者工作。年度志愿者活动要有计划、有安排，有序推进。同时要为志愿者提供工作、生活、安全、服务、教育导向等基本保障。

志愿者的责任与义务。志愿者应遵守国家公园的相关规定和制度，服从国家公园管理机构的志愿活动安排，不得从事与志愿者活动无关的其他事项。志愿者活动结束后，要结合志愿活动体验广泛宣传国家公园的生态保护理念，提升国家公园的知名度和影响力。

12.2.2　科研合作机制

国家公园建设发展中的科学规划、生态保护、科研监测、社区发展、机制创新等在很大程度上要依赖大专院校与科研机构的参与合作。建立大专院校与科研机构参与保护与合作管理机制，搭建双方协作发展合作平台，可为国家公园全方位的发展提供强有力的科技支撑和服务。国家公园可为大专院校和科研机构提供有利于科学研究的良好平台，同时也可通过大专院校和科研机构积极引进国内外先进的科技理念、科技创新成果，提升科学化管理水平，促进科学管理，实现以科技促发展的目标。

成立科研合作机构。负责国家公园的科学研究、生态环境监测、生物多样性保护等方面科研工作的实施与开展，掌握和了解国家公园建设发展中面临的科技难题、制约发展的技术瓶颈，与科研机构和大专院校建立广泛密切的合作关系，攻克技术难点，推动科学发展。负责与国内外国家公园管理机构建立合作关系。

合作管理机制。根据国家公园生态保护的科技支撑需要，国家公园管理机构可在森林、沙漠、海洋、湿地、草原、野生动植物、气候变化、社区管理、文化产业发展、环境教育等领域开展与国内外科研机构的广泛对接合作，共同开展科学研究，共享科研成果，推动科技成果应用和实践；国内外科研机构和大专院校可在国家公园诸多领域建立科研监测站、专家流动工作站、重点领域科研基地、重点实验室、数据共享平台，将国家公园建成生态、生物、地质、环境、气象、历史文化各学科发展的重要科研基地。国家公园要充分学习和借鉴国内外国家公园建设管理的成功经验，与国内外国家公园管理机构在生态保护、社区发展、科学研究、现代技术运用、人才交流、环境教育等方面开展合作。

创新科学化的国家公园管理模式。通过与国内外大专院校和科研机构的广泛深入合作，充分借鉴和应用国内外先进的国家公园建设理念、管理模式，结合实际，大胆实践、积极探索，努力创新，建立和形成一套较为成熟的，可推广、可示范引领的科学化、规范化、标准化先进保护模式和管理体系。

12.2.3　协议保护机制

“协议保护”是生物多样性保护的新模式，其概念是由保护国际（Conservation International，CI）提出的。协议保护机制是在不改变土地所有权的前提下，从国家公园的所有权、经营管理权中分离出一个保护权，然后以“协议”的方式固定保护和经营等权利和义务，移交给承诺保护责任的社区及一切愿意承担保护的组织机构，以激励机制鼓励社会广泛参与，并达到有效保护目标。协议保护机制应包括保护组织与决策机制、国家公园管护机制、激励约束机制等方面。

保护组织与决策机制。应由协议保护机构组织全体成员通过协商讨论、投票表决等方式讨论决策国家公园保护及生产管理方式。如一个村作为协议组织机构，可由村委会组织全村农户讨论决策，并通过村规民约和制度，将保护行为约定俗成；通过决议、制度和公告形式，严格规定和实施管护措施，严禁社区和非社区居民进入国家公园乱砍滥伐。

管护制度。充分发挥好协议保护机构在生态保护和发展中的主体作用，鼓励当地社区居民参与国家公园管护工作，负责对国家公园内的湿地、水源地、林地、草地、森林、沙漠、野生动物等进行日常巡护，开展法律法规和政策宣传，监督执行管护措施，并将“协议保护”的经验推广到国家公园周边地区，吸引更多人参与到生态环境和生物多样性保护，协助开展生态监测等，把保护生态的主权授予当地百姓。

激励约束机制。采用“社区＋协议＋政府”模式，按照“谁建设、谁受益、谁保护、谁获利”的原则，制订相应激励约束机制。制订保护行动的奖励和补偿制度。如发放巡护劳务补贴，确保国家公园监督巡护制度化等；对协议实施不同阶段进行总结评估，对保护生态的有益行为及时奖励、鼓励和鞭策，提高社区参与环保的意识和觉悟。建立约束机制，成立监督小组、巡护小组，规定巡护任务细则和乱砍滥伐行为的处罚方式，约束监护行为和约束规避偷懒违规行为；对不按时完成任务、出现问题不及时解决和处理等情况制订扣发和暂时扣发奖金的规定，并规定整改期限。

利益分配机制。制订协议保护组织与政府的利益分配机制，维持集体经济的发展和社区保护行动的可持续性，如预留国家公园收益的一定比例作为集体公积金，用于肯定集体组织存在价值，保证社区保护组织的健康持续发展。

12.2.4 社会监督制度

国家公园是建设生态文明的一项重要举措，是彰显生态保护与和谐发展先进理念的窗口，是当前我国生态保护领域创新发展和探索的一种新形式。建立完善公开透明的社会监督机制，真正把国家公园建设管理置于全社会监督之下，将有利于国家公园建设的健康发展。

建立和完善社会监督的运行机制。探索建立国家公园社会监督运行机制，尝试建立社会监督工作制度，畅通联络渠道，建立高效反馈、运行的服务保障机制，确保社会监督有效运行。

建立和完善社会监督的组织机制。社会监督与行政监督要有机结合，完善社会监督组织化管理，建立公开的群体利益表达载体与机制。接受社会公众的监督，拓宽监督形式。社会公众可通过检举、申述、控告和举报等方式参与社会监督。

建立社会监督权利保障机制。社会各界都有权利对国家公园建设管理提出批评建议和意见，对国家公园实施全方位的监督。国家公园要明确受理举报机关、职责、受理程序等。要保障举报人的义务和权利，为社会监督创造和提供良好的权利保障机制。

实施公开、公正透明的监督。将国家公园建设发展置于全社会监督之下，在完善机制基础上，保障社会和公民的知情权、监督权，实施公开、公正、透明的监督，广泛接受多种形式的监督，不断扩大影响力和受众面，提升国家公园的社会化管理水平。

12.2.5　人才保障制度

国家公园的建设和管理要重视人才的培养、引进和发展。应成立高素质管理和专业人才队伍，吸收来自全国生态、资源、社会、经济、教育、旅游等多领域的科研学者和管理专家，同时吸收国家公园所属行政区内多年从事相关领域经验丰富的专家加入，协助解决国家公园建设过程中存在的问题，对拟出台的政策、规划、制度设计给予技术咨询，并为后期国家公园的管理提供长期、可持续的技术支持。

人才培养机制。采用“走出去，请进来”相结合的方式，选送人员到世界著名的国家公园和知名科研院校进行考察学习，邀请国内外知名的国家公园相关专家学者到试点区讲学、举办培训班。鼓励与高等院校、科研院所联合建立产学研基地、研发中心。

人才引进机制。围绕着国家公园发展战略需要，确定高层次人才引进目标，在全国甚至全世界范围内招聘重大科研项目带头人。重点支持高水平创新团队和拥有自主知识产权的创业领军人才，为高层次人才创新创业提供投融资服务。制订有竞争力的人才引进待遇条件，采取全职引进与柔性引进相结合的方式，实现“按需引进、坚持标准、严格程序、重在使用、合同管理”。

人才激励机制。改善工作环境和设施条件，优先解决高中级人才、学术带头人、科研骨干的待遇。努力营造“尊重劳动，尊重知识，尊重人才，尊重创造”，有利于优秀人才脱颖而出的浓厚氛围，形成鼓励人才干事业、支持人才干成事业、帮助人才干好事业的良好工作环境。营造有利于人才成长和发挥作用的环境，尊重人才成长的客观规律，鼓励大胆创新创业，形成“鼓励成功，宽容失败”的宽松氛围，千方百计地解决人才学习、工作、生活中的实际困难，努力为各类人才营造一个居住舒心、出行放心、工作顺心的人居环境。

附件：建立国家公园体制总体方案

（中共中央办公厅　国务院办公厅2017年9月印发）

国家公园是指由国家批准设立并主导管理，边界清晰，以保护具有国家代表性的大面积自然生态系统为主要目的，实现自然资源科学保护和合理利用的特定陆地或海洋区域。建立国家公园体制是党的十八届三中全会提出的重点改革任务，是我国生态文明制度建设的重要内容，对于推进自然资源科学保护和合理利用，促进人与自然和谐共生，推进美丽中国建设，具有极其重要的意义。为加快构建国家公园体制，在总结试点经验基础上，借鉴国际有益做法，立足我国国情，制定本方案。

一、总体要求

（一）指导思想。全面贯彻党的十八大和十八届三中、四中、五中、六中全会精神，深入贯彻习近平总书记系列重要讲话精神和治国理政新理念新思想新战略，认真落实党中央、国务院决策部署，紧紧围绕统筹推进“五位一体”总体布局和协调推进“四个全面”战略布局，牢固树立和贯彻落实新发展理念，坚持以人民为中心的发展思想，加快推进生态文明建设和生态文明体制改革，坚定不移地实施主体功能区战略和制度，严守生态保护红线，以加强自然生态系统原真性、完整性保护为基础，以实现国家所有、全民共享、世代传承为目标，理顺管理体制，创新运营机制，健全法制保障，强化监督管理，构建统一规范高效的中国特色国家公园体制，建立分类科学、保护有力的自然保护地体系。

（二）基本原则

——科学定位、整体保护。坚持将山水林田湖草作为一个生命共同体，统筹考虑保护与利用，对相关自然保护地进行功能重组，合理确定国家公园的范围。按照自然生态系统整体性、系统性及其内在规律，对国家公园实行整体保护、系统修复、综合治理。

——合理布局、稳步推进。立足我国生态保护现实需求和发展阶段，科学确定国家公园空间布局。将创新体制和完善机制放在优先位置，做好体制机制改革过程中的衔接，成熟一个设立一个，有步骤、分阶段推进国家公园建设。

——国家主导、共同参与。国家公园由国家确立并主导管理。建立健全政府、企业、社会组织和公众共同参与国家公园保护管理的长效机制，探索社会力量参与自然资源管理和生态保护的新模式。加大财政支持力度，广泛引导社会资金多渠道投入。

（三）主要目标。建成统一规范高效的中国特色国家公园体制，交叉重叠、多头管理的碎片化问题得到有效解决，国家重要自然生态系统原真性、完整性得到有效保护，形成自然生态系统保护的新体制新模式，促进生态环境治理体系和治理能力现代化，保障国家生态安全，实现人与自然和谐共生。

到2020年，建立国家公园体制试点基本完成，整合设立一批国家公园，分级统一的管理体制基本建立，国家公园总体布局初步形成。到2030年，国家公园体制更加健全，分级统一的管理体制更加完善，保护管理效能明显提高。

二、科学界定国家公园内涵

（四）树立正确国家公园理念。坚持生态保护第一。建立国家公园的目的是保护自然生态系统的原真性、完整性，始终突出自然生态系统的严格保护、整体保护、系统保护，把最应该保护的地方保护起来。国家公园坚持世代传承，给子孙后代留下珍贵的自然遗产。坚持国家代表性。国家公园既具有极其重要的自然生态系统，又拥有独特的自然景观和丰富的科学内涵，国民认同度高。国家公园以国家利益为主导，坚持国家所有，具有国家象征，代表国家形象，彰显中华文明。坚持全民公益性。国家公园坚持全民共享，着眼于提升生态系统服务功能，开展自然环境教育，为公众提供亲近自然、体验自然、了解自然以及作为国民福利的游憩机会。鼓励公众参与，调动全民积极性，激发自然保护意识，增强民族自豪感。

（五）明确国家公园定位。国家公园是我国自然保护地最重要类型之一，属于全国主体功能区规划中的禁止开发区域，纳入全国生态保护红线区域管控范围，实行最严格的保护。国家公园的首要功能是重要自然生态系统的原真性、完整性保护，同时兼具科研、教育、游憩等综合功能。

（六）确定国家公园空间布局。制定国家公园设立标准，根据自然生态系统代表性、面积适宜性和管理可行性，明确国家公园准入条件，确保自然生态系统和自然遗产具有国家代表性、典型性，确保面积可以维持生态系统结构、过程、功能的完整性，确保全民所有的自然资源资产占主体地位，管理上具有可行性。研究提出国家公园空间布局，明确国家公园建设数量、规模。统筹考虑自然生态系统的完整性和周边经济社会发展的需要，合理划定单个国家公园范围。国家公园建立后，在相关区域内一律不再保留或设立其他自然保护地类型。

（七）优化完善自然保护地体系。改革分头设置自然保护区、风景名胜区、文化自然遗产、地质公园、森林公园等的体制，对我国现行自然保护地保护管理效能进行评估，逐步改革按照资源类型分类设置自然保护地体系，研究科学的分类标准，理清各类自然保护地关系，构建以国家公园为代表的自然保护地体系。进一步研究自然保护区、风景名胜区等自然保护地功能定位。

三、建立统一事权、分级管理体制

（八）建立统一管理机构。整合相关自然保护地管理职能，结合生态环境保护管理体制、自然资源资产管理体制、自然资源监管体制改革，由一个部门统一行使国家公园自然保护地管理职责。

国家公园设立后整合组建统一的管理机构，履行国家公园范围内的生态保护、自然资源资产管理、特许经营管理、社会参与管理、宣传推介等职责，负责协调与当地政府及周边社区关系。可根据实际需要，授权国家公园管理机构履行国家公园范围内必要的资源环境综合执法职责。

（九）分级行使所有权。统筹考虑生态系统功能重要程度、生态系统效应外溢性、是否跨省级行政区和管理效率等因素，国家公园内全民所有自然资源资产所有权由中央政府和省级政府分级行使。其中，部分国家公园的全民所有自然资源资产所有权由中央政府直接行使，其他的委托省级政府代理行使。条件成熟时，逐步过渡到国家公园内全民所有自然资源资产所有权由中央政府直接行使。

按照自然资源统一确权登记办法，国家公园可作为独立自然资源登记单元，依法对区域内水流、森林、山岭、草原、荒地、滩涂等所有自然生态空间统一进行确权登记。划清全民所有和集体所有之间的边界，划清不同集体所有者的边界，实现归属清晰、权责明确。

（十）构建协同管理机制。合理划分中央和地方事权，构建主体明确、责任清晰、相互配合的国家公园中央和地方协同管理机制。中央政府直接行使全民所有自然资源资产所有权的，地方政府根据需要配合国家公园管理机构做好生态保护工作。省级政府代理行使全民所有自然资源资产所有权的，中央政府要履行应有事权，加大指导和支持力度。国家公园所在地方政府行使辖区（包括国家公园）经济社会发展综合协调、公共服务、社会管理、市场监管等职责。

（十一）建立健全监管机制。相关部门依法对国家公园进行指导和管理。健全国家公园监管制度，加强国家公园空间用途管制，强化对国家公园生态保护等工作情况的监管。完善监测指标体系和技术体系，定期对国家公园开展监测。构建国家公园自然资源基础数据库及统计分析平台。加强对国家公园生态系统状况、环境质量变化、生态文明制度执行情况等方面的评价，建立第三方评估制度，对国家公园建设和管理进行科学评估。建立健全社会监督机制，建立举报制度和权益保障机制，保障社会公众的知情权、监督权，接受各种形式的监督。

四、建立资金保障制度

（十二）建立财政投入为主的多元化资金保障机制。立足国家公园的公益属性，确定中央与地方事权划分，保障国家公园的保护、运行和管理。中央政府直接行使全民所有自然资源资产所有权的国家公园支出由中央政府出资保障。委托省级政府代理行使全民所有自然资源资产所有权的国家公园支出由中央和省级政府根据事权划分分别出资保障。加大政府投入力度，推动国家公园回归公益属性。在确保国家公园生态保护和公益属性的前提下，探索多渠道多元化的投融资模式。

（十三）构建高效的资金使用管理机制。国家公园实行收支两条线管理，各项收入上缴财政，各项支出由财政统筹安排，并负责统一接受企业、非政府组织、个人等社会捐赠资金，进行有效管理。建立财务公开制度，确保国家公园各类资金使用公开透明。

五、完善自然生态系统保护制度

（十四）健全严格保护管理制度。加强自然生态系统原真性、完整性保护，做好自然资源本底情况调查和生态系统监测，统筹制定各类资源的保护管理目标，着力维持生态服务功能，提高生态产品供给能力。生态系统修复坚持以自然恢复为主，生物措施和其他措施相结合。严格规划建设管控，除不损害生态系统的原住民生产生活设施改造和自然观光、科研、教育、旅游外，禁止其他开发建设活动。国家公园区域内不符合保护和规划要求的各类设施、工矿企业等逐步搬离，建立已设矿业权逐步退出机制。

（十五）实施差别化保护管理方式。编制国家公园总体规划及专项规划，合理确定国家公园空间布局，明确发展目标和任务，做好与相关规划的衔接。按照自然资源特征和管理目标，合理划定功能分区，实行差别化保护管理。重点保护区域内居民要逐步实施生态移民搬迁，集体土地在充分征求其所有权人、承包权人意见基础上，优先通过租赁、置换等方式规范流转，由国家公园管理机构统一管理。其他区域内居民根据实际情况，实施生态移民搬迁或实行相对集中居住，集体土地可通过合作协议等方式实现统一有效管理。探索协议保护等多元化保护模式。

（十六）完善责任追究制度。强化国家公园管理机构的自然生态系统保护主体责任，明确当地政府和相关部门的相应责任。严厉打击违法违规开发矿产资源或其他项目、偷排偷放污染物、偷捕盗猎野生动物等各类环境违法犯罪行为。严格落实考核问责制度，建立国家公园管理机构自然生态系统保护成效考核评估制度，全面实行环境保护“党政同责、一岗双责”，对领导干部实行自然资源资产离任审计和生态环境损害责任追究制。对违背国家公园保护管理要求、造成生态系统和资源环境严重破坏的要记录在案，依法依规严肃问责、终身追责。

六、构建社区协调发展制度

（十七）建立社区共管机制。根据国家公园功能定位，明确国家公园区域内居民的生产生活边界，相关配套设施建设要符合国家公园总体规划和管理要求，并征得国家公园管理机构同意。周边社区建设要与国家公园整体保护目标相协调，鼓励通过签订合作保护协议等方式，共同保护国家公园周边自然资源。引导当地政府在国家公园周边合理规划建设入口社区和特色小镇。

（十八）健全生态保护补偿制度。建立健全森林、草原、湿地、荒漠、海洋、水流、耕地等领域生态保护补偿机制，加大重点生态功能区转移支付力度，健全国家公园生态保护补偿政策。鼓励受益地区与国家公园所在地区通过资金补偿等方式建立横向补偿关系。加强生态保护补偿效益评估，完善生态保护成效与资金分配挂钩的激励约束机制，加强对生态保护补偿资金使用的监督管理。鼓励设立生态管护公益岗位，吸收当地居民参与国家公园保护管理和自然环境教育等。

（十九）完善社会参与机制。在国家公园设立、建设、运行、管理、监督等各环节，以及生态保护、自然教育、科学研究等各领域，引导当地居民、专家学者、企业、社会组织等积极参与。鼓励当地居民或其举办的企业参与国家公园内特许经营项目。建立健全志愿服务机制和社会监督机制。依托高等学校和企事业单位等建立一批国家公园人才教育培训基地。

七、实施保障

（二十）加强组织领导。中央全面深化改革领导小组经济体制和生态文明体制改革专项小组要加强指导，各地区各有关部门要认真学习领会党中央、国务院关于生态文明体制改革的精神，深刻认识建立国家公园体制的重要意义，把思想认识和行动统一到党中央、国务院重要决策部署上来，切实加强组织领导，明确责任主体，细化任务分工，密切协调配合，形成改革合力。

（二十一）完善法律法规。在明确国家公园与其他类型自然保护地关系的基础上，研究制定有关国家公园的法律法规，明确国家公园功能定位、保护目标、管理原则，确定国家公园管理主体，合理划定中央与地方职责，研究制定国家公园特许经营等配套法规，做好现行法律法规的衔接修订工作。制定国家公园总体规划、功能分区、基础设施建设、社区协调、生态保护补偿、访客管理等相关标准规范和自然资源调查评估、巡护管理、生物多样性监测等技术规程。

（二十二）加强舆论引导。正确解读建立国家公园体制的内涵和改革方向，合理引导社会预期，及时回应社会关切，推动形成社会共识。准确把握建立国家公园体制的核心要义，进一步突出体制机制创新。加大宣传力度，提升宣传效果。培养国家公园文化，传播国家公园理念，彰显国家公园价值。

（二十三）强化督促落实。综合考虑试点推进情况，适当延长建立国家公园体制试点时间。本方案出台后，试点省市要按照本方案和已经批复的试点方案要求，继续探索创新，扎实抓好试点任务落实工作，认真梳理总结有效模式，提炼成功经验。国家公园设立标准和相关程序明确后，由国家公园主管部门组织对试点情况进行评估，研究正式设立国家公园，按程序报批。各地区各部门不得自行设立或批复设立国家公园。适时对自行设立的各类国家公园进行清理。各有关部门要对本方案落实情况进行跟踪分析和督促检查，及时解决实施中遇到的问题，重大问题要及时向党中央、国务院请示报告。

参考文献

[1] 北京大学城市与环境学院课题组.完善自然资源监管体制的若干问题探讨. 中国机构改革与管理，2016,(5)：22－24.

[2] 中国工程院课题组. 中国生态文明建设若干战略问题研究. 北京:科学出版社,2017.

[3] 蔡君. 对美国 LNT(Leave No Trace)游客教育项目的探讨. 旅游学刊，2003,18(6)：90－94.

[4] 陈耀华，黄丹，颜思琦. 论国家公园的公益性、国家主导性和科学性. 地理科学，2014,34(3)：257－264.

[5] 陈耀华,张丽娜．论国家公园的国家意识培养. 中国园林，2016,32(7)：5－10. 陈涵子. 公共物品视角下中国国家公园公益性实现途径. 风景园林，2015(11)：90－95.

[6] 戴胡萱.台湾地区国家公园志工管理体系的借鉴意义——以太鲁阁国家公园为例. 野生动物学报，2014,35(4)：470－474.

[7] 戴秀丽，周晗隽. 我国国家公园法律管理体制的问题及改进. 环境保护，2015,43(14)：41－44.

[8] 丁洁，吴小根，丁蕾. 国家重点风景名胜区的功能及其地域分布特征. 地域研究与开发，2008,27(1)：70－72.

[9] 丁镭. 我国国家地质公园空间分布与结构优化研究.北京:中国地质大学,2013.

[10] 关博，崔国发，朴正吉. 自然保护区野生动物保护成效评价研究综述. 世界林业研究，2012,25(6)：40－45.

[11] 国家林业局森林公园管理办公室. 国家公园体制比较研究. 北京：中国林业出版社,2015.

[12] 国土资源部地质环境司. 中国国家矿山公园建设工作指南.北京：中国大地出版社,2007.

[13] 郝俊卿，吴成基，陶盈科. 地质遗迹资源的保护与利用评价——以洛川黄土地质遗迹为例. 山地学报，2004，22(1)：7－11.

[14] 贺艳,殷丽娜. 美国国家公园管理政策:最新版. 上海：上海远东出版社,2015.

[15] 黄锡生，张菱芷. 中国环境教育现状及对策探析. 重庆大学学报(社会科学版)，2005,11(4)：134－137.

[16] 解钰茜,曾维华,马冰然.基于社会网络分析的全球自然保护地治理模式研究.生态学报,2019,39(04).

[17] 李慧，骆团结. 对我国开展地质公园志愿者服务的思考. //中国地质学会旅游地学与地质公园研究分会年会暨陕西翠华山国家地质公园旅游发展研讨会论文

集，2006.
[18] 李俊生，等. 中国自然保护区绿皮书——国家级自然保护区发展报告 2014. 北京：中国环境出版社，2015.
[19] 李俊生，朱彦鹏. 国家公园资金保障机制探讨. 环境保护，2015，43(14)：38－40.
[20] 李俊生. 中国国家级自然保护区景观多样性监测与评价技术研究. 北京：中国环境科学出版社，2010.
[21] 李庆雷. 基于新公共服务理论的中国国家公园管理创新研究. 旅游研究，2010，2(4)：80－85.
[22] 梁诗捷. 美国保护地体系研究，上海：同济大学，2008.
[23] 廖凌云，杨锐，曹越. 印度自然保护地体系及其管理体制特点评述. 中国园林，2016，32(7)：31－35.
[24] 刘国明，等. 中国国家森林公园的空间集聚特征与规律分析. 生态经济(中文版)，2010(2)：131－134.
[25] 刘红纯. 世界主要国家国家公园立法和管理启示. 中国园林，2015，31(11)：73－77.
[26] 刘经纬，张维学. 国外环境教育现状研究. 齐齐哈尔大学学报(哲学社会科学版)，2017(1)：1－3.
[27] 罗金华. 中国国家公园设置标准研究. 北京：中国社会科学出版社，2015.
[28] 罗亚文，魏民. 生态文明体制改革总体方案对国家公园体制构建的启示. 风景园林，2016(12).
[29] 马克平. 当前我国自然保护区管理中存在的问题与对策思考. 生物多样性，2016，24(3)：249－251.
[30] 马永欢. 自然资源资产管理的国际进展及主要建议. 国土资源情报，2014(12)：2－8.
[31] 欧阳志云，徐卫华. 整合我国自然保护区体系，依法建设国家公园. 生物多样性，2014，22(4)：425－426.
[32] 欧阳志云，徐卫华，杜傲等. 中国国家公园总体空间布局研究. 北京：中国环境出版集团，2018.
[33] 潘竟虎，张建辉. 中国国家湿地公园空间分布特征与可接近性. 生态学杂志，2014，33(5)：1359－1367.
[34] 任琳，胡崇德. 公众参与自然保护区管理的实践与思考——以太白山自然保护区为例. 现代农业科技，2011(22)：237－239.
[35] 孙宝云，孙广厦. 志愿行为的主体、动机和发生机制——兼论国内对志愿者运动的误读. 探索，2007(6)：118－121.
[36] 孙少杰，李冰. 浅析自然保护区本底资源调查. 黑龙江科技信息，2010(8)：62－62.
[37] 孙燕. 美国国家公园解说的兴起及启示. 中国园林，2012，28(6)：110－112.
[38] 谭静，冯杰，王尚武. 协议保护机制对自然保护区过渡带社区的综合影响. 四川

农业大学学报，2011，29(3)：437－441.
[39] 唐芳林. 国家公园定义探讨. 林业建设，2015,(5)：19－24.
[40] 天恒可持续发展研究所,保尔森基金会,环球国家公园协会等. 国家公园体制的国际比验及借鉴. 北京:科学出版社,2019.
[41] 王辉. 美国国家公园志愿者服务及机制——以海峡群岛国家公园为例. 地理研究，2016,35(6):1193－1202.
[42] 王连勇. 加拿大国家公园规划与管理——探索旅游地可持续发展的理想模式. 成都：西南师范大学出版社,2003.
[43] 王梦君，等. 国家公园的设置条件研究. 林业建设，2014(2)：1－6.
[44] 王梦君，等. 我国国家公园总体布局初探. 林业建设，2017(3).
[45] 王维正. 国家公园. 北京：中国林业出版社,2000.
[46] 王伟，等. 自然保护地保护成效评估:进展与展望. 生物多样性，2016,24(10)：1177－1188.
[47] 王夏晖. 我国国家公园建设的总体战略与推进路线图设计. 环境保护，2015,43(14)：30－33.
[48] 蔚东英. 国家公园法律体系的国别比较研究——以美国、加拿大、德国、澳大利亚、新西兰、南非、法国、俄罗斯、韩国、日本10个国家[49] 为例. 环境与可持续发展，2017,42(2):13－16.
[50] 蔚东英. 国家公园管理体制的国别比较研究. 南京林业大学学报(人文社会科学版),2017,3. 89—98.
[51] 乌恩,成甲. 中国自然公园环境解说与环境教育现状刍议. 中国园林，2011,27(2)：17－20.
[52] 吴必虎，高向平，邓冰. 国内外环境解说研究综述. 地理科学进展，2003,22(3)：326－334.
[53] 吴佳雨. 国家级风景名胜区空间分布特征. 地理研究，2014,33(9)：1747－1757.
[54] 肖练练，等. 近30年来国外国家公园研究进展与启示. 地理科学进展，2017,36(2):244－255.
[55] 谢屹，温亚利. 浅谈参与式发展理论在自然保护中的运用. 林业调查规划，2005,30(6)：81－83.
[56] 徐青. 南非保护区管理体系研究. 上海:同济大学,2008.
[57] 许浩. 日本国立公园发展、体系与特点. 世界林业研究，2013,26(6)：69－74.
[58] 严国泰,沈豪. 中国国家公园系列规划体系研究. 中国园林，2015,31(2)：15－18.
[59] 杨建美. 美国国家公园立法体系研究. 曲靖师范学院学报，2011,30(4)：104－108.
[60] 杨伊萌. 美国国家公园规划体系发展新动向的启示. 2016中国城市规划年会.
[61] 叶文，沈超，李云龙. 香格里拉的眼睛:普达措国家公园规划和建设. 北京：中国环境科学出版社,2008.
[62] 尤海舟. 生态旅游中的环境教育. 四川林业科技，2010,31(3)：89－93.

[63] 余振国，余勤飞，李闽等. 中国国家公园自然资源管理体制研究. 北京：中国环境出版集团，2018.

[64] 喻勋林，周先雁，蔡磊. 野生植物类型自然保护区保护成效评估. 中南林业科技大学学报，2015，35(3)：32－35.

[65] 张风春，朱留财，彭宁. 欧盟 Natura 2000：自然保护区的典范. 环境保护，2011(6)：73－74.

[66] 张立. 英国国家公园法律制度及对三江源国家公园试点的启示. 青海社会科学，2016(2)：61－66.

[67] 张荣祖. 中国自然保护区区划系统研究. 北京：中国环境科学出版社，2012.

[68] 张希武. 中国国家公园的探索与实践. 北京：中国林业出版社，2014.

[69] 张玉钧. 日本国家公园的选定、规划与管理模式. 中国公园协会成立 20 周年优秀文集，2014.

[70] 郑姚闽. 中国国家级湿地自然保护区保护成效初步评估. 科学通报，2012(4)：1371－1377.

[71] 钟林生，王婧. 我国保护地生态旅游发展现状调查分析. 生态学报，2011，31(24)：7450－7457.

[72] 周武忠. 国外国家公园法律法规梳理研究. 中国名城，2014，(2)：39－46.

[73] 朱春全. 世界自然保护联盟(IUCN)自然保护地管理分类标准与国家公园体制建设. 陕西发展和改革，2016(3)：7－11.

[74] 朱里莹，徐姗，兰思仁. 国家公园理念的全球扩展与演化. 中国园林，2016，32，(7)：36－40.

[75] Caro T., et al.. Assessing the effectiveness of protected areas: paradoxes call for pluralism in evaluating conservation performance. Diversity & Distributions, 2009, 15(1): 178－182.

[76] Davey A. G. National System Planning for Protected Areas. Best Practice Protected Area Guidelines Series No. 1. Gland and Cambridge: IUCN, 1998.

[77] Dudley N. IUCN 自然保护地管理分类应用指南. 朱春全，等，译. 北京：中国林业出版社，2016.

[78] Geldmann J., et al.. Effectiveness of terrestrial protected areas in reducing habitat loss and population declines. Biological Conservation, 2013, 161(3): 230－238.

[79] Hockings M. Evaluating protected area management: a review of systems for assessing management effectiveness of protected areas. School of Natural & Rural Systems Occasional Paper, 2000, 7: 1－56.

[80] J, E. Rapid Assessment and Prioritization of Protected Area Management (RAPPAM) Methodology. World Wide Fund for Nature (WWF), Switzerland, 2003.

[81] Joleena T., I. Johnl. Evaluating ecological integrity in national parks: Case studies from Canada and South Africa. Biological Conservation, 2009, 142(3): 676－688.